Camunda
工作流开发实战
——Spring Boot+BPMN+DMN

李贵俊◎编著

清华大学出版社

北京

内 容 简 介

本书以基础理论精讲与实战案例相结合的方式，向读者介绍怎样使用新一代工作流引擎 Camunda 来设计和开发工作流应用程序。

全书分为 4 部分，共计 21 章。第一部分 BPMN 2.0 基础，包括参与者、任务、网关、事件、子流程；第二部分 Camunda 介绍，包括 Camunda 简介、流程引擎、流程应用程序、用户任务表单、外部任务客户端、DMN引擎、决策、日志记录、测试；第三部分 Camunda 实战入门，包括快速入门、Java 流程应用程序入门、Spring Boot流程应用程序入门、Spring Framework 流程应用程序入门、DMN 入门；第四部分 Camunda 完整项目案例，包括保险流程实战和运维自动化案例实战。

本书可作为流程开发过程中的重要参考书，适用于所有工作流程开发人员、设计人员、架构师、产品管理者以及 Camunda 爱好者等。

图书在版编目（CIP）数据

Camunda 工作流开发实战：Spring Boot+BPMN+DMN /李贵俊编著. —北京：清华大学出版社，2021.2（2023.1重印）

ISBN 978-7-302-56942-8

Ⅰ．①C… Ⅱ．①李… Ⅲ．① JAVA 语言–程序设计 Ⅳ．① TP312.8

中国版本图书馆 CIP 数据核字(2020)第 228201 号

责任编辑：陈景辉
封面设计：刘　键
责任校对：焦丽丽
责任印制：宋　林

出版发行：清华大学出版社
　　　网　　址：http://www.tup.com.cn，http://www.wqbook.com
　　　地　　址：北京清华大学学研大厦 A 座　　　邮　　编：100084
　　　社 总 机：010-83470000　　　邮　　购：010-62786544
　　　投稿与读者服务：010-62776969，c-service@tup.tsinghua.edu.cn
　　　质 量 反 馈：010-62772015，zhiliang@tup.tsinghua.edu.cn
印 装 者：三河市铭诚印务有限公司
经　　销：全国新华书店
开　　本：185mm×260mm　　印　张：22.75　　字　　数：545 千字
版　　次：2021 年 3 月第 1 版　　印　　次：2023 年 1 月第 4 次印刷
印　　数：3701~4700
定　　价：79.90 元

产品编号：087906-01

前　言

除了传统的 OA 系统、ERP 系统等，IT 运维也可以基于工作流引擎来实现运维的自动化、可编程以及可追溯的系统，因此其重要性不言而喻。在工作流领域，基于 Java 的工作流引擎有 JBPM、Activiti、Camunda 等。

Camunda 是从 Activiti 分支而来，经过多年发展，Camunda 已经发展为一款成熟的产品，并得到了广泛的应用。其用户包括大型通信运营商（如德国电信、T-Mobile 等）、环球音乐、Warner 音乐集团、安联保险集团等公司以及欧洲的诸多银行机构，如奥地利中央合作银行协会、汉堡储蓄银行等。Camunda 虽然发展迅速、应用广泛，但仍存在中文资料匮乏的问题。网络上虽然有不少介绍性的文章，但这些文章较为零散，缺乏系统性、完整性的书籍。鉴于此，笔者结合多年通信运营领域的运维自动化系统的经验，基于 Camunda 参考文档、用户指南等资料编写了此书。

本书是介绍基于 Camunda 工作流引擎开发流程应用程序的书，主要包括以下 4 部分，共计 21 章。

第一部分　BPMN 2.0 基础，包括第 1~5 章。第 1 章参与者，包括泳池和泳道两种。第 2 章任务，包括服务任务、发送任务、用户任务、业务规则任务、脚本任务、接收任务、手工任务、任务标记。第 3 章网关，包括排他网关、条件序列流和默认序列流、并行网关、包含网关、事件网关。第 4 章事件，包括基本概念和事件类型。第 5 章子流程，包括嵌入式子流程、调用活动、事件子流程、事务子流程。

第二部分　Camunda 介绍，包括第 6~14 章。第 6 章 Camunda 简介，包括 Camunda BPM 主要组件和 Camunda BPM 架构概述。第 7 章流程引擎，包括流程引擎基本概念、流程引擎的引导、流程引擎 API、流程变量、流程实例修改、重启流程实例、委托代码、表达式语言、脚本、外部任务、流程版本、流程实例迁移、数据库、历史和审计日志、部署缓存、流程中的事务、作业执行器、多租户、ID 生成器、指标、事件、流程引擎插件、身份服务、授权服务、时区、错误处理。第 8 章流程应用程序，包括流程应用程序类、processes.xml 部署描述符、流程应用程序事件监听器、流程应用程序资源访问。第 9 章用户任务表单，包括嵌入式任务表单、生成任务表单、外部任务表单、通用任务表单、JSF 任务表单。第 10 章外部任务客户端，包括特性、客户端引导、外部任务吞吐量。第 11 章 DMN 引擎，包括嵌入式 DMN 引擎、使用 DMN 引擎 API 评估决策、DMN 引擎中的表达式、DMN 引擎中的数据类型、使用 DMN 引擎测试决策。第 12 章决策，包括配置 DMN 引擎、流程引擎库中的决策、流程引擎中的决策服务、从流程中调用决策、DMN 决策的历史记录。第 13 章日志记录，包括使用共享流程引擎的预配置日志、为嵌入式流程引擎添加日志后端。第 14 章测试，包括单元测试、测试的社区扩展、最佳实践。

第三部分　Camunda 实战入门，包括第 15~19 章。第 15 章快速入门，包括新建一个 BPMN 流程图、实现外部任务工作者、部署流程、引入人工干预、流程动态化、决策自动化。第 16 章 Java 流程应用程序入门，包括新建一个 Java 流程项目、建模流程、部署和测试流程、添加 HTML 表单、从服务任务调用 Java 类。第 17 章 Spring Boot 流程应用程序入门，包括新建 Spring Boot 流程应用程序项目、配置 Spring Boot 项目、建模 BPMN 流程。第 18 章 Spring Framework 流程应用程序入门，包括新建 Spring Web 应用程序项目、嵌入式流程引擎配置、从服务任务调用 Spring Bean、使用共享流程引擎。第 19 章 DMN 入门，包括新建 DMN Java 项目，创建 DMN 决策表，评估、部署和测试决策表，建模、评估和部署决策需求图。

第四部分　Camunda 完整项目案例，包括第 20、21 章。这部分包含两个实战案例，详细介绍怎样集成 Spring Boot，开发一个可以产品化的流程项目。第 20 章保险流程实战，包括新建流程项目、运行流程、查看默认流程、设计流程、配置流程、测试流程、其他配置、执行流程、更新流程、常用配置。第 21 章运维自动化案例实战，包括新建流程项目、设计流程、配置流程、配置 Kafka、执行流程。

本书特色

（1）由浅入深，循序渐进地讲解 Camunda 的全部知识点。

（2）实战案例丰富。本书包含 54 个知识点案例、109 段示例代码、5 个实战入门案例、2 个完整项目案例，便于初学者理解与掌握。

配套资源

为便于读者理解和上手实践，本书配有50min微课视频、源代码、BPMN流程图。

（1）获取微课视频方式：读者可以先扫描本书封底的文泉云盘防盗码，再扫描书中相应的视频二维码，观看视频。

（2）获取源代码、BPMN流程图方式：先扫描本书封底的文泉云盘防盗码，再扫描下方二维码，即可获取。

源代码

BPMN流程图

读者对象

本书全面介绍了 Camunda 的知识点及其所支持的 BPMN 和 DMN 规范，可作为流程开发过程中的重要参考书，适用于所有工作流程开发人员、设计人员、架构师，产品管理者以及 Camunda 爱好者等。

本书主要基于 Camunda 官网资料编写，同时参考了诸多相关资料，在此表示衷心的感谢。限于个人水平和时间仓促，书中难免存在疏漏之处，欢迎读者批评指正。

作　者

2021 年 1 月

目　录

第一部分　BPMN 2.0 基础

第1章　参与者 3

第2章　任务 8

2.1　服务任务 8

2.2　发送任务 8

2.3　用户任务 9

2.4　业务规则任务 9

2.5　脚本任务 9

2.6　接收任务 9

2.7　手工任务 9

2.8　任务标记 10

第3章　网关 11

3.1　排他网关 11

3.2　条件序列流和默认序列流 12

3.2.1　条件序列流 12

3.2.2　默认序列流 12

3.3　并行网关 12

3.4　包含网关 13

3.5　事件网关 13

第4章　事件 15

4.1　基本概念 15

4.2　事件类型 16

4.2.1　开始事件 16

4.2.2　空白事件 17

4.2.3　消息事件 17

4.2.4　定时器事件 19

4.2.5　错误事件 21

4.2.6　升级事件 23

4.2.7　信号事件 25

4.2.8　取消和补偿事件 26

4.2.9 条件事件·······································30

4.2.10 链接事件·······································32

4.2.11 终止事件·······································32

4.2.12 并行事件·······································32

4.3 小结·······································33

第5章 子流程·······································34

5.1 嵌入式子流程·······································35

5.2 调用活动·······································36

5.3 事件子流程·······································36

5.4 事务子流程·······································39

第二部分 Camunda 介绍

第6章 Camunda 简介·······································43

6.1 Camunda BPM 主要组件·······································43

6.2 Camunda BPM 架构概述·······································44

6.2.1 流程引擎架构·······································44

6.2.2 Camunda BPM 平台架构·······································45

6.2.3 集群模式·······································46

6.2.4 多租户模型·······································46

第7章 流程引擎·······································47

7.1 流程引擎基本概念·······································47

7.1.1 流程定义·······································47

7.1.2 流程实例·······································48

7.1.3 执行·······································50

7.1.4 活动实例·······································51

7.1.5 作业和作业定义·······································52

7.2 流程引擎的引导·······································53

7.2.1 应用程序管理流程引擎·······································53

7.2.2 共享的、容器管理的流程引擎·······································53

7.3 流程引擎 API·······································53

7.3.1 服务 API·······································53

7.3.2 查询 API·······································56

7.4 流程变量·······································59

7.4.1 变量作用域和可见性·······································59

7.4.2 变量设置和检索·······································61

7.4.3 支持的变量值·······································62

7.4.4 Java 对象 API·······································64

    7.4.5 类型化值 API ··· 64

    7.4.6 API 的可互换性 ··· 68

    7.4.7 输入输出变量映射 ··· 68

7.5 流程实例修改 ·· 70

    7.5.1 流程修改示例 ··· 70

    7.5.2 在 JUnit 测试中修改流程实例 ······················· 72

7.6 重启流程实例 ·· 72

7.7 委托代码 ··· 73

    7.7.1 Java 委托 ··· 74

    7.7.2 字段注入 ·· 74

    7.7.3 委托变量映射 ··· 76

    7.7.4 执行监听器 ·· 76

    7.7.5 任务监听器 ·· 78

    7.7.6 监听器字段注入 ··· 79

    7.7.7 访问流程引擎服务 ··· 81

    7.7.8 从委托代码中抛出 BPMN 错误 ····················· 81

    7.7.9 在委托代码中设置业务键 ····························· 81

7.8 表达式语言 ·· 82

    7.8.1 委托代码 ·· 82

    7.8.2 条件 ··· 83

    7.8.3 输入输出参数 ··· 83

    7.8.4 值 ··· 84

7.9 脚本 ··· 84

    7.9.1 使用脚本任务 ··· 84

    7.9.2 使用脚本作为执行监听器 ····························· 85

    7.9.3 使用脚本作为任务监听器 ····························· 85

    7.9.4 使用脚本作为条件 ··· 86

    7.9.5 使用脚本作为输入输出参数 ·························· 86

    7.9.6 脚本引擎的缓存 ··· 87

    7.9.7 脚本编译 ·· 88

    7.9.8 加载脚本引擎 ··· 88

    7.9.9 引用流程应用程序提供的类 ·························· 88

    7.9.10 脚本执行期间可用的变量 ··························· 88

    7.9.11 通过脚本访问流程引擎服务 ······················· 89

    7.9.12 使用脚本打印日志到控制台 ······················· 89

    7.9.13 脚本源 ··· 89

  7.10 外部任务 ··· 91

     7.10.1 外部任务模式 ··· 91

7.10.2　BPMN 中申明外部任务 ·· 92

7.10.3　使用 REST API 处理外部任务 ····································· 92

7.10.4　使用 Java API 处理外部任务 ·· 93

7.11　流程版本 ··· 99

7.12　流程实例迁移 ·· 100

7.13　数据库 ·· 100

7.13.1　数据库模式 ·· 100

7.13.2　数据库配置 ·· 101

7.14　历史和审计日志 ·· 103

7.14.1　选择历史记录级别 ·· 104

7.14.2　设置历史级别 ·· 105

7.14.3　用户操作日志 ·· 105

7.14.4　清理历史数据 ·· 105

7.15　部署缓存 ·· 105

7.15.1　自定义缓存的最大容量 ··· 106

7.15.2　自定义缓存实现 ·· 106

7.16　流程中的事务 ·· 107

7.16.1　等待状态 ·· 107

7.16.2　事务边界 ·· 107

7.16.3　异步延续 ·· 108

7.16.4　异常回滚 ·· 110

7.16.5　事务集成 ·· 111

7.16.6　乐观锁定 ·· 111

7.17　作业执行器 ·· 111

7.17.1　作业执行器激活 ·· 112

7.17.2　单元测试中的作业执行器 ··· 112

7.17.3　作业创建 ·· 112

7.17.4　作业获取 ·· 113

7.17.5　作业执行 ·· 115

7.17.6　并发作业执行 ·· 115

7.17.7　作业执行器和多流程引擎 ··· 117

7.17.8　集群设置 ·· 118

7.18　多租户 ·· 119

7.19　ID 生成器 ·· 119

7.19.1　数据库 ID 生成器 ··· 120

7.19.2　UUID 生成器 ·· 120

7.20　指标 ·· 120

7.20.1　内置指标 ·· 120

7.20.2　指标查询 ･･ 121

7.21　事件 ･･ 121

7.21.1　事件类型 ･･ 122

7.21.2　创建和解决自定义事件 ･･･････････････････････････････ 122

7.21.3　(去)激活事件 ･･ 122

7.21.4　实现自定义事件处理程序 ･･････････････････････････････ 122

7.22　流程引擎插件 ･･･ 123

7.22.1　配置流程引擎插件 ･･････････････････････････････････････ 123

7.22.2　内置流程引擎插件列表 ･･････････････････････････････････ 124

7.23　身份服务 ･･ 124

7.23.1　为用户、组和租户定制白名单 ･･････････････････････････ 124

7.23.2　数据库身份服务 ･･･ 125

7.23.3　LDAP 身份服务 ･･･ 125

7.23.4　登录节流 ･･ 126

7.24　授权服务 ･･ 127

7.25　时区 ･･ 127

7.25.1　流程引擎 ･･･ 127

7.25.2　数据库 ･･･ 127

7.25.3　Camunda Web 应用程序 ･･････････････････････････････ 127

7.25.4　集群设置 ･･･ 127

7.26　错误处理 ･･ 127

7.26.1　错误处理策略 ･･･ 127

7.26.2　监控和恢复策略 ･･･････････････････････････････････････ 129

第 8 章　流程应用程序 ･･･ 131

8.1　流程应用程序类 ･･･ 131

8.1.1　EmbeddedProcessApplication ･････････････････････････ 132

8.1.2　SpringProcessApplication ･････････････････････････････ 133

8.2　processes.xml 部署描述符 ･････････････････････････････････････ 134

8.2.1　空 processes.xml ･････････････････････････････････････ 135

8.2.2　processes.xml 文件的位置 ････････････････････････････ 135

8.2.3　自定义 processes.xml 文件的位置 ･･････････････････････ 136

8.2.4　在 processes.xml 文件中配置流程引擎 ･････････････････ 136

8.2.5　在 processes.xml 文件中指定流程归档的租户 ID ････････ 136

8.2.6　流程应用程序部署 ･･･････････････････････････････････････ 137

8.3　流程应用程序事件监听器 ･･･････････････････････････････････ 139

8.4　流程应用程序资源访问 ･････････････････････････････････････ 141

8.4.1　上下文切换 ･･･ 141

8.4.2　声明流程应用程序上下文 ･･････････････････････････････ 142

第 9 章　用户任务表单··144

9.1　嵌入式任务表单···144

9.2　生成任务表单···145

9.2.1　表单字段··146

9.2.2　表单字段的验证···146

9.3　外部任务表单···148

9.4　通用任务表单···148

9.5　JSF 任务表单··149

9.5.1　向流程应用程序添加 JSF 表单···149

9.5.2　创建简单的用户任务表单···150

9.5.3　它是怎样工作的··150

9.5.4　访问流程变量···151

9.5.5　设计任务表单的样式··154

第 10 章　外部任务客户端···156

10.1　特性···156

10.2　客户端引导···156

10.2.1　请求拦截器··157

10.2.2　主题订阅···157

10.2.3　处理程序···157

10.2.4　完成任务···157

10.2.5　延长任务的锁定时间··157

10.2.6　解锁任务···158

10.2.7　报告失败···158

10.2.8　BPMN 错误报告···158

10.2.9　变量···158

10.2.10　日志记录···158

10.3　外部任务吞吐量···159

第 11 章　DMN 引擎···160

11.1　嵌入式 DMN 引擎···160

11.1.1　Maven 依赖···160

11.1.2　构建 DMN 引擎··160

11.1.3　DMN 引擎的配置··161

11.1.4　日志记录···162

11.2　使用 DMN 引擎 API 评估决策··162

11.2.1　分析决策···162

11.2.2　评估决策···164

11.3　DMN 引擎中的表达式··167

11.3.1　DMN 中的表达式···167

11.3.2　支持的表达式语言 ··· 168

11.3.3　默认表达式语言 ··· 169

11.3.4　配置表达式语言 ··· 169

11.4　DMN 引擎中的数据类型 ··· 170

11.4.1　支持的数据类型 ··· 170

11.4.2　设置输入的数据类型 ·· 171

11.4.3　设置输出的数据类型 ·· 171

11.4.4　设置变量的数据类型 ·· 171

11.4.5　实现自定义数据类型 ·· 171

11.5　使用 DMN 引擎测试决策 ··· 172

第 12 章　决策 ·· 173

12.1　配置 DMN 引擎 ··· 173

12.1.1　使用 Java API 配置 DMN 引擎 ·· 173

12.1.2　使用 Spring XML 文件配置 DMN 引擎 ·· 174

12.2　流程引擎库中的决策 ··· 174

12.2.1　部署一个决策 ··· 174

12.2.2　使用存储库服务部署决策 ·· 174

12.2.3　使用流程应用程序部署决策 ··· 175

12.2.4　查询决策存储库 ·· 175

12.2.5　查询决策存储库的授权 ··· 176

12.3　流程引擎中的决策服务 ··· 176

12.3.1　评估一个决策 ··· 176

12.3.2　评估决策的授权 ·· 177

12.3.3　处理决策结果 ··· 177

12.3.4　评估决策的历史 ·· 178

12.4　从流程中调用决策 ·· 178

12.4.1　与 BPMN 集成 ··· 178

12.4.2　决策结果 ··· 179

12.4.3　在决策中访问变量 ··· 181

12.4.4　表达式语言集成 ·· 182

12.5　DMN 决策的历史记录 ··· 182

12.5.1　查询已评估的决策 ··· 182

12.5.2　历史决策实例 ··· 183

第 13 章　日志记录 ··· 185

13.1　使用共享流程引擎的预配置日志 ··· 185

13.2　为嵌入式流程引擎使用添加日志后端 ··· 185

13.2.1　使用 Java Util 日志 ·· 185

13.2.2　使用 Logback ··· 186

第 14 章　测试 ··· 187

14.1　单元测试 ·· 187

14.1.1　JUnit 4 ·· 187

14.1.2　JUnit 3 ·· 187

14.1.3　部署测试资源 ··· 188

14.2　测试的社区扩展 ·· 188

14.2.1　Camunda BPM Assert Scenario ··································· 188

14.2.2　Camunda BPM Process Test Coverage ······························ 189

14.3　最佳实践 ·· 191

14.3.1　编写针对性测试 ·· 191

14.3.2　测试范围 ·· 191

第三部分　Camunda 实战入门

第 15 章　快速入门 ··· 195

15.1　使用 Camunda BPM 平台建模并实现工作流 ································· 195

15.1.1　新建一个 BPMN 流程图 ··· 195

15.1.2　开始一个简单的流程 ··· 195

15.1.3　配置服务任务 ··· 197

15.1.4　配置执行属性 ··· 197

15.1.5　保存 BPMN 流程图 ·· 198

15.2　实现外部任务工作者 ··· 199

15.2.1　先决条件 ·· 199

15.2.2　新建一个 Maven 项目 ·· 199

15.2.3　添加 Camunda 外部任务客户端依赖 ·································· 199

15.2.4　添加 Java 类 ··· 200

15.2.5　运行 Worker ·· 200

15.3　部署流程 ·· 201

15.3.1　使用 Camunda Modeler 部署流程 ···································· 201

15.3.2　使用 Cockpit 确认部署 ··· 202

15.3.3　启动流程实例 ··· 203

15.4　引入人工干预 ··· 205

15.4.1　添加用户任务 ··· 205

15.4.2　配置用户任务 ··· 207

15.4.3　在用户任务中配置基本表单 ··· 208

15.4.4　部署流程 ·· 208

15.4.5　完成任务 ·· 208

15.5　流程动态化 ·· 210

15.5.1　添加两个网关 ··· 211

15.5.2　配置网关 ··· 212

15.5.3　部署流程 ··· 212

15.5.4　完成任务 ··· 212

15.6　决策自动化 ·· 214

15.6.1　向流程添加业务规则任务 ·· 214

15.6.2　使用 Camunda Modeler 创建 DMN 表 ····························· 215

15.6.3　指定 DMN 表 ··· 215

15.6.4　部署 DMN 表 ··· 218

15.6.5　使用 Cockpit 确认部署 ·· 219

15.6.6　使用 Cockpit 和任务列表进行检查 ··································· 220

第 16 章　Java 流程应用程序入门 ·· 223

16.1　新建一个 Java 流程项目 ·· 223

16.1.1　新建一个 Maven 项目 ·· 223

16.1.2　添加 Camunda Maven 依赖 ·· 223

16.1.3　添加流程应用程序类 ·· 224

16.1.4　添加部署描述符 ··· 224

16.2　建模流程 ·· 225

16.2.1　新建一个 BPMN 流程图 ·· 225

16.2.2　配置用户任务 ·· 226

16.2.3　配置执行属性 ·· 227

16.2.4　保存流程图 ··· 227

16.3　部署和测试流程 ·· 227

16.3.1　使用 Maven 构建 Web 应用程序 ······································· 227

16.3.2　部署到 Apache Tomcat ·· 227

16.3.3　用 Cockpit 确认部署 ·· 228

16.3.4　启动流程实例 ·· 229

16.3.5　配置流程启动授权 ·· 230

16.3.6　完成任务 ··· 231

16.4　添加 HTML 表单 ··· 232

16.4.1　添加开始表单 ·· 232

16.4.2　添加任务表单 ·· 233

16.4.3　重建和部署 ··· 234

16.5　从服务任务调用 Java 类 ·· 234

16.5.1　向流程添加服务任务 ·· 234

16.5.2　添加 JavaDelegate 实现 ··· 235

16.5.3　在流程中配置类 ··· 236

第 17 章　Spring Boot 流程应用程序入门 ·· 237

17.1　新建 Spring Boot 流程应用程序项目 ·· 237

17.1.1 新建一个 Maven 项目 ·· 237

17.1.2 添加 Camunda BPM 和 Spring Boot 依赖 ····················· 237

17.1.3 将主类添加到 Spring Boot 应用程序中 ······················ 238

17.1.4 构建和运行 ··· 239

17.2 配置 Spring Boot 项目 ·· 240

17.2.1 自定义配置 ··· 240

17.2.2 构建和运行 ··· 240

17.3 建模 BPMN 流程 ··· 240

17.3.1 建模一个可执行的 BPMN 2.0 流程并部署 ···················· 240

17.3.2 创建流程应用程序 ··· 241

17.3.3 在部署流程应用程序之后启动流程实例 ························ 241

17.3.4 重建和测试 ··· 242

第 18 章 Spring Framework 流程应用程序入门 ···························· 243

18.1 新建 Spring Web 应用程序项目 ···································· 243

18.1.1 新建一个 Maven 项目 ·· 243

18.1.2 添加 Camunda BPM 和 Spring Framework 依赖 ··············· 243

18.1.3 添加用于引导 Spring 容器的 web.xml 文件 ··················· 245

18.1.4 添加 Spring 应用程序上下文 XML 配置文件 ················· 245

18.2 嵌入式流程引擎配置 ·· 246

18.3 从服务任务调用 Spring Bean ······································ 248

18.3.1 建模一个可执行的 BPMN 2.0 流程 ·························· 249

18.3.2 使用 Spring 自动部署 BPMN 2.0 流程 ······················ 249

18.3.3 从 Spring Bean 启动流程实例 ······························· 250

18.3.4 从 BPMN 2.0 服务任务调用 Spring Bean ··················· 250

18.4 使用共享流程引擎 ··· 252

第 19 章 DMN 入门 ··· 255

19.1 新建 DMN Java 项目 ··· 255

19.1.1 新建一个 Maven 项目 ·· 255

19.1.2 添加 Camunda Maven 依赖 ··································· 255

19.1.3 添加流程应用程序类 ··· 256

19.1.4 添加 META-INF/processes.xml 部署描述符 ··················· 257

19.2 创建 DMN 决策表 ··· 257

19.2.1 新建一个 DMN 决策表 ······································· 257

19.2.2 从表头开始 ··· 258

19.2.3 配置输入表达式和输出名 ····································· 259

19.2.4 配置输入和输出的类型 ······································· 260

19.2.5 添加规则 ··· 261

19.2.6 配置命中策略 ··· 263

19.2.7　保存决策表 264

19.3　评估、部署和测试决策表 264

19.3.1　评估决策表 264

19.3.2　使用 Maven 构建 Web 应用程序 264

19.3.3　部署到 Apache Tomcat 265

19.3.4　从 Cockpit 确认部署 265

19.3.5　从 Cockpit 核实评估结果 265

19.4　建模、评估和部署决策需求图 266

19.4.1　从决策表切换到 DRD 267

19.4.2　设置 DRD 的名称和 Id 267

19.4.3　在 DRD 中创建一个新的决策 268

19.4.4　配置决策表并添加规则 269

19.4.5　评估决策 271

19.4.6　构建和部署 Web 应用程序 272

19.4.7　用 Cockpit 核实评估结果 272

第四部分　Camunda 完整项目案例

第 20 章　保险流程实战 277

20.1　新建流程项目 277

20.2　运行流程 277

20.3　查看默认流程 278

20.4　设计流程 281

20.5　配置流程 282

20.5.1　配置保险申请人 282

20.5.2　配置保险公司 282

20.5.3　配置开始事件 283

20.5.4　配置"检查申请完整性"服务任务 284

20.5.5　配置申请"资料完整"网关 285

20.5.6　配置"发送补充资料通知"脚本任务 286

20.5.7　配置"发送补充资料通知"结束事件 287

20.5.8　配置"查验保险资格"服务任务 287

20.5.9　配置保险资格"合格"网关 288

20.5.10　配置"拒保"调用活动 289

20.5.11　配置"计算保额" 292

20.5.12　配置"创建保单" 293

20.5.13　配置"发送保单" 294

20.5.14　配置"收到保单" 295

20.5.15　配置"确保"结束事件 295

20.5.16　配置"审查案例" ·· 295
20.5.17　配置"风险可控？"网关 ··· 296
20.5.18　配置"拒保"调用活动 ·· 297
20.5.19　配置"拒保"结束事件 ·· 297
20.6　测试流程 ·· 297
20.6.1　UT ··· 297
20.6.2　确定测试用例 ··· 297
20.6.3　编写测试代码 ··· 298
20.6.4　执行测试 ··· 301
20.7　其他配置 ·· 302
20.7.1　配置服务端口 ··· 302
20.7.2　配置 MySQL 数据库 ·· 302
20.7.3　配置默认管理员账户 ·· 303
20.8　执行流程 ·· 303
20.8.1　启动服务 ··· 303
20.8.2　启动流程 ··· 303
20.8.3　创建新用户 ··· 304
20.8.4　完成用户任务 ··· 306
20.9　更新流程 ·· 307
20.9.1　修改流程 ··· 307
20.9.2　部署流程 ··· 308
20.10　常用配置 ·· 308
20.10.1　配置使用 Python 脚本 ·· 308
20.10.2　配置流程模块重用 ··· 308
20.10.3　配置外部任务 ·· 309
第 21 章　运维自动化案例实战 ·· 314
21.1　新建流程项目 ··· 314
21.2　设计流程 ·· 314
21.3　配置流程 ·· 315
21.3.1　配置参与者 ··· 315
21.3.2　配置"收到 Kafka 消息"消息开始事件 ······························· 315
21.3.3　配置"Kafka 消息处理"服务任务 ··· 316
21.3.4　配置"收到告警"消息开始事件 ·· 317
21.3.5　配置"告警预处理"服务任务 ··· 317
21.3.6　配置网关 ··· 319
21.3.7　配置"处理告警"用户任务 ·· 320
21.3.8　配置"处理告警"服务任务 ·· 320
21.3.9　配置"验证处理结果"任务 ·· 321

21.3.10　配置结束事件 ·· 322

21.3.11　保存流程 ·· 322

21.4　配置 Kafka ·· 322

21.4.1　添加依赖 ·· 322

21.4.2　设计消息模型 ··· 322

21.4.3　配置 Kafka 属性 ·· 323

21.4.4　创建 Kafka Producer ··· 323

21.4.5　创建 Kafka Consumer ·· 324

21.4.6　创建 REST Controller ·· 326

21.5　执行流程 ··· 327

21.5.1　启动服务 ·· 327

21.5.2　发送告警 ·· 328

21.5.3　发送 Kafka 消息 ··· 329

21.5.4　触发用户任务 ··· 330

21.5.5　历史记录与审计 ··· 331

附录 A　Camunda 安装 ·· 332

A.1　安装 Camunda BPM ·· 332

A.1.1　先决条件 ··· 332

A.1.2　安装 Camunda BPM 平台 ··· 332

A.2　安装 Camunda Modeler ·· 333

附录 B　Maven 项目模板(原型) ··· 335

B.1　可用 Maven 原型的概述 ··· 335

B.2　Maven 原型在 Eclipse IDE 中的使用 ··· 335

B.2.1　总结 ·· 335

B.2.2　详细说明 ··· 336

B.3　Intellij IDEA 的使用 ··· 340

B.3.1　添加 Archetype ·· 340

B.3.2　新建项目 ··· 342

B.4　在命令行上的使用 ··· 344

B.4.1　交互式 ··· 344

B.4.2　完全自动化 ·· 344

第一部分

BPMN 2.0基础

Camunda BPM（简称为Camunda）是德国一家名为Camunda的公司开发的一款流程管理产品，它是从Activiti分支而来的。经过多年的发展，Camunda已经成为一款成熟的产品，并得到了广泛的应用。其客户包括大型通信运营商、环球音乐、Warner音乐集团、安联保险集团等国际化的大型公司以及欧洲的诸多银行机构，如奥地利中央合作银行协会、汉堡储蓄银行等。

Camunda是一款基于BPMN 2.0 工作流管理和流程自动化的开源平台，同时还支持DMN用于决策管理和CMMN用于案例管理。

BPMN（Business Process Model & Notation，业务流程模型与符号）2.0 规范是OMG（Object Management Group，对象管理组织）制定的，其主要目的是既给用户提供一套简单的、容易理解的机制，以便用户创建流程模型；又使用户能很好地处理不同流程模型内在的复杂性。为此，该规范定义了模型表示的基本符号元素（以下简称为元素），并把这些元素分成5种不同的类别。由于提供的元素类别只有5种，用户可以很容易地识别这些类别，并据此来理解BPMN模型图。同时，在每个符号类别中，在保持基本图形相似的前提下，BPMN 2.0 规范通过适当地改变每个图形元素的外观、增加额外的信息，来生成基本图形元素的变种，以更好地支持实际模型的复杂性。

第1章　参　与　者

参与者（Participants）是参与流程的对象，表示流程中活动的执行者，可以是一个组织、角色、系统或者个人。参与者主要包括泳池（Pool）和泳道（Lane）。

泳池和泳道定义了流程中的职责。泳池在它所处的环境中有明确的组织边界，比如一家公司或者一个组织。泳道总是位于一个泳池或者另一个泳道中，它与同一个泳池中的其他泳道可以无限制地通信。它们通常代表了流程执行中的不同角色，也就是流程中的参与者。泳道还可以用来对不同的任务或者子流程分组，以分派给不同的任务管理者。

比如，一家公司有 3 个部门需要参与到流程中来，这家公司就可以建模为一个泳池，而这 3 个部门可以建模为 3 条不同的泳道。在同一个部门内部，也就是在同一个泳道里，一系列的任务可能总是被一个人执行，也可能被职责相同的其他人执行。也就是说，泳道的参与者可以是一个人，也可以是职责相同的很多人。

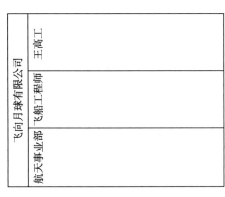

图 1-1　泳池和泳道示例

【例 1-1】　泳池和泳道示例。

泳池（飞向月球有限公司）有一个组织（航天事业部）、角色（飞船工程师）以及一个特定的人（王高工）。泳池和泳道示例如图 1-1 所示。

▌▌ 符号解释

- ☐☐☐☐ 表示泳池（Pool）。泳池描述的是整个组织，它可以划分成多个泳道，泳道具有分层结构。
- ☐☐☐☐ 表示泳道（Lane）。泳道描述的是流程的参与者，也就是执行一系列特定任务的角色。

【例 1-2】　参与者示例。

在下面这个例子中，流程管理员把 3 条泳道分别分配给了任务管理员张三、李四和王五。当张三执行完任务 1 之后，李四就会接着执行任务 2，然后是王五执行任务 3。在这个例子中，管理员具有最高的管理权限，负责编排任务的执行。参与者示例 1 如图 1-2 所示。

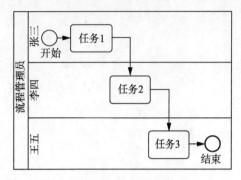

图 1-2　参与者示例 1

▌符号解释

- ○ 表示开始事件（Start Event），代表一件事情或者一个流程的开始。
- ◎ 表示结束事件（End Event），代表一件事情或者一个流程的结束或者终止。
- □ 表示活动（Activity）中的一个任务（Task），代表在流程中需要完成的工作。
- → 表示顺序流（Sequence Flow），代表流程中活动执行的顺序。

然而，实际的流程是这样的吗？会有管理员来负责流程的编排、任务的流转吗？没有。因此，人们在建模的时候会假定公司里没有全能的管理员，每个参与者需要自己协调流程的执行序列。参与者示例 2 如图 1-3 所示。

如果所有参与者都在一个组织内，上述模型是可行的。但是在很多情况下需要对组织的协调合作进行显式的建模。在这种情况下，需要对每个任务管理员分配一个单独的泳池，每个泳池表示一个微型的流程，微型流程间通过消息流进行传递，这样通过消息流就把整个流程串起来了。参与者示例 3 如图 1-4 所示。

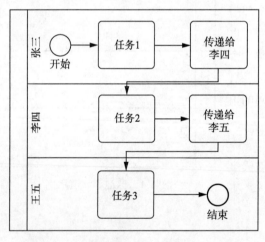

图 1-3　参与者示例 2

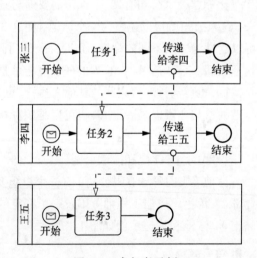

图 1-4　参与者示例 3

▌符号解释

- ✉ 表示消息开始事件（Message Start Event），是消息和开始事件的结合。表示接收到从另一个参与者发出的消息从而触发了一个开始事件。
- ○----▶ 表示消息流（Message Flow），代表流程中参与者双方之间消息的流动，也就是收发消息。

为了更好地理解流程内部的协作机制，下面以小龙虾外卖为例来进一步说明。

【例 1-3】 小龙虾外卖示例。

简化的小龙虾外卖流程如下：客户想吃小龙虾，会先通过菜单选择喜欢的口味，然后下单。对于商家，当接到客户的订单后，就开始制作小龙虾，然后让送餐员送餐。客户收到小龙虾后现场付款，然后开吃。

从上述流程来看，有两个明显的参与者，一个是客户，一个是餐厅。首先从餐厅开始建模。小龙虾外卖 1 如图 1-5 所示。

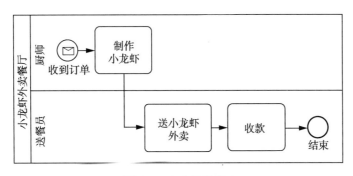

图 1-5　小龙虾外卖 1

接着再把客户点餐流程和餐厅的流程结合起来建模。小龙虾外卖 2 如图 1-6 所示。

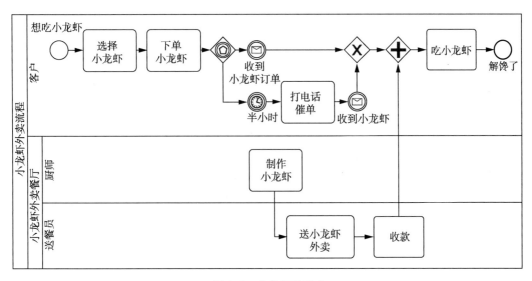

图 1-6　小龙虾外卖 2

█ 符号解释

- ◉表示定时器中间事件（Timer Intermediate Event），是定时器和中间事件的结合。代表在流程执行过程中由定时器触发的事件。
- ◇表示排他网关（Exclusive Gateway），也叫互斥网关、异或网关。网关用来控制流程中的分支进行发散或者汇聚。排他网关表明多条分支路径只有一条可以执行。
- ✚表示并行网关（Parallel Gateway），用来对并行的事件进行建模。当并行网关用于分支汇聚时，所有分支都执行完成后才会沿着顺序流继续执行下去。

- ◈表示事件网关（Event Gateway），用来对基于事件的分支进行建模。流程会沿着最先捕获的事件的分支路径继续执行下去。

仔细想想，上面的流程还是有些问题。比如泳池内有些事件和任务存在交叉引用的情况，如收款等。还有一些任务的执行对泳池内其他参与者不可见，如制作小龙虾、吃小龙虾等。对于模型的使用者来说，区别任务的可见性是很重要的。而且严格地从语义的角度来说，"小龙虾外卖2"这个模型也不正确，因为消息事件总是指从流程外部收到的消息，而该模型中却不是如此。

为了解决上述问题，可以使用协作图（Collaboration Diagram）来展示两个参与者之间的合作关系。在建模的时候，可以控制协作图的不同粒度。比如，可以只展示公司与公司之间的协作，也可以进一步展示公司内部各个不同部门之间的协作，甚至更进一步展示不同任务执行者之间的协作。

为了纠正图 1-6 所示的错误，以及提供更好的可视度，可以用消息流来把不同泳池（参与者）联系起来。因此可以对上述流程重新建模。小龙虾外卖 3 如图 1-7 所示。

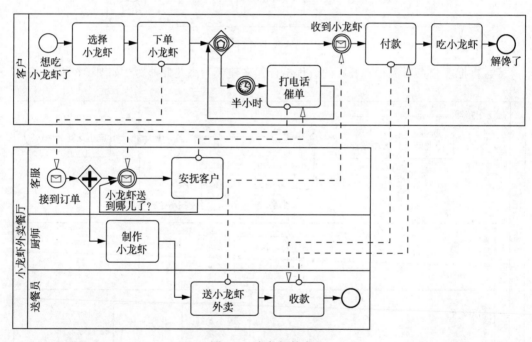

图 1-7　小龙虾外卖 3

符号解释

- ◉表示消息中间事件（Message Intermediate Event），是消息和中间事件的结合。表示在流程执行过程中接收到的消息，比如中途接到了电话等。

上述模型不但对客户的流程进行了建模，同时对餐厅的内部流程也进行了详细的建模。但有些时候，建模者并不清楚所有参与者的内部流程细节。比如每个人都知道自己公司内部的流程，而不知道其他公司的。在这种情况下，需要首先确定公司之间交互的接口（比如收发特定的消息），然后再基于接口进行建模。只要接口确定了，一切都可以顺利进行。

在上述小龙虾外卖的例子中，餐厅和客户间的接口主要有以下 3 个。

（1）接单。

（2）接受客户查单并按需安抚客户。

（3）送餐并收款。

作为客户，他并不关心餐厅内部的流程细节。厨师接单后可以立即开始制作；也可能由于缺乏原材料需要立即采购后开始制作，诸如此类。但是客户并不关心这些，客户只希望能按时吃到小龙虾。因此，在建模的时候，可以把餐厅的流程折叠起来以隐藏内部细节。小龙虾外卖 4 如图 1-8 所示。

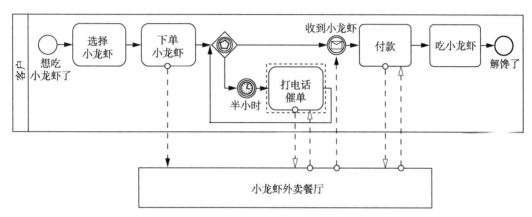

图 1-8　小龙虾外卖 4

有时候只须关心参与者之间交互的消息，也就是接口定义，而不用在意各自内部的细节，因此可以进一步把客户的流程也折叠起来。因此，可以对上述外卖流程建一个更高层的模型。小龙虾外卖 5 如图 1-9 所示。

在实际建模的时候，整个过程是相反的。也就是会先对客户和餐厅之间交互的接口，也就是消息流进行建模；然后再根据需要，分别对客户的内部流程和餐厅的内部流程进行建模；最后把两者结合起来。

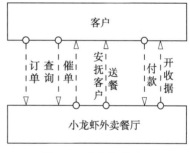

图 1-9　小龙虾外卖 5

▎▎最佳实践

（1）只有重要的事情才在展开的泳池（Expanded Pool）中建模。也就是说，一个流程中只有一个展开的泳池，如果需要的话，可以有一个或者多个折叠的泳池。其目的是突出模型的重点。注意：上面的例子中使用了多个展开的泳池，是为了方便读者理解。在实际建模的时候，需要尽量避免这种情况。

（2）泳道应该代表特定的角色。比如在采购流程中，可能会把采购部门作为一个泳道。然而更好的做法是把采购人员和采购经理区分开，因为采购经理会有审批等特殊职责。

（3）泳道不应该是个人。在本书的例子中，"王高工"就代表了一个特定的个人，这其实是不推荐的。因为可能会因为这个人的原因而导致整个流程执行不下去，比如王高工因病请假了。在实际流程中，任务的执行者不应该是某个特定的人，而应该是一个角色。比如发射飞船的总指挥。万一王高工休假了，李高工也可以成为发射飞船的总指挥来指挥飞船的发射。

第2章 任 务

任务是参与者为了完成流程定义的业务目标而需要一步一步完成的动作。因此,一个任务总是分配给一条泳道。

如果把任务的语义跟自然语言进行比较,就会发现流程的参与者是流程的主语,活动是谓语,通常宾语是活动的标签。比如,参与者在某个东西上做某个动作。当对任务加标签的时候,需要满足预定义的结构,典型做法就是动词+宾语的格式。比如"飞船工程师"在"造飞船"。

BPMN 定义了多种类型的事件,比如基于消息的事件、基于定时器的事件等。同样,BPMN 也定义了多种类型的任务,只是到目前为止只使用了通用类型的任务来建模。任务的主要目的就是对那些技术上可执行的事件进行建模。它是流程当中的原子活动,因此不能再进一步细分为别的活动。

图 2-1 任务、抽象任务

任务、抽象任务如图 2-1 所示。

除此之外,还有很多常见的任务类型。

2.1 服务任务

服务任务(Service Task)是任务的一种,它的工作一般由软件自动完成,比如一个 Web 服务或者一个自动化的应用。服务任务如图 2-2 所示。

服务任务用于调用服务。在 Camunda 中,这是通过调用 Java 代码或为外部执行者提供一个工作单元来完成的。

图 2-2 服务任务

2.2 发送任务

发送任务(Send Task)是一种比较简单的任务,用来把消息发送给外部参与者。当消息发送完毕,这个任务也就结束了。发送任务如图 2-3 所示。

图 2-3 发送任务

2.3　用户任务

用户任务（User Task）用于为那些需要由人工参与者完成的工作建模。当流程执行到一个用户任务时，将在分配该任务的用户或组的任务列表中创建一个新任务。当任务完成后，流程引擎（简称引擎）会期望得到一个确认，这既可以是单击一个代表完成的按钮，也可以是由用户提供一些数据作为输入。比较典型的例子是批准一个申请（比如请假、拨款等）、处理客户请求等。用户任务如图 2-4 所示。

图 2-4　用户任务

2.4　业务规则任务

图 2-5　业务规则任务

业务规则任务（Business Rule Task）是在 BPMN 2.0 中新引入的，主要用来对接业务规则引擎（Business Rules Engine）。业务规则任务用于同步执行一个或多个规则。比如给业务规则引擎提供输入，从业务规则引擎获取计算后的输出等。业务规则任务如图 2-5 所示。

2.5　脚本任务

脚本任务（Script Task）是一个自动化的活动。当流程执行到脚本任务时，将执行相应的脚本。脚本任务如图 2-6 所示。

图 2-6　脚本任务

2.6　接收任务

图 2-7　接收任务

接收任务（Receive Task）是一个简单的任务，它等待特定消息的到来。当流程执行到接收任务时，流程状态将提交给持久性存储。这意味着流程将保持这种等待状态，直到流程引擎接收到特定的消息，这将触发接收任务之外流程的继续进行。接收任务如图 2-7 所示。

2.7　手工任务

手工任务（Manual Task）定义流程引擎外部的任务。它用于对流程引擎不需要知道、没有已知系统或用户接口的人所做的工作进行建模。对于流程引擎，手工任务作为传递活动处理，在流程执行到达时会自动继续流程。手工任务如图 2-8 所示。

图 2-8　手工任务

2.8　任务标记

除了各种类型的任务之外，还可以将任务标记为循环、多实例或补偿。标记可以与任务类型组合。

关于任务标记的详细信息，请参阅官网。

第3章 网 关

在流程中，通常需要做出选择，也就是进行业务决策。在 BPMN 中，这个决策用网关（Gateway）来表示。网关也叫逻辑门，用来控制顺序流的分叉（Fork）和连接（Join）。所谓的分叉，就是把顺序流（Sequence Flow）发散开去，变成两个或者多个分支；而连接则相反，把两个或者多个分支合并成一个。

只有在需要对流程进行控制的时候才会引入网关。顾名思义，网关就像一道关口，用来控制是否允许通过。

网关用菱形表示，如图 3-1 所示。

图 3-1 网关

3.1 排他网关

排他网关（也称为 XOR 网关或基于数据的排他网关）用于对流程中的决策建模。当执行到达此网关时，将依次评估所有传出序列流，并选择第一个条件评估结果为真（True）的序列流来继续这个流程。

如果不能选择序列流（没有任何条件评估结果为真），也没有定义默认序列流时，将导致运行异常。在没有其他条件匹配的情况下，可以在网关本身设置一个默认流——就像编程语言中的 else 一样。排他网关如图 3-2 所示。

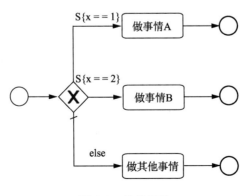

图 3-2 排他网关

3.2　条件序列流和默认序列流

序列流是流程中两个元素之间的连接器。在流程执行过程中访问一个元素之后，将继续执行所有传出序列流。这意味着 BPMN 2.0 的默认行为是并行的：两个传出序列流将创建两个独立的并行执行路径。序列流如图 3-3 所示。

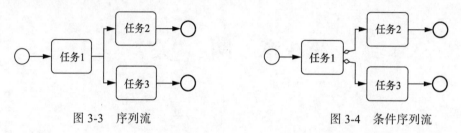

图 3-3　序列流　　　　　　　　　　　　图 3-4　条件序列流

3.2.1　条件序列流

序列流可以定义一个条件。当离开 BPMN 2.0 的活动时，默认行为是评估传出序列流上的条件。当条件评估的结果为真时，将被选为传出序列流。当以这种方式选择多个序列流时，将生成多个执行，并以并行方式继续进行。注意，这对于网关是不同的。网关会根据网关类型的不同以相应的方式来处理带有条件的序列流。条件序列流如图 3-4 所示。

3.2.2　默认序列流

所有 BPMN 2.0 任务和网关都可以有一个默认的序列流。如果无法选择其他序列流，就仅将此默认序列流作为该活动的传出序列流。默认序列流上的条件会被忽略掉。

某个活动的默认序列流由该活动上的默认属性定义。下面的示例显示了一个具有默认序列流的排他网关。

【例 3-1】　默认序列流示例。

只有当 x 既不是 1 也不是 2 时，才会选择它作为网关的传出序列流。默认序列流示例如图 3-5 所示。

注意，默认序列流用"斜杠"来标记。

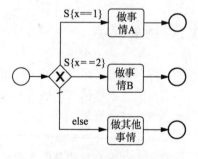

图 3-5　默认序列流示例

3.3　并行网关

网关还可以用于为流程中的并发性建模。在流程模型中引入并发性最直接的网关是并行网关，它允许分叉到多个执行路径或连接多个传入的执行路径。

并行网关的功能是基于传入和传出序列流的。

（1）Fork。所有传出序列流都是并行执行的，将为每个序列流创建一个并发执行。

（2）Join。到达并行网关的所有并发执行都在网关等待，直到所有传入序列流的执行都到达，然后这个流程继续进行。

请注意，如果同一并行网关有多个传入和传出序列流，那么并行网关可以同时具有 Fork 和 Join 行为。在这种情况下，网关将首先连接所有传入的序列流，然后再分割成多个并发的执行路径。

并行网关与其他网关类型的一个重要区别是它不会评估条件。如果在连接到并行网关的序列流上定义了条件,那么它们将被简单地忽略掉。

注意,并行网关不需要是"平衡"的,也就是说,对应的并行网关的传入和传出序列流的数量不需要是匹配的。并行网关将简单地等待所有传入序列流,并为每个传出序列流创建一个并行的执行路径,而不受流程模型中的其他构造的影响。因此,图 3-6 所示的流程在 BPMN 2.0 中是合法的。

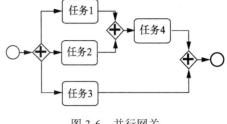

图 3-6 并行网关

3.4 包含网关

包含网关可以看作排他网关和并行网关的结合。与排他网关类似,可以定义传出序列流的条件,而包含这些条件的网关将对它们进行评估。然而,主要的区别在于包含网关可以接收多个序列流,就像并行网关一样。

包含网关的功能是基于传入和传出序列流的:

(1)Fork。对所有传出序列流进行条件评估,对每个条件评估结果为真的序列流都会创建一个并发执行,以并行地执行。

(2)Join。到达包含网关的所有并发执行都在网关等待,直到拥有流程令牌的所有传入序列流的执行都到达为止。这是与并行网关的一个重要区别。

注意,如果同一个包含网关有多个传入和传出序列流,那么包含网关可以同时具有 Fork 和 Join 的行为。在这种情况下,网关将首先连接(Join)所有拥有流程令牌的传入序列流,然后将条件评估结果为真的传出序列流分割成多个并行执行路径。

【例 3-2】 包含网关示例。

包含网关示例如图 3-7 所示。

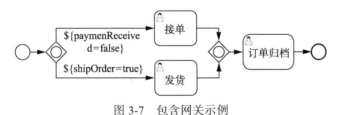

图 3-7 包含网关示例

注意,与并行网关类似,包含网关也不需要是"平衡"的。也就是说包含网关的传入和传出序列流的数量可以是不匹配的。包含网关将简单地等待所有传入序列流,并为每个传出序列流创建一个并发的执行路径,而不受流程模型中的其他构造的影响。

3.5 事件网关

前面讲到的排他(XOR)网关能通过数据处理来把流程导向不同的分支。除此之外,BPMN 还提供了另外一种流程分叉方式,那就是基于事件的网关(Event-Based Gateway),简称事件网关。事件网关是专门设计用来捕获中间事件的。与其他网关不同，它不是通过条件评估来选择路径的，而是通过捕获到的事件来选择的。事件网关与排他网关在功能上类似，但是有两个重要的不同点：事件网关是通过中间事件驱动的，它在等待的事件发生后才会触发决策；事件网关只关心第一件发生的事情。

【例 3-3】 事件网关示例。

例如，有一天，某人约了朋友一起去爬山，约定 9:00 集合出发。如果大家提前到齐了，就可以提前出发；但是如果有朋友迟到了，就打电话催他，等到齐后再出发。对此可以建模，事件网关示例如图 3-8 所示。

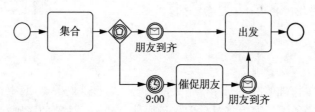

图 3-8　事件网关示例

注意，并不是所有的中间事件都可以与事件网关联系起来。它只能与部分中间事件和接收任务联系起来。事件网关支持的中间事件如图 3-9 所示。

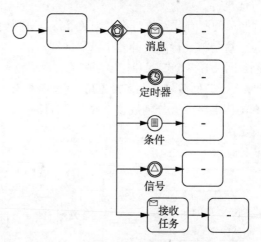

图 3-9　事件网关支持的中间事件

基于事件的网关允许基于事件作出决策。网关的每个传出序列流都需要连接到一个中间捕获事件。当流程执行到达基于事件的网关时，网关的行为类似于等待状态：暂停执行。此外，还为每个传出序列流创建了一个事件订阅。

注意，基于事件的网关中运行的序列流与普通序列流不同。这些序列流实际上从未真正"执行"过。相反，它们只是告诉流程引擎要到达基于事件的网关需要订阅哪些事件。

第 4 章　事　件

事件（Event）是 BPMN 2.0 执行语义中一个非常重要的概念，是流程运行过程中发生的事情，而这些事情的发生会影响到流程的流转。对每个事件而言，一般会包含两个要素，分别是触发这个事件的原因，以及由此导致的结果。事件包含开始（Start）、中间（Intermediate）和结束（End）三种类型。它既包括事件的开始、结束、边界条件，也包括每个活动的创建、开始、流转等。利用事件机制，可以通过事件控制器为系统增加辅助功能，如与其他业务系统集成、活动预警等。

4.1　基本概念

事件的图形符号是一个圆。其中空心圆表示开始事件。开始事件的图形符号如图 4-1 所示。

开始事件标志着一件事情的开始，或者一个流程的开始。开始事件初始化一个流程并且触发第一个活动的执行。

中间事件的图形符号是两个嵌套的圆，它发生在开始事件和结束事件的中间，会影响事件或者流程的发展，但不会导致事件的开始和直接结束。中间事件的图形符号如图 4-2 所示。

结束事件标志着一个事件或者流程的结束或终止。当它发生在参与者完成了可能的活动序列后，它通常会标记流程的业务目标。结束事件也可能被标记为没能达成业务目标。

结束事件的图形符号是一个黑体的圆。结束事件的图形符号如图 4-3 所示。

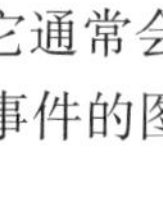

图 4-1　开始事件 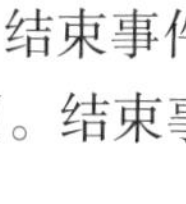　　　　　图 4-2　中间事件 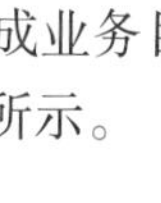　　　　　图 4-3　结束事件

根据触发方式的不同，BPMN 中的事件可以分为捕获事件（Catching Event）和抛出事件（Throwing Event）。

捕获事件有事先定义好的触发器。当触发器被触发或者激活的时候，就称这个事件发生了。捕获事件会影响流程的执行，可能导致的结果有以下 4 个。

（1）流程开始。

（2）流程或者流程路径继续执行。

（3）当前执行的任务或者子流程被取消。

（4）当一个任务或者子流程执行的时候，另一个流程路径被占用。

与捕获事件相反，抛出事件是自己触发的，而不是被别人触发的。也可以认为抛出事件是主动型的，而捕获事件则是被动型的。抛出事件可以在流程执行过程中触发，也可以在流程执行结束的时候触发。

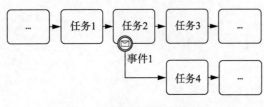

图 4-4　附加中断中间事件

通过 BNMP，可以对附加中间事件（Attached Intermediate Events）进行建模。这些附加事件（Attaching Events）发生的时候，会中断正在进行的任务或者子流程。为什么这些中间事件会被叫作附加事件呢？因为它们被放置在了需要被中断的活动的边界上。

附加中断中间事件如图 4-4 所示。

在上面的示意图中，其可能的执行流程如下所述。

（1）任务 1 执行完毕后开始执行任务 2。

（2）如果当任务 2 正在执行的过程中事件 1 发生了，任务 2 会被立即取消，然后开始执行任务 4。

（3）另一种可能情况是，如果事件 1 没有发生，任务 2 就会继续执行下去，完成后开始执行任务 3。

（4）如果任务 2 执行完成后事件 1 才发生，那么这个事件 1 会被忽略掉。

上述例子中的事件 1 是中断事件，它会导致事件被取消。BPMN 还定义了非中断的中间事件。附加非中断中间事件如图 4-5 所示。

图 4-5　附加非中断中间事件

它的执行流程如下：

（1）任务 1 执行完毕后开始执行任务 2。

（2）如果当任务 2 正在执行的过程中事件 1 发生了，任务 2 会继续执行；同时，任务 4 也开始执行。如果事件 1 再次发生，上述流程会重复进行。

（3）如果事件 1 没有发生，任务 2 会继续执行完毕，然后执行任务 3。

（4）如果任务 2 执行完毕后事件 1 才发生，那么这个事件 1 会被忽略掉。

4.2　事件类型

4.2.1　开始事件

开始事件定义了流程或子流程的启动位置。流程引擎支持空白（Blank）开始事件、定时器（Timer）开始事件、消息（Message）开始事件、信号（Signal）开始事件和条件（Conditional）开始事件 5 种类型。

流程引擎至少需要一个开始事件来实例化一个流程。每个流程定义可以有一个空白开始事件或定时器开始事件，也可以有多个消息开始事件或信号开始事件。

4.2.2 空白事件

空白事件（None Events）是未指定的事件。例如，空白开始事件在技术上意味着启动流程实例的触发器是未指定的。这意味着引擎无法预测流程实例何时必须启动。空白开始事件如图4-6所示。

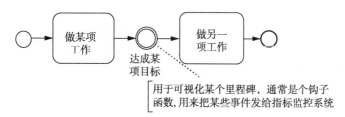

图 4-6 空白开始事件

注意，子流程必须有一个空白开始事件。

1. 空白结束事件

空白结束事件意味着到达事件时抛出的结果未指定。因此，除了结束当前执行路径外，引擎不会执行其他任何操作。

2. 空白中间事件(抛出)

空白中间事件通常用于指示流程中实现的某个状态。空白中间事件如图4-7所示。

图 4-7 空白中间事件

4.2.3 消息事件

消息（Message）用于承载参与者双方通信的内容。消息事件是引用指定消息的事件。消息有名称和有效负载。与信号不同，消息事件总是指向单个收件人。当一条消息从发送方到达接收方时，会触发一个流程的开始。在 BPMN 中，消息的含义不局限于信件、电子邮件、电话等，而是比较广泛。

【例 4-1】 网上购物示例。

客户先在网上选购商品，选好后下单，然后坐等收货通知。当客户收到快递到达的消息后就会去收货。网上购物示例如图4-8所示。

图 4-8 网上购物示例

消息中间事件也可能导致取消当前正在执行的事件。

【例 4-2】 工单示例。

宽带技术支持人员主要负责某片区的与宽带相关的技术支持工作。当用户发现不能上网时，就会创建一个工单来报告"网络不通"的问题。当宽带技术支持人员收到这个报告，就会立即开始查找故障所在。但有时候并不是因为网络问题而不能上网，而是因为用户使用不当（如网线松动或者忘记打开无线网络等）而导致无法上网。当用户发现是自己失误的原因后，可能会再次报告，说上次创建的工单属于误报情况。这时，宽带技术支持人员就会取消故障查找工作，并关闭这个工单。工单示例如图4-9所示。

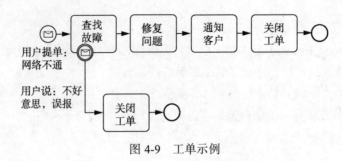

图 4-9　工单示例

1. 消息开始事件

消息开始事件通过已命名消息来启动流程实例。这样就可以通过消息名称从一组备选开始事件中选择正确的开始事件。

当部署带有一个或多个消息开始事件的流程定义时，需要考虑以下事项：

（1）消息开始事件的名称必须在给定的流程定义中是唯一的。如果两个或多个消息事件引用同一消息，或者如果两个或多个消息开始事件引用同名的消息，则流程引擎在部署流程定义时会抛出异常。

（2）消息开始事件的名称在所有已部署的流程定义中必须是唯一的。在部署流程定义时，如果一个或多个消息开始事件引用的名称与其他已部署的流程定义的消息开始事件的消息同名，则引擎将抛出异常。

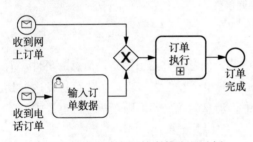

图 4-10　多个消息开始事件流程示例

（3）流程版本控制。在部署流程定义的新版本时，将取消以前版本的消息订阅。对于新版本中不存在的消息事件也是如此。

一个流程可以有多种不同的消息开始事件，以响应不同的消息，最终使用其中一种来启动。这在某些情况下是非常有用的。

【例 4-3】　多个消息开始事件流程示例。

多个消息开始事件流程示例如图 4-10 所示。

2. 消息中间捕获事件

当令牌到达消息中间捕获事件时，它将在那里等待，直到收到拥有正确名称的消息为止。消息必须通过适当的 API 调用以传递到流程引擎。

【例 4-4】　消息事件示例。

一个流程模型中可以同时有不同的消息事件。消息事件示例如图 4-11 所示。

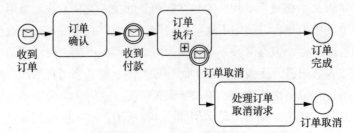

图 4-11　消息事件示例

除了使用消息中间捕获事件，还可以考虑接收任务，它不但可以实现类似的目的，还能够与边界事件相结合。很多时候，还可以把基于事件的网关和消息中间捕获事件结合起来使用。

3. 消息边界事件

边界事件一般用来捕获附加到活动边界的事件。这意味着当活动运行时，消息边界事件将侦听其注册的已命名的消息。当捕获到这种情况时，根据边界事件的配置，可能会发生以下两种情况。

（1）中断边界事件。活动被中断，并沿着离开事件的序列流继续执行。

（2）非中断边界事件。已有令牌继续留在活动中，同时创建一个新的令牌，该新令牌沿着离开事件的序列流继续执行。

4. 消息中间抛出事件

消息中间抛出事件可以向外部服务发送消息。此事件具有与服务任务相同的行为。

【例 4-5】 消息中间抛出事件示例。

消息中间抛出事件示例如图 4-12 所示。

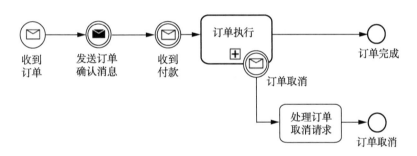

图 4-12 消息中间抛出事件示例

5. 消息结束事件

当流程执行到消息结束事件时，当前执行路径将结束，并发送一条消息。消息结束事件具有与服务任务相同的行为。

4.2.4 定时器事件

定时器事件（Timer Event）用来在特定的日期、时间，或者一定的周期内触发一个事件。比如在大年三十晚上的 00:00 触发一个事件。或者像闹钟一样，每天定时触发一个事件。定时器事件是由定义好的定时器触发的事件。它们可以用作开始事件、中间事件或者边界事件。边界事件可以是中断的，也可以是非中断的。

【例 4-6】 常见定时器事件用法示例。

常见定时器事件用法示例如图 4-13 所示。

除了上述常用定时器事件外，还可以对倒计时事件进行建模。这时需要把定时器事件建模为附加定时器事件（Attached Timer Event）。可以设置一个任务的最大执行时间，一旦超时，就会中断这个任务的执行，转而执行定时器所触发的事件。

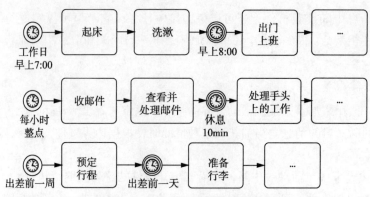

图 4-13　常见定时器事件用法示例

【例 4-7】 定时器事件示例。

例如选快餐，如果客户挑选了半个小时都没选到合适的快餐，那就干脆自己煮面条吃。这个流程可以建模为如图 4-14 所示。

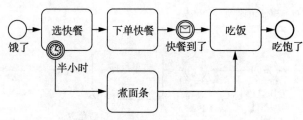

图 4-14　定时器事件示例

定时器事件也可以是非中断的。

【例 4-8】 非中断定时器事件示例。

在做饭的过程中可以设置一个定时器，当时间到了就开始准备桌子。这个流程可以建模为如图 4-15 所示。

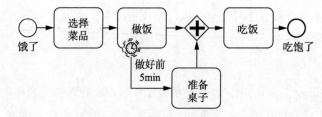

图 4-15　非中断定时器事件示例

1. 定时器开始事件

定时器开始事件用来在给定的时间点创建流程实例。它既可以用于只启动一次的流程，也可以用于在固定时间间隔启动的流程。

2. 定时器中间捕获事件

定时器中间捕获事件可以充当秒表。当执行到达可以捕获事件的活动时，将启动定时器。当定时器触发时（如在指定的时间间隔之后），将沿着离开定时器中间事件的序列流继续执行。

3. 定时器边界事件

定时器边界事件可以充当秒表和闹钟。当执行到达有附加边界事件的活动时，将启动定时器。当定时器触发时（如在指定的时间间隔之后），活动将被中断，并沿着离开定时器边界事件的序列流继续执行。

中断定时器事件和非中断定时器事件之间有区别。中断事件是默认的，会导致原始活动被中断。而非中断事件不会导致原始活动被中断，活动保持不变。相反，它会创建一个新的执行并发送给事件的传出序列。

4.2.5　错误事件

任何事情都有例外，对于流程也是如此。当发生了错误怎么办？可以选择在建模的时候识别可能发生的错误，然后采取一些措施来解决它；也可以选择升级并让上层系统来处理。错误事件（Error Event）是很严重的事件。因此，如果是捕获类型的错误，只能建模为附加中间事件。如果是抛出类型的错误，就必须建模在流程的结束，以便参与者知道流程失败了。

【例 4-9】 错误中间事件示例。

在前面的做饭的例子中，如果在做饭的过程中没天然气了，这就是个错误事件，可以把它建模为如图 4-16 所示。

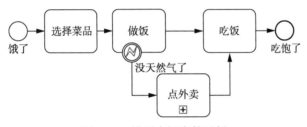

图 4-16　错误中间事件示例

1. 错误开始事件

错误开始事件只能用于触发事件子流程，不能用于启动流程实例。错误开始事件总是中断的。错误开始事件如图 4-17 所示。

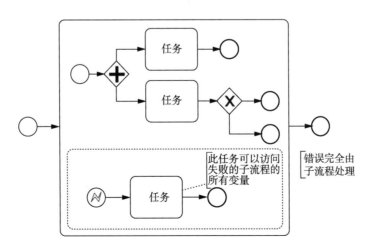

图 4-17　错误开始事件

2. 错误结束事件

当流程执行到达错误结束事件时，当前执行路径结束并抛出错误。此错误可由匹配的中间错误边界事件捕获。如果没有找到匹配的错误边界事件，那么默认的执行语义跟空白终止事件的语义相同。

3. 错误边界事件

活动边界上的中间捕获错误事件（或简称为错误边界事件）捕获在其定义的活动作用域内抛出的错误。

定义错误边界事件对于嵌入式子流程或者调用活动最有意义，因为子流程为其内的所有活动创建了作用域。这样的错误将一直向它的父作用域传播，直到找到一个与错误事件定义相匹配的错误边界事件的作用域。

当捕获到错误事件时，定义这个边界事件的活动将被销毁，同时销毁其中所有正在运行的执行（例如并发活动、嵌套子流程等）。流程执行继续沿着边界事件的传出序列流进行。

错误边界事件如图 4-18 所示。

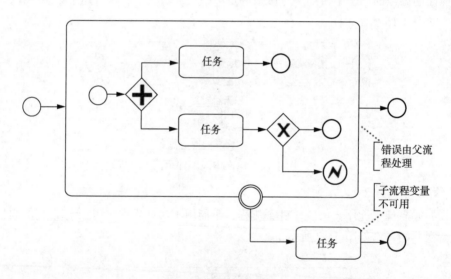

图 4-18　错误边界事件

4. 未处理的 BPMN 错误

一种可能发生的情况是，没有为错误事件定义边界捕获事件。在这种情况下，默认行为是记录信息并结束当前的执行。

5. 捕获错误并重新抛出模式

一个错误既可以被错误处理事件的事件子流程处理，也可以在处理错误的事件子流程的更高层作用域中被抛出。

【**例 4-10**】 捕获错误并重新抛出示例。

捕获错误并重新抛出示例如图 4-19 所示。

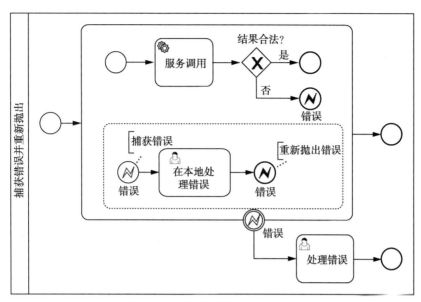

图 4-19　捕获错误并重新抛出示例

4.2.6　升级事件

顾名思义，升级事件（Escalation Events）是引用一个已命名的升级（Escalation）的事件。它们主要用于从子流程到上层流程的通信。与错误事件不同，升级事件不是关键事件，它会在抛出的位置继续执行。

【例 4-11】 升级事件示例。

升级事件示例如图 4-20 所示。

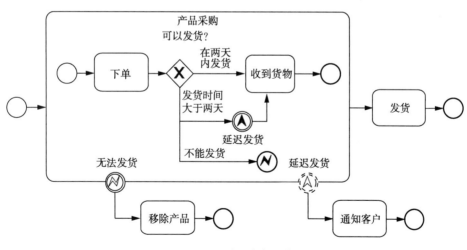

图 4-20　升级事件示例

1. 捕获升级事件

（1）升级开始事件。升级开始事件只能用于触发事件子流程，而不能用于启动流程实例。

【例 4-12】 升级开始事件示例。

升级开始事件示例如图 4-21 所示。

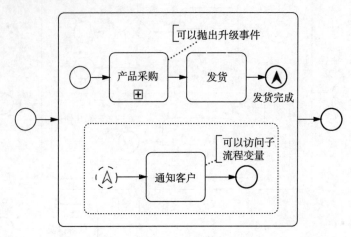

图 4-21　升级开始事件示例

拥有升级开始事件的事件子流程由发生在相同作用域或较低作用域（例如子流程或调用活动）中的升级事件触发。当子流程由调用活动的升级事件触发时，会将调用活动的输出变量传递给子流程。

（2）升级边界事件。活动边界上的中间捕获升级事件（或简称为升级边界事件）捕获在活动作用域内抛出的升级事件。

【例 4-13】　升级边界事件示例。

升级边界事件示例如图 4-22 所示。

升级边界事件只能附加到嵌入式子流程或者调用活动上，因为升级只能由升级中间抛出事件或升级结束事件抛出。当边界事件由调用活动的升级事件触发时，会将调用活动的输出变量传递到边界事件的作用域。

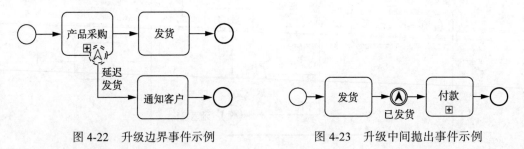

图 4-22　升级边界事件示例　　　　　图 4-23　升级中间抛出事件示例

2. 抛出升级事件

（1）升级中间抛出事件。当流程执行到达升级中间抛出事件时，将抛出一个命名的升级。此升级可由拥有相同升级代码（或者没有升级代码）的升级边界事件或事件子流程捕获。

【例 4-14】　升级中间抛出事件示例。

升级中间抛出事件示例如图 4-23 所示。

与错误事件类似，升级事件被传播到上层作用域（例如子流程或调用活动），直到被捕获为止。如果没有边界事件或者没有事件子流程捕获事件，那么将继续执行正常流；如果通过调用活动将升级传播到上层作用域，那么调用活动定义的输出变量会被传递到上层作用域。

（2）升级结束事件。当流程执行到达升级结束事件时，将结束当前执行路径并抛出命名的升级。它的行为与升级中间抛出事件相同。

【例 4-15】 升级结束事件示例。

升级结束事件示例如图 4-24 所示。

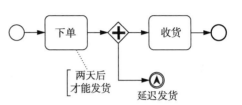

图 4-24　升级结束事件示例

4.2.7　信号事件

当一个流程广播的信号（Signal）到达的时候，就会触发信号事件。信号与消息不同，消息有特定的目标，但是信号没有。信号是广播式的，比如报纸或者电视上的广告。当信号广播出去之后可以被多个参与者接收到，并因此触发多个流程的执行。

【例 4-16】 信号事件示例。

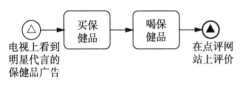

图 4-25　信号事件示例

比如电视购物。观众在电视上看到自己喜欢的某位明星在代言某保健饮品，于是可能会买来喝。喝了之后还可能在相应的点评网站上对这个保健品做出评价，这也是一个信号，所有浏览这个网页的人都可以接收到这个信号。信号事件示例如图 4-25 所示。

信号事件是引用指定信号的事件。信号是一个全局作用域的事件（广播语义），并传递给所有活动的处理程序。

【例 4-17】 信号事件订阅示例。

下面举个使用信号进行通信的例子。在下面的例子中，如果保险策略更新了，就启动第一个流程。当用户查看并批准更改之后，会抛出一个"保险策略已修改"的信号事件，表示策略已经更改。抛出信号事件示例如图 4-26 所示。

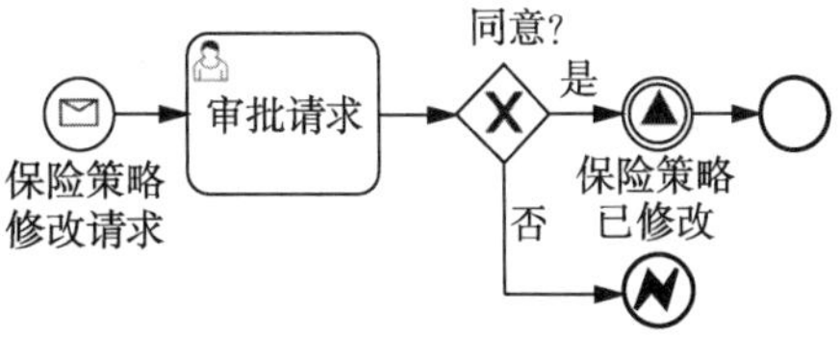

图 4-26　抛出信号事件示例

现在，所有感兴趣的流程实例都可以捕获此事件。为此，需要添加相应的订阅事件。订阅信号事件示例如图 4-27 所示。

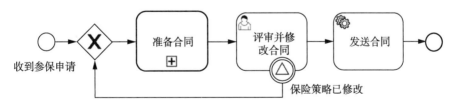

图 4-27　订阅信号事件示例

注意，重要的是要理解一个信号事件被广播给所有活动的处理程序。在上面给出的示例中，这意味着所有捕获该信号的流程的所有实例都将接收到该事件。

1. 捕获信号事件

（1）信号开始事件。信号开始事件可用于使用指定的信号启动流程实例。

当部署带有一个或多个信号开始事件的流程定义时，需要考虑以下 3 方面的事项：

① 开始事件的名称必须在给定的流程定义中是唯一的。如果两个或多个信号开始事件引用相同的信号，或引用同名的信号，那么流程引擎在部署流程定义时会抛出异常。

② 与消息开始事件相反，信号开始事件的名称不必在所有已部署的流程定义中都是唯一的。

③ 流程版本控制。在部署流程定义的新版本时，会取消前一个版本的信号订阅。对于新版本中不存在的信号事件也是如此。

当抛出一个已正确命名的信号时，将启动拥有该信号开始事件的流程定义的一个或多个流程实例。该信号可以由流程实例（即通过中间抛出信号事件或者信号结束事件）抛出。

注意，当多个流程定义拥有同名的信号开始事件时，抛出的信号可以启动这些不同流程定义的多个流程实例。

（2）信号中间捕获事件。当令牌到达信号中间捕获事件时，它将在那里等待，直到拥有正确名称的信号到达为止。

（3）信号边界事件。当执行到达附加了信号边界事件的活动时，信号边界事件将捕获相应的信号。

注意，与其他事件（如错误边界事件）相反，信号边界事件不仅仅是捕获从其附加的作用域抛出的信号事件。信号事件具有全局作用域（广播语义），这意味着信号可以从任何地方抛出，甚至可以从不同的流程实例抛出。

2. 抛出信号事件

（1）信号中间抛出事件。信号中间抛出事件为定义的信号抛出一个信号事件。

信号被广播到所有活动的处理程序（也就是所有可以捕获信号的事件），可以同步发送，也可以异步发送。

① 在默认配置中，信号是同步发送的。这意味着，抛出流程实例将等待，直到将信号传递给所有的捕获流程实例。捕获流程实例也会在与抛出流程实例相同的事务中得到通知，这意味着如果其中一个被通知的流程实例产生技术错误（比如抛出异常），所有相关的实例都会失败。

② 信号也可以异步传递。在这种情况下，将判断到达抛出信号事件时哪些处理程序处于活动状态。

信号中间事件定义为中间抛出事件。

（2）信号结束事件。信号结束事件为定义的信号抛出一个信号事件，并结束当前执行路径。它的行为与信号中间抛出事件相同。

（3）传递变量。可以将流程变量从发送信号的流程实例传递到所有捕获信号的流程实例。当使用信号开始事件启动流程时，或者在信号中间捕获事件中离开等待状态之前，数据将被复制到信号捕获流程实例中。

4.2.8 取消和补偿事件

1. 取消结束事件

取消结束事件只能与事务子流程结合使用。当到达取消结束事件时，将抛出一个取消事件，该事件必须被取消边界事件捕获。然后取消边界事件会取消事务并触发补偿。

2. 取消边界事件

当事务被取消时，将触发附加在事务子流程边界上的中间捕获取消事件，简称为取消边界事件。当取消边界事件被触发时，它首先中断当前作用域内的所有活动的执行。接下来，它启动事务作用域内所有活动的补偿边界事件的补偿。补偿是同步执行的，也就是说边界事件会在离开事务之前等待补偿完成。当补偿完成后，事务子流程将沿着取消边界事件的传出序列流离开。

取消边界事件如图 4-28 所示。

图 4-28　取消边界事件

注意：

（1）对于事务子流程，只允许存在一个取消边界事件。

（2）如果事务子流程承载了嵌套的子流程，就仅对已成功完成的子流程触发补偿。

（3）如果将取消边界事件放置在有多个流程实例的事务子流程上，并有一个实例触发取消事件，那么边界事件将取消所有实例。

3. 补偿事件

（1）中间抛出补偿事件。可以使用中间抛出补偿事件触发补偿，即可以为指定的活动或承载补偿事件的作用域触发补偿。补偿是通过执行与活动相关联的补偿处理程序来完成的。中间抛出补偿事件如图 4-29 所示。

图 4-29　中间抛出补偿事件

① 当为某个活动抛出补偿时，执行相关联的补偿处理程序的次数与成功完成该活动的次数相同。

② 如果为当前作用域抛出补偿，就补偿当前作用域内的所有活动，包括并发分支上的活动。

③ 补偿是分层触发的。如果要补偿的活动是子流程，就对子流程中包含的所有活动触发补偿。如果子流程有嵌套的活动，就递归地抛出补偿。但是，补偿不会传播到流程的“上层”。如果补偿在子流程中触发，就不会传播到子流程作用域之外的活动。

④ 补偿由补偿事件子流程消费。如果要补偿的活动是子流程，且子流程包含有补偿开始事件触发的事件子流程，那么补偿将触发事件子流程，而不是触发子流程中包含的活动。

⑤ 补偿按与执行相反的顺序执行。这意味着最后完成的活动将首先得到补偿。

⑥ 中间抛出补偿事件可用于补偿已成功完成的事务子流程。

注意，如果在包含子流程的作用域内抛出补偿，并且子流程包含带有补偿处理程序的活动，那么只有当子流程成功执行后，抛出的补偿才会传播到子流程。如果子流程内嵌套的一些活动已经完成了，但它上面还附加了补偿处理程序，那么，如果包含这些活动的子流程尚未完成，则补偿处理程序也不会执行。

【例 4-18】 酒店预订示例。

酒店预订示例如图 4-30 所示。

在这个流程中有两个并发执行，一个执行嵌入式“预订酒店子流程”，另一个执行“信用卡扣款”活动。假设两个执行都已启动，第一个正在等待用户完成“审核预订信息”任务；第二个在执行“信用卡扣款”活动，并抛出一个错误，导致“取消预订”事件触发补偿。此时并行子流程还没有完成，这意味着补偿事件不会传播到子流程，因此“取消酒店预订”补偿处理程序不会执行。如果用户任务（以及嵌入的子流程）在执行“取消预订”之前已经完成了，那么补偿将会传播到嵌入的子流程。

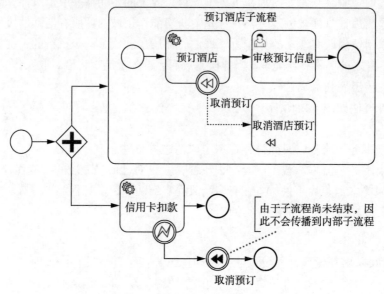

图 4-30　酒店预订示例

注意，当为一个多实例活动抛出补偿时，只有当该活动的所有实例都已结束时，才会执行关联的补偿处理程序。这意味着，多实例活动必须在得到补偿之前结束。

当对嵌入的子流程进行补偿时，用于执行补偿处理程序的执行可以访问子流程的本地流程变量，这些变量处于子流程完成时所处的状态。为了实现这一点，将获取一个与作用域的执行（为执行子流程而创建的执行）相关联的流程变量的快照。由此，可以得出以下 3 点启示。

① 补偿处理程序不能访问子流程作用域内创建的并发执行的变量。

② 与层次结构中更高层的执行相关的流程变量（例如与流程实例执行相关的流程变量）不包含在快照中。

③ 变量快照只用于嵌入式子流程，而不用于其他活动。

目前的限制有以下 3 点。

① 不支持 wait For Completion="false"。当使用中间抛出补偿事件触发补偿时，只有在补偿成功完成后才会离开事件。

② 补偿本身是并发执行的。并发执行的启动顺序与补偿活动的完成顺序相反。后期版本中可能会包括按顺序执行补偿的可能性。

图 4-31　补偿结束事件

③ 补偿不会传播到调用活动生成的子流程实例。

（2）补偿结束事件。补偿结束事件在当前执行路径结束时触发补偿。它的行为和限制与补偿中间抛出事件相同。补偿结束事件如图 4-31 所示。

（3）补偿边界事件。将可以使用活动边界上附加的中间捕获补偿事件简称为补偿边界事件。其是将补偿处理程序附加到活动或嵌入的子流程中。补偿边界事件如图 4-32 所示。

补偿边界事件与其他边界事件有不同的激活策略。其他边界事件如信号边界事件，在它们所连接的活动启动时被激活；当活动离开时，它们将被停用，相应的事件订阅将被取消。而补偿边界事件不一样，补偿边界事件在其所附加的活动成功完成时才被激活。此时，将创建对补偿事件的相应订阅。当触发补偿事件或相应的流程实例结束时，订阅将被删除。这就意味着：

① 当触发补偿时，与补偿边界事件相关联的补偿处理程序的调用次数与它附加到的活动成功完成的次数相同。

② 如果补偿边界事件被附加到拥有多个流程实例的活动上，就会为每个实例创建补偿事件订阅。

③ 如果补偿边界事件被附加到包含在循环中的活动上，就在每次执行活动时创建补偿事件订阅。

④ 如果流程实例结束，就取消对补偿事件的订阅。

（4）补偿开始事件。补偿开始事件只能用于触发事件子流程，不能用于启动流程实例。这种事件子流程称为补偿事件子流程。补偿开始事件如图 4-33 所示。

图 4-32　补偿边界事件　　　　　　　　图 4-33　补偿开始事件

当部署带有补偿事件子流程的流程定义时，需要考虑以下事项。

① 补偿事件子流程只支持嵌入式子流程，而不支持流程级的补偿，这是由当前的限制造成的，即补偿不能传播到由调用活动生成的子流程实例。

② 在同一子流程级别上只能有一个补偿事件子流程。

③ 不支持同时包含补偿事件的子流程和附加补偿边界事件的子流程。注意，补偿事件子流程和补偿边界事件的目标是类似的，因此只需要选择其中一个即可。

补偿事件子流程可以用作嵌入式子流程的补偿处理程序。与附加到子流程的补偿边界事件类似，如果子流程在之前成功完成了，就仅由抛出的补偿事件调用补偿事件子流程。在本例中，补偿事件子流程被调用的次数将与子流程完成的次数相同。

与附加到子流程的补偿边界事件相反，补偿事件子流程会消费抛出的补偿事件。这意味着，子流程中包含的活动在默认情况下不会得到补偿。相反，补偿事件子流程可以递归地触发其父流程中包含的活动的补偿。

【例 4-19】 补偿开始事件示例。

在下面的示例流程中，有一个包含补偿事件子流程的嵌入式子流程，该子流程由补偿开始事件触发。

注意，这个补偿处理程序偏离了默认的补偿，因为它以特定的顺序触发补偿活动，而与执行顺序无关；它还包含一个额外的活动，增加了流程逻辑，该逻辑不能从子流程本身的主体派生出来。

补偿开始事件示例如图 4-34 所示。

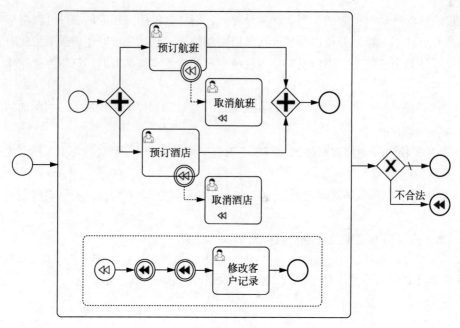

图 4-34 补偿开始事件示例

4.2.9 条件事件

条件事件（Conditional Event）是当满足特定条件时执行的事件。比如温度超过 100℃，或者 CPU 使用率超过 80%，等等。条件与流程是独立的，因此条件事件只能是捕获事件，而且一个条件事件不能触发另一个条件事件。

【例 4-20】 烘焙示例。

如用烤箱制作曲奇饼干。首先需要预热烤箱，当烤箱达到预热温度后才会把饼干放进去烘焙，然后等饼干烤好后才可以关掉烤箱并取出饼干以完成烘焙。烘焙示例如图 4-35 所示。

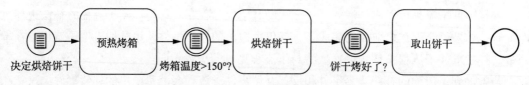

图 4-35 烘焙示例

条件事件定义一个事件，如果给定条件的评估结果值为真，就触发该事件。它可以用作事件子流程的开始事件、中间事件和边界事件。开始和边界事件可以是中断的，也可以是非中断的。

【例 4-21】 条件事件示例。

在下面的模型中，使用了所有支持的条件事件。条件事件示例如图 4-36 所示。

如图 4-36 所示，中间条件事件就像一个等待，一直等到条件得到满足为止。在本例中，如果"有可用处理器"条件评估结果为真，那么条件将得到满足，流程将继续执行到下一个活动。

如果"申请改变了？"的条件边界事件的条件得到满足，那么相应的用户任务将被中断。

在流程实例的整个执行过程中，可以取消流程。如果满足条件开始事件的条件，那么流程实例的执行将被事件子流程中断，它将取消流程的当前处理。

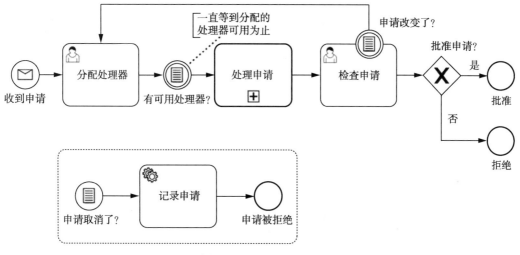

图 4-36　条件事件示例

1. 条件边界事件

条件边界事件的作用类似于观察者，如果满足特定条件，就会被触发。

中断和非中断条件事件之间是有区别的。默认为中断事件，它会导致原始活动被打断。而非中断事件不会导致原始活动被中断，实例仍然处于活动状态。相反，它将创建一个额外的执行路径，以获取事件的传出转换。只要连接到的活动是处于活动状态的，就可以多次触发非中断条件事件。

2. 中间条件捕获事件

中间条件事件类似于等待，一直等到条件满足为止。当执行到达捕获事件活动时，将开始评估条件。如果条件满足，那么流程将继续执行到下一个活动。如果条件不满足，那么执行将停留在此活动中，直到条件满足为止。

3. 条件开始事件

条件开始事件可以通过评估某些条件来启动流程。一个流程可以有一个或多个条件开始事件。如果满足了一个以上的条件，就将触发相应数量的流程。

当部署带有条件开始事件的流程定义时，需要考虑以下两方面的因素。

（1）条件开始事件的条件必须在给定的流程定义中是唯一的。如果两个或多个条件开始事件包含相同的条件，那么流程引擎在部署流程定义时将抛出异常。

（2）流程版本控制：在部署流程定义的新版本时，将取消先前版本的条件订阅。对于新版本中不存在的条件事件也是如此。

4. 事件子流程的条件开始事件

与条件边界事件类似，事件子流程的条件开始事件可以是中断的，也可以是非中断的。

注意，事件子流程必须有一个单独的开始事件。

5. 触发条件事件

（1）作用域实例化时触发。当流程作用域被实例化时，将评估该作用域中可用事件的条件。这种行为称为作用域实例化时触发。

【**例 4-22**】 触发条件事件示例。

触发条件事件示例如图 4-37 所示。

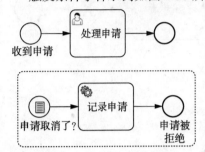

图 4-37 触发条件事件示例

当流程实例启动时，也就是实例化流程定义的作用域时，在执行空白开始事件之前就会评估子流程的条件。如果条件满足，条件事件将立即被触发，并且不会执行空白开始事件。拥有条件边界事件和中间条件事件的活动也是如此。

（2）通过变量 API 触发。

除了作用域实例化时触发条件事件外，还可以在流程变量更改时触发条件事件。如果创建、更新或删除了一个变量，就会出现这种情况。具体细节，请参阅相应的文档。

4.2.10 链接事件

链接事件是一个特例：它没有特殊的执行语义，只是作为指向同一流程模型（确切地说，是在同一子流程中）中另一个点的 GoTo 语句。因此，可以使用两个匹配的链接作为序列流的替代。链接事件如图 4-38 所示。

注意，一个流程可以多次使用相同的事件源（抛出有相同事件名称的中间链接事件），但是根据 BPMN 2.0 规范，事件目标（捕获中间链接事件）必须是唯一的。

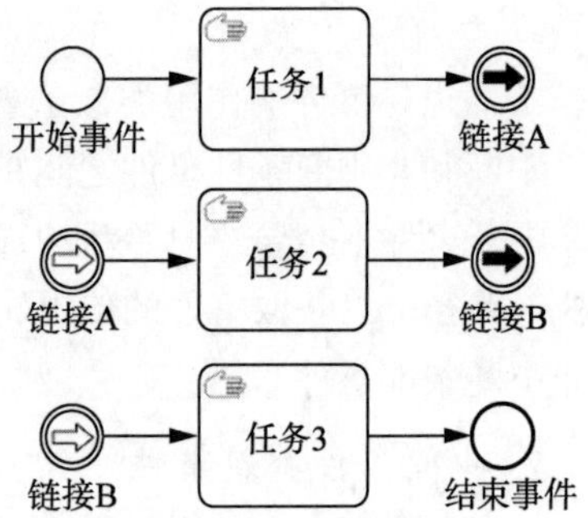

4.2.11 终止事件

有时候需要并行的执行多个任务，但是当其中一个任务执行完成后，其他并行任务就没有继续执行的必要了，这个时候可以终止这些并行任务的执行。这就需要引入终止事件（Terminate Event）。

图 4-38 链接事件

终止事件会结束引发事件的作用域和所有内部作用域。

如果流程中有一个并行分割，并且希望立即消费当前所有可用的令牌，那么这是非常有用的。

如果在流程实例级别上使用它，那么整个流程将终止。如果在子流程级别上使用它，当前作用域和所有内部流程将被终止。

终止事件如图 4-39 所示。

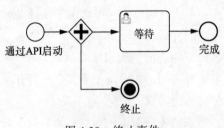

图 4-39 终止事件

4.2.12 并行事件

并行事件表明事件的发生必须同时满足多个触发条件，缺一不可。只有当这些触发条件都满足之后，这个事件才能开始执行。并行开始事件如图 4-40 所示。

并行中间事件如图 4-41 所示。

图 4-40　并行开始事件

图 4-41　并行中间事件

4.3　小结

前面提到的事件主要是按照事件触发方式不同进行分类的。BPMN 2.0 还从另外的维度对事件进行了区分。比如，开始事件只能对触发器做出响应，也就是捕获（Catch）一个（触发的）事件。相反，结束事件只能导致一个结果，或者说抛出（Throw）一个（异常的）结果。然而对于中间事件，既可以触发，也可以捕获另一个触发器事件。

据此，可以组合出许多纷繁复杂的事件来。事件的类型如图 4-42 所示。

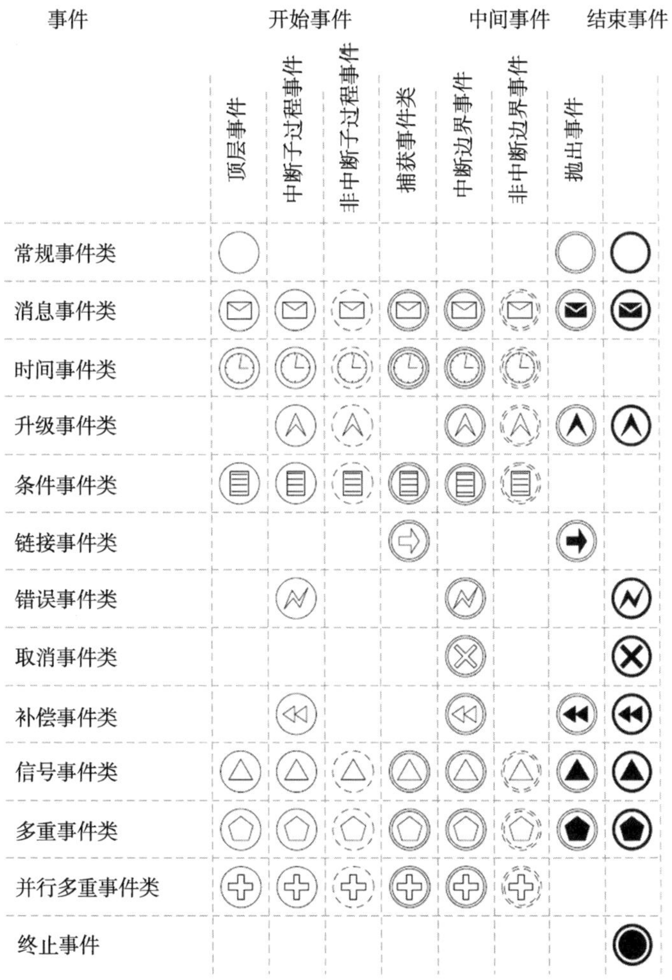

事件	开始事件			中间事件				结束事件
	顶层事件	中断子过程事件	非中断子过程事件	捕获事件类	中断边界事件	非中断边界事件	抛出事件	
常规事件类	○							○
消息事件类	✉	✉	✉	✉	✉	✉	✉	✉
时间事件类	🕐	🕐	🕐	🕐	🕐	🕐		
升级事件类	△	△	△	△	△	△	▲	▲
条件事件类	▤	▤	▤	▤	▤	▤		
链接事件类				⇨			➡	
错误事件类		⚡		⚡				⚡
取消事件类				⊗				⊗
补偿事件类		◀◀		◀◀			◀◀	◀◀
信号事件类	△	△	△	△	△	△	▲	▲
多重事件类	⬠	⬠	⬠	⬠	⬠	⬠	⬟	⬟
并行多重事件类	✛	✛	✛	✛	✛	✛		
终止事件								⬤

图 4-42　事件的类型

关于其具体含义，请查阅 BPMN 2.0 规范或者相关书籍。这里不一一赘述。

第5章　子　流　程

在对大型流程建模的时候，比如对复杂的流程进行远景规划的时候，模型会变得非常庞大，以致很难在一页纸上表现出来。此时，一般会先对流程大纲进行建模，以记录初始想法并展现不同组件之间的关联性；然后进一步细化想法，找出流程中的薄弱点，或者考虑怎样实际地执行流程。这种方法就是自上而下的精炼法。当然，也可以选择自下而上的汇聚法。具体使用哪种方法应取决于实际需求。

图 5-1　子流程

BPMN 提供了子流程（Sub-Process）来达到上述目的。通过子流程，可以把内部细节隐藏起来，以获得一个全局的、概要的视图；也可以展开视图，以了解具体的细节。

子流程与任务类似，都属于活动（Activity），因此它们的图形符号也很类似。区别在于子流程的符号里面多了一个加号（＋）。子流程如图 5-1所示。

子流程是一个流程中的复合型或者组合型的活动。之所以说它是复合型的，是因为在这个子流程中还可以进一步细分出粒度更细的子流程。也就是说，这个子流程是由更细小的子流程构成的。它又分为两种：折叠的子流程（Collapsed Sub-Process）和展开的子流程（Expanded Sub-Process）。其中，折叠的子流程的内部细节对外部不可见，是一个黑盒。折叠的子流程如图 5-2 所示。

图 5-2　折叠的子流程

反之，展开的子流程的内部细节对外部是可见的，是一个白盒。它的图形符号有多种，但都是在一个基本的子流程内部内嵌了另一个流程。展开的子流程如图 5-3 所示。

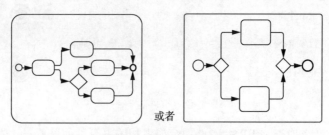

或者

图 5-3　展开的子流程

还可以在子流程上附加事件（Attach Event），这样模型就可以更加灵活多变。

【例 5-1】 采购子流程示例。

举个例子，客户准备在电商网站上买一本书，如果库存不足，电商就会启动采购子流程。在这个子流程的执行过程中，可能会产生某些自发事件（Spontaneous Event），比如发货延迟等，这时就需要在模型的子流程中附加上这个事件。采购子流程示例如图 5-4 所示。

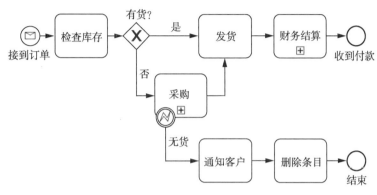

图 5-4　采购子流程示例

5.1　嵌入式子流程

嵌入式子流程（简称子流程）是一个包含其他活动、网关、事件等的活动，它本身就是一个流程，是一个更大流程的一部分。如果一个子流程完全在父流程中定义，就可以把它称为嵌入式子流程。

子流程有以下两个主要的用例。

（1）子流程允许分层建模。许多建模工具允许子流程折叠，以隐藏子流程的所有细节，并显示流程高层次的端到端概述。

（2）子流程为事件创建了一个新的作用域。在子流程执行期间抛出的事件可以由子流程边界上的边界事件捕获，从而为该事件创建了一个仅限于子流程的作用域。

使用子流程也需要满足以下两个约束条件。

（1）子流程只能有一个空白开始事件，不允许有其他类型的开始事件。并且，子流程必须有至少一个结束事件。

注意，BPMN 2.0 规范允许省略子流程中的开始和结束事件，但当前流程引擎的实现不支持这一点。

（2）序列流不能跨越子流程边界。

子流程被可视化为一个典型的活动，即圆角矩形。如果子流程被折叠，就只显示名称和加号，从而提供流程的高层次概览。折叠的子流程示例如图 5-5 所示。

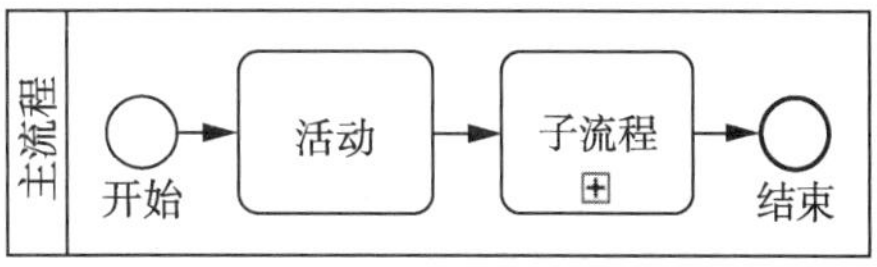

图 5-5　折叠的子流程示例

在子流程展开时，其步骤显示在子流程边界内。展开的子流程示例如图 5-6 所示。

使用子流程的主要原因之一是为某个事件定义作用域。

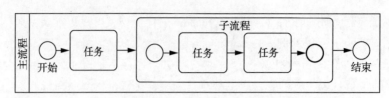

图 5-6　展开的子流程示例

5.2　调用活动

BPMN 2.0 区分了嵌入式子流程和调用活动。从概念上看，当流程执行到达活动时，两者都将调用子流程。

不同之处在于，调用活动引用流程定义外部的流程，而子流程则嵌入到原始流程定义当中。调用活动的主要用例是拥有可重用的流程定义，可以从其他流程中调用该流程定义。

当流程执行到达调用活动时，将创建一个新的流程实例，用于执行该子流程，就像在常规流程中一样创建并行的执行子流程。主流程实例等待直到子流程完全结束，然后继续执行原始流程。

【例 5-2】　调用活动示例。

下面的流程显示了对订单的简单处理。例如，由于 Shipping 和 Billing 子流程可以与许多其他流程共享，所以将其建模为调用活动。调用活动示例如图 5-7 所示。

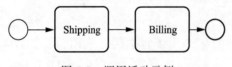

图 5-7　调用活动示例

调用活动的可视化方式与折叠的嵌入式子流程相同，只是边框更粗。

注意，子流程的流程定义在运行时解析。这意味着，如果需要，就可以独立于调用流程部署子流程。

子流程的流程定义没有什么特别之处。它也可以在不被其他流程调用的情况下单独使用。

5.3　事件子流程

事件子流程是由事件触发的子流程。可以在流程级别或任何子流程级别上添加事件子流程。用于触发事件子流程的事件是开始事件，因此，事件子流程不支持空白开始事件，可以使用消息事件、错误事件、信号事件、定时器事件或者补偿事件等来触发事件子流程。在创建承载事件子流程的作用域（流程实例或子流程）时创建对开始事件的订阅。当作用域结束时，订阅将被删除。

事件子流程可以是中断的，也可以是非中断的。中断子流程取消当前作用域内的任何执行，非中断事件子流程则生成一个新的并发执行。虽然每次激活承载中断事件子流程的作用域，只能触发中断事件子流程一次，但是可以用类似的方式多次触发非中断事件子流程。

事件子流程可能没有任何传入或者传出序列流。由于事件子流程是由事件触发的，因此传入序列流没有任何意义。当事件子流程结束时，要么终止中断事件子流程的当前作用域，要么终止为非中断子流程派生出来的并发执行。

【例 5-3】　事件子流程示例。

事件子流程被可视化为轮廓为虚线的嵌入式子流程。事件子流程示例如图 5-8 所示。

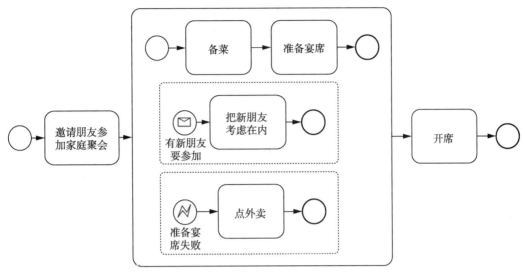

图 5-8　事件子流程示例

【例 5-4】　错误事件触发的事件子流程示例。

在下面这个例子中，事件子流程位于"流程级"，也就是作用域为流程实例。错误事件触发的事件子流程示例如图 5-9 所示。

如前所述，还可以将事件子流程添加到嵌入式子流程中。如果将其添加到嵌入式子流程中，那么它将成为边界事件的替代方案。

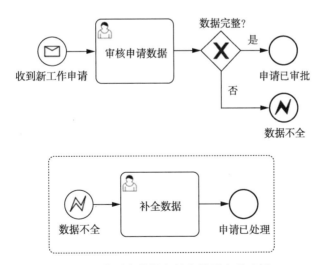

图 5-9　错误事件触发的事件子流程示例

如图 5-10 和图 5-11 所示的两个流程示例中，嵌入式子流程都会抛出一个错误事件，并且错误都是使用用户任务捕获和处理的。

图 5-10 和图 5-11 所示的流程示例都执行相同的任务。然而这两种建模方法也有如下两个不同之处。

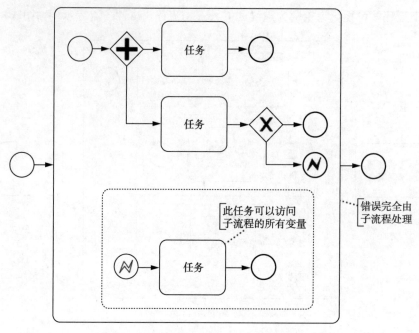

图 5-10 错误触发的嵌入式事件子流程示例

（1）嵌入式子流程使用与承载它的作用域相同的执行来执行，这意味着嵌入式子流程可以访问其作用域的局部变量。当使用边界事件时，为执行嵌入式子流程而创建的执行将被离开边界事件的序列流删除。这意味着由嵌入式子流程创建的变量不再可用。

（2）当使用事件子流程时，事件完全由添加到其中的子流程处理。当使用边界事件时，该事件由父流程处理。

这两个差异可以用来辅助确定究竟是边界事件还是嵌入式子流程更适合解决特定的流程建模和实现问题。

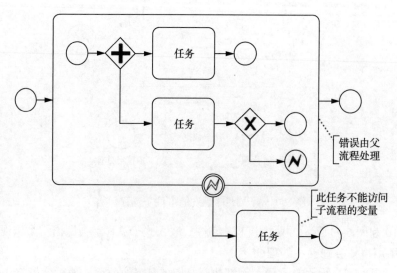

图 5-11 错误边界事件触发的嵌入式事件子流程示例

5.4　事务子流程

事务子流程是一个嵌入式子流程，可用于将多个活动分组到一个事务。事务是一个逻辑工作单元，它允许对一组单独的活动进行分组，这样它们可以一起作为一个整体同时成功或失败。

一个事务有以下 3 种可能的结果。

（1）如果事务没有被突然取消或终止，那么事务是成功的。如果一个事务子流程成功了，那么它将使用传出序列流。如果稍后在流程中抛出补偿事件，那么可能会补偿成功的事务。注意，与"普通的"嵌入式子流程一样，事务子流程可以在成功完成后使用中间抛出补偿事件进行补偿。

（2）如果执行到达取消结束事件，事务就将被取消。在这种情况下，所有执行都被终止和取消。然后将剩下的一个执行设置为取消边界事件，该事件会触发补偿。补偿完成后，事务子流程将沿着取消边界事件的传出序列流离开。

（3）如果抛出的错误事件不在事务子流程的作用域内被捕获，那么事务将被终止。在这种情况下，不会执行补偿。

【例 5-5】　事务子流程示例。

事务子流程示例如图 5-12 所示。

注意，不要混淆 BPMN 事务子流程和技术事务（ACID）。BPMN 事务子流程不是界定技术事务范围的方法。

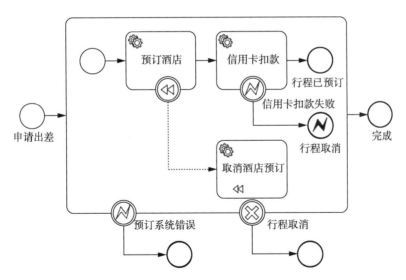

图 5-12　事务子流程示例

BPMN 事务与技术事务的区别有以下 4 项。

（1）ACID 事务通常是短暂的，而 BPMN 事务可能需要几个小时、几天甚至几个月才能完成。比如考虑事务活动中有用户任务的情况，通常，人们的响应时间比应用程序长很多。或者，在另一种情况下，BPMN 事务可能会等待某个业务事件发生，比如某个特定订单的完成。与更新数据库中的记录或使用事务队列存储消息相比，此类操作的完成时间通常要长得多。

（2）由于不可能将技术事务的作用域限定在业务活动的持续时间内，所以 BPMN 事务通常会跨越多个 ACID 事务。

（3）由于 BPMN 事务跨越多个 ACID 事务，所以会丢失 ACID 属性。以图 5-12 所示的例子为例。假设"预订酒店"和"信用卡扣款"操作是在不同的 ACID 事务中执行的，还假设"预订酒店"活动是成功的。现在就可能会有一个中间不一致的状态：比如客户已经完成了酒店预订，但还没有被收取信用卡费用。而且，在一个 ACID 事务中，也可能执行不同顺序的操作，因此也会有一个中间不一致的状态。这里的不同之处在于，不一致状态在事务作用域之外是可见的。例如，如果使用外部预订服务进行预订，则使用相同预订服务的第三方能看到预订了的酒店。这意味着，当实现业务事务时，完全失去了隔离属性（当然，在处理 ACID 事务时，通常也放松了隔离，以允许更高级别的并发性，但是在那里可以有细粒度的控制，中间不一致性只在非常短的时间内出现）。

（4）在传统意义上，BPMN 业务事务也不能回滚。由于它跨越多个 ACID 事务，其中一些 ACID 事务可能在 BPMN 事务被取消时已经被提交了。在这一点上，它们不能再回滚了。

由于 BPMN 事务本质上是长时间运行的，因此需要以不同的方式处理缺少隔离和回滚机制的问题。在实践中，通常都是以领域特有的方式来处理这些问题。除此之外，没有更好的解决方案。

（1）回滚是通过使用补偿来执行的。如果在事务作用域内抛出取消事件，那么所有执行完成的活动和具有补偿处理程序的活动都会被补偿。

（2）缺乏隔离也常常通过使用领域特有的解决方案来解决。例如，在上面的例子中，一个酒店的房间可能在确定第一个客户能够支付之前就被预订给了第二个客户。虽然从业务的角度来看，这可能是不可取的，但是预订服务可能会选择允许一定数量的超额预订。

（3）此外，由于在发生危险时可以终止事务，因此预订服务必须处理这样的情况：预订了酒店房间，但从未尝试付款（由于事务已终止）。在这种情况下，预订服务可能会选择这样一种策略：预订酒店房间超时，如果到那时还没有收到付款，预订将被取消。

总而言之，虽然 ACID 事务为这些问题提供了一个通用的解决方案（回滚、隔离级别和启发式结果），但是在实现业务事务时，需要找到针对这些问题的领域特有的解决方案。

基于 ACID 事务和乐观并发的一致性：BPMN 事务保证一致性，因为要么所有活动都成功完成，要么如果某些活动无法执行，就会补偿所有其他已成功完成的活动所造成的影响。所以不管怎样，最终都处于一致的状态。

然而，必须认识到，在 Camunda 中，BPMN 事务的一致性模型是叠加在流程执行的一致性模型之上的。Camunda 引擎以事务方式执行流程。并发性通过使用乐观锁定来解决。在流程引擎中的 BPMN 错误、取消和补偿事件构建在相同的 ACID 事务和乐观锁定之上。例如，一个取消结束事件只有在实际到达时才会触发补偿。如果之前的服务任务抛出了未声明的异常，那么将无法到达。如果底层 ACID 事务中的其他参与者将事务设置为仅回滚（Rollback-Only）状态，那么就不能提交补偿处理程序的结果。此外，当两个并发执行到达取消结束事件时，补偿可能会被触发两次，并最终抛出乐观锁定异常来宣告失败。综上所述，当在核心引擎中实现 BPMN 事务时，与实现"普通的"流程和子流程一样，适用的是同一套规则。因此，为了有效地保证一致性，实现流程的时候必须考虑到乐观的事务执行模型。更多信息，请参阅有关乐观锁定的文档。

第二部分

Camunda介绍

第 6 章　Camunda 简介

6.1　Camunda BPM 主要组件

Camunda BPM 是使用 Java 开发的,其核心流程引擎(也叫 Camunda 引擎,简称引擎)运行在 JVM 里面,是一个纯 Java 库。Camunda BPM 还可以完美地与 Java EE 和 Spring 框架结合。除了核心流程引擎之外,它还在此基础上提供了一系列工作流管理、操作和监控的工具。

本书基于 Camunda 7.10 版。Camunda BPM 包含的主要组件如图 6-1 所示。

图 6-1　Camunda 主要组件

(1)BPMN 工作流引擎(Workflow Engine)。Camunda 工作流引擎既适用于服务或者微服务编排,也适用于人工任务管理。它既可以作为远程 REST 服务,又可以嵌入 Java 应用当中。它支持 BPMN 2.0 规范。

为了方便非 Java 程序的使用,Camunda 还提供了完备的 RESTful API 接口来方便远程使用流程引擎。对非 Java 开发者来说,这不能不说是一个福音。

(2)DMN 决策引擎(Decision Engine)。Camunda 决策引擎可以执行业务驱动的决策表。它预置于工作流引擎当中。当然,它也可以作为远程 REST 服务或者 Java 应用单独使用。它支持 DMN 1.3 规范。

(3)Modeler。Camunda Modeler 是一个易用的应用程序,用来编辑 BPMN 流程图和 DMN 决策表。还可以通过它把创建好的流程图或者决策表部署到 Camunda 引擎中来执行。

(4)任务列表(Tasklist)。Camunda Tasklist 是一个 Web 应用。可以用来管理人工工作流和用户任务。通过它,终端用户可以检查工作流任务,处理分配给自己的工作,并通过表单为任务提供数据输入。

（5）Cockpit。Camunda Cockpit 是一个 Web 应用，用于监控工作流和决策的执行，并提供流程操作相关的功能。通过它，用户可以搜索流程实例，检查流程执行状态，修复执行失败的流程。简言之，Cockpit 可以帮助用户发现、分析并解决流程执行过程中遇到的问题。

（6）Admin。Camunda Admin 是一个 Web 应用。用来管理用户、群组和权限。它可以把用户分组、对用户授权。也可以通过 LDAP 把已经存在的用户集成进来。

（7）Optimize。Camunda Optimize 提供了创建报表的功能。它通过仪表盘的方式呈现报表结果，以便监控其运行状态。除此之外，还可以配置告警触发功能，或者使用分析工具来深入发现流程中的"瓶颈"。

6.2 Camunda BPM 架构概述

Camunda BPM 既可以作为一个单独的流程引擎服务器使用，也可以作为一个嵌入式的定制的 Java 程序。为此，Camunda BPM 的核心流程引擎被设计为一个轻量级的模块，以减少对第三方库的依赖。另外，可嵌入的能力使得在选择编程模型的时候有了更大的空间。比如，流程引擎可以被 Spring 管理或者加入到 JTA 事务中，并且支持线程模型。

6.2.1 流程引擎架构

流程引擎由多个组件构成，其架构示意如图 6-2 所示。

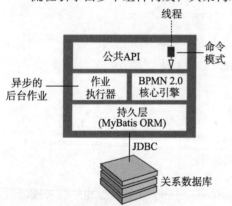

图 6-2　流程引擎架构示意

1. 公共 API

面向服务的 API，允许 Java 应用程序与流程引擎进行交互。流程引擎的不同职责（也就是流程存储库、运行时流程交互、任务管理等）被分离成单独的服务。公共 API（Public API）采用命令式的访问模式：进入流程引擎的线程通过命令拦截器路由，该命令拦截器用于设置线程上下文，比如事务等。

2. BPMN 2.0 核心引擎

BPMN 2.0 核心引擎（BPMN 2.0 Core Engine）是流程引擎的核心。它包含一个图结构的轻量级执行引擎（Process Virtual Machine, PVM，流程虚拟机）、一个用来将 BPMN 2.0 XML 文件转换为 Java 对象的解析器和一组 BPMN 行为实现（为 BPMN 2.0 结构体，如网关或服务任务等提供实现）。

3. 作业执行器

作业执行器（Job Executor）也就是作业执行程序，负责处理异步的后台工作，如流程中的定时器或异步延续（Asynchronous Continuation）。

4. 持久层

流程引擎有一个持久层（Persistence Layer），负责将流程实例状态持久化到关系数据库中。Camunda 流程引擎使用 MyBatis 映射引擎进行对象关系映射。

6.2.2　Camunda BPM 平台架构

Camunda BPM 是一个灵活的框架，可以部署在不同的场景中。本节简单介绍以下 3 种常见的部署场景。

1. 嵌入式流程引擎

嵌入式流程引擎就是将流程引擎作为应用程序库添加到自定义的应用程序中。通过这种方式，流程引擎可以很容易地随着应用程序的生命周期而启动和停止。嵌入式流程引擎如图 6-3 所示。

可以在共享数据库之上运行多个嵌入式流程引擎。

2. 共享的、容器管理的流程引擎

共享的、容器管理的流程引擎是在运行时的容器（Servlet 容器、应用程序服务器等）中启动的。流程引擎作为容器服务提供，可以被部署在容器内的所有应用程序共享。这个概念可以与 JMS 消息队列进行类比：JMS 消息队列由运行时的环境提供，可以被所有应用程序使用。流程部署和应用程序之间存在一对一的映射，即流程引擎跟踪应用程序部署的流程定义，并将执行委托给相应的应用程序。共享流程引擎如图 6-4 所示。

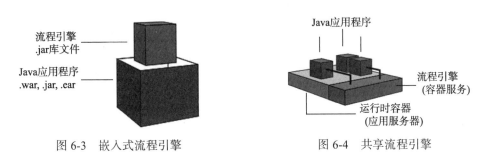

图 6-3　嵌入式流程引擎　　　　　　　图 6-4　共享流程引擎

3. 独立的(远程)流程引擎服务器

独立的（远程）流程引擎服务器即流程引擎，作为网络服务提供。独立的（远程）流程引擎如图 6-5 所示。

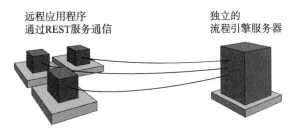

图 6-5　独立流程引擎

运行在网络上的不同应用程序可以通过远程通信信道与流程引擎交互。远程访问流程引擎的最简单方法是使用内置的 REST API。可以使用不同的通信通道（如 SOAP Web Services 或者 JMS），但需要由用户自己实现。

6.2.3 集群模式

为了提供扩展或故障转移功能，流程引擎可以分布到集群中的不同节点上。在这种情况下，每个流程引擎实例必须连接到一个共享的数据库。集群模式如图 6-6 所示。

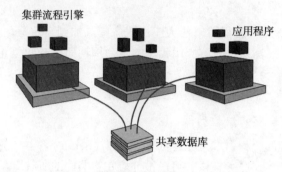

图 6-6　集群模式

各个流程引擎实例不会跨事务维护会话状态。每当流程引擎运行一个事务时，就会将整个状态刷新到共享数据库中。这使得负载均衡成为可能，也就是将在相同流程实例中工作的后续请求路由到不同的集群节点上。这个模型非常简单易懂，并且在部署集群时施加的限制很有限。就流程引擎而言，用于扩展的设置和用于故障转移的设置之间没有区别（因为流程引擎在事务之间不会保持会话状态）。

6.2.4 多租户模型

为了使一个 Camunda 引擎为多个独立方提供服务，流程引擎支持多租户。它支持以下两种多租户模式。

（1）使用不同的数据库模式或数据库进行表级数据分离。

（2）使用租户标记进行行级数据分离。

用户应该选择适合其数据分隔需求的模型。Camunda 的 API 提供了对特定于每个租户的流程和相关数据的访问方式。详细内容见本书第 7 章的 7.18 节。

第7章 流程引擎

7.1 流程引擎基本概念

本节介绍流程引擎内部使用的一些核心概念。了解这些基本概念和原理会使流程引擎 API 变得更容易使用。

7.1.1 流程定义

流程定义（Process Definition）定义的是流程的结构，也可以认为流程定义就是流程。Camunda BPM 使用 BPMN 2.0 作为流程定义的主要建模语言。

在 Camunda BPM 中，可以使用 BPMN 2.0 XML 格式将流程部署到流程引擎中。XML 文件被解析并转换为流程定义图结构。这个图结构由流程引擎负责执行。

1. 查询流程定义

可以使用 RepositoryService 提供的 Java API 和 ProcessDefinitionQuery 来查询所有已部署的流程定义。

【例 7-1】 查询流程定义。

查询流程定义的示例，代码如下：

```
List<ProcessDefinition> processDefinitions = repositoryService.
  CreateProcessDefinitionQuery()
    .processDefinitionKey("invoice")
    .orderByProcessDefinitionVersion()
    .asc()
    .list();
```

上面的查询返回流程定义键（Process Definition Key）为 invoice 的所有已部署的流程定义，并按版本（Version）属性排序。

2. 键和版本

流程定义中的键（Key）是一个流程的逻辑标识符。它会在整个 API 中使用，尤其是启动一个流程实例时。流程定义的键由 BPMN 2.0 XML 文件中 <process ... > 元素的 id 属性指定：

```
<process id="invoice" name="invoice receipt" isExecutable="true">
  ...
</process>
```

如果在多个流程中使用了同样的键，那么它们会被流程引擎当作同一个流程定义的不同版本，见本章 7.11 节的详细介绍。

3. 挂起流程定义

挂起（Suspend）一个流程定义会暂时禁用它。也就是说，当它被挂起的时候不能被实例化。Runtime Service Java API 可以用来挂起一个流程定义。同样，也可以用它来激活一个流程定义。

7.1.2　流程实例

流程实例（Process Instance）是流程定义的一次单独执行。流程实例与流程定义的关系与面向对象编程中的对象与类的关系相同。在此类比中，流程实例扮演的是对象角色，而流程定义扮演的是类的角色。

流程引擎负责创建流程实例并管理它们的状态。如果启动一个包含等待状态的流程实例（例如一个用户任务），流程引擎必须确保流程实例的状态被捕获到并被存储在数据库中，直到退出等待状态，也就是用户任务完成。

1. 启动一个流程实例

启动一个流程实例最简单的方法是使用 runtimeService 提供的 startProcessInstanceByKey(...) 方法。

【例 7-2】 启动流程实例。

启动流程实例的示例代码如下：

```
ProcessInstance instance = runtimeService.StartProcessInstanceByKey
("invoice");
```

也可以有选择地传入一些变量。示例代码如下：

```
Map<String, Object> variables = new HashMap<String,Object>();
variables.put("creditor", "Nice Pizza Inc.");
ProcessInstance instance = runtimeService.startProcessInstanceByKey ("invoice",
variables);
```

流程变量从属于一个流程实例的所有任务，当流程实例进入等待状态的时候，它们会被自动地持久化到数据库中。

如果使用 Tasklist 来启动流程实例，startableInTasklist 选项可以指定哪些流程是用户可以启动的。

例如，如果只能启动父流程而不能启动子流程，那么可以把流程 XML 文件(*.bpmn)进行如下调整：

```
<process id="subProcess"
      name="Process called from Super Process"
      isExecutable="true"
      camunda:isStartableInTasklist="false">
...
</process>
```

2. 在任意一组活动中启动流程实例

startProcessInstanceByKey 和 startProcessInstanceById 方法在其默认初始活动中启动流程实例，这通常是流程定义的单个空白开始事件。通过对流程实例使用 Fluent 构建器，也可以从流程实例的任何位置启动一个新的流程实例。可以通过 RuntimeService 的

createProcessInstanceByKey 和 createProcessInstanceById 方法访问 Fluent 构建器。

【例 7-3】 在活动中启动流程实例。

下面的示例代码表示在 SendInvoiceReceiptTask 活动和嵌入式子流程 DeliverPizzaSubProcess 活动之前启动了一个流程实例。

```
ProcessInstance instance = runtimeService.createProcessInstanceByKey
  ("invoice")
 .startBeforeActivity("SendInvoiceReceiptTask")
 .setVariable("creditor", "Nice Pizza Inc.")
 .startBeforeActivity("DeliverPizzaSubProcess")
 .setVariableLocal("destination", "12 High Street")
 .execute();
```

Fluent 构建器允许提交任意数量的实例化指令。在调用 execute 方法时，流程引擎按照指定的顺序执行这些指令。在上面的示例中，流程引擎首先启动 SendInvoiceReceiptTask 任务并执行流程，直到它到达等待状态，然后启动 DeliverPizzaTask 认为并执行相同的操作。在这两条指令之后，execute 调用才返回。

要访问流程实例在执行过程中使用的最新变量，可以使用 executeWithVariablesInReturn，而不是 execute 方法。示例代码如下：

```
ProcessInstanceWithVariables instance = runtimeService.
  CreateProcessInstanceByKey("invoice")
 .startBeforeActivity("SendInvoiceReceiptTask")
 .setVariable("creditor", "Nice Pizza Inc.")
 .startBeforeActivity("DeliverPizzaSubProcess")
 .setVariableLocal("destination", "12 High Street")
 .executeWithVariablesInReturn();
```

如果流程实例结束或达到等待状态，executeWithVariablesInReturn 将返回。返回的 ProcessInstanceWithVariables 对象包含流程实例和变量的最新信息。

3. 查询流程实例

可以使用 RuntimeService 提供的 ProcessInstanceQuery 方法查询当前正在运行的所有流程实例。

【例 7-4】 流程实例查询。

流程实例查询示例代码如下：

```
runtimeService.createProcessInstanceQuery()
   .processDefinitionKey("invoice")
   .variableValueEquals("creditor", "Nice Pizza Inc.")
   .list();
```

上述查询会为 invoice 流程选择 creditor 为 Nice Pizza Inc.的所有流程实例。

4. 与流程实例交互

一旦执行了对特定流程实例或流程实例列表的查询，就可以与之进行交互。与流程实例交互的方法有多种，最常见的有以下 3 种。

（1）触发它（使它继续执行）。通过消息事件或者信号事件。

（2）取消它。通过使用 RuntimeService.deleteProcessInstance（...）方法。

（3）开始/取消任何活动。通过使用流程实例修改特性。

如果流程使用了至少一个用户任务，还可以使用 TaskService API 来与流程实例交互。

5. 挂起流程实例

如果希望确保流程实例不再被执行，那么可以选择挂起流程实例。例如，如果流程变量没有处于期望的状态，可以挂起流程实例以安全地修改这个变量。具体来说，挂起意味着不允许修改流程实例令牌（即当前正在执行的活动）状态的所有操作。例如，不允许为挂起的流程实例发出信号事件或者完成一个用户任务，因为这些操作将随后继续流程实例的执行。然而，像设置或删除变量这样的操作仍然是允许的，因为它们不会改变令牌的状态。

此外，在挂起流程实例时，属于该实例的所有任务都将暂停。因此，再也不能调用对任务生命周期有影响的操作。例如用户分配、任务委托、任务完成等。但是，任何不涉及生命周期的操作仍然是允许的，比如设置变量或添加注解等。

可以使用 RuntimeService 的 suspendProcessInstanceById(...)方法挂起流程实例。同样，它也可以被再次激活。

如果想挂起给定流程的所有流程实例，可以使用 RepositoryService 的 suspendProcessDefinitionById(...)方法并指定 suspendProcessInstances 选项。

7.1.3 执行

如果流程实例包含多个执行路径（比如在并行网关之后），那么必须区分流程实例当前的活动路径。

【例 7-5】 并发执行。

在下面的例子中，Receive Payment 和 Ship Order 两个用户任务可以同时处于活动状态。并发执行示例如图 7-1 所示。

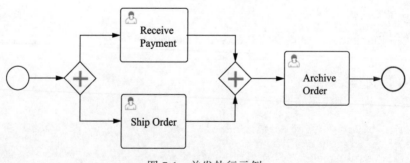

图 7-1　并发执行示例

在流程引擎内部，流程引擎为此流程实例创建了两个并发执行，Receive Payment 和 Ship Order 这两个执行路径各一个。

执行是分层的，流程实例的所有执行构成了一棵树。流程实例本身是一个执行，是树的根节点。

可以使用 runtimeService 提供的 ExecutionQuery 来查询流程的执行。

【例 7-6】 查询执行示例。

查询执行示例代码如下：

```
runtimeService.createExecutionQuery()
  .processInstanceId(id)
  .list();
```

例 7-5 会返回指定流程实例的所有执行。

7.1.4　活动实例

活动实例的概念与执行的概念类似，但使用的是不同的视角。虽然可以将执行想象成在流程中移动的令牌，但活动实例表示的是活动的单个实例（任务、子流程等）。因此，活动实例的概念更加面向状态。

根据 BPMN 2.0 提供的作用域结构，活动实例也可以构建出一棵树。相同级别的子流程上的活动（例如包含在相同子流程中相同作用域的一部分）在它们的活动实例树中也处于相同级别上。

【例 7-7】　活动实例树。

活动实例树示例如下：

（1）并行网关后有两个并行用户任务的流程，其代码如下：

```
ProcessInstance
  receive payment
  ship order
```

（2）并行网关后有两个并行多实例用户任务的流程，其代码如下：

```
ProcessInstance
  receive payment - Multi-Instance Body
    receive payment
    receive payment
  ship order - Multi-Instance Body
    ship order
```

注意，多实例活动由一个多实例主体和一个内部活动组成。多实例主体是围绕内部活动的作用域，它收集内部活动的活动实例。

（3）嵌入式子流程中的用户任务，其代码如下：

```
ProcessInstance
  Subprocess
    receive payment
```

（4）在用户任务后面抛出补偿事件的流程，其代码如下：

```
ProcessInstance
  cancel order
  cancel shipping
```

1. 检索活动实例

目前，只能为指定的流程实例检索到活动实例，其代码如下：

```
ActivityInstance rootActivityInstance = runtimeService.getActivityInstance
  (processInstance.getProcessInstanceId());
```

2. 身份和唯一性

每个活动实例都分配了一个唯一的 ID。这个 ID 是持久化的，如果多次调用这个方法，那么每次都返回相同的活动实例 ID。

3. 与执行的关系

流程引擎中执行的概念与活动实例概念并不完全相同，因为执行树通常与 BPMN 中的活动或作用域概念不一样。通常，在执行和活动实例之间存在 n 对 1 的关系。也就是说，在给定的时间点，一个活动实例可以链接到多个执行。此外，没法保证启动活动实例的同一个执行也会结束它。其主要原因是流程引擎为了压缩执行树而进行了几个内部优化，这可能会导致执行树被重新排序和剪枝。这会导致：一种情况是一个执行启动了一个活动实例，而另一个执行结束了它；另一种特殊情况是关于流程实例的，如果流程实例正在执行流程定义作用域以外的活动（例如用户任务），那么根活动实例和用户任务活动实例都将引用它。

注意，如果需要根据 BPMN 流程模型来解释流程实例的状态，那么使用活动实例树通常比使用执行树更容易。

7.1.5　作业和作业定义

Camunda 流程引擎包含一个名为作业执行器（Job Executor）的组件。作业执行器是一个可调度的组件，负责执行异步的后台工作。比如，每当流程引擎到达定时器事件时，它将停止执行，并将当前状态持久化到数据库中，创建一个作业以便在将来恢复执行。作业有一个截止日期，它可以通过使用 BPMN XML 中提供的定时器表达式计算出来。

当部署流程时，流程引擎为流程中的每个活动创建作业定义，该定义将在运行时创建作业。通过作业定义可以查询关于流程中的定时器和异步延续的信息。

1. 查询作业

可以通过 managementService 来查询作业。

【例 7-8】　查询作业。

查询在指定日期后到期的所有作业的示例，代码如下：

```
managementService.createJobQuery()
 .duedateHigherThan(someDate)
 .list()
```

2. 查询作业定义

【例 7-9】　查询作业定义。

使用 managementService 查询作业定义的示例，代码如下：

```
managementService.createJobDefinitionQuery()
 .processDefinitionKey("orderProcess")
 .list()
```

其结果将包含 orderProcess 中所有定时器和异步延续的信息。

3. 作业挂起和激活作业

作业挂起（Job Suspension）用来防止作业被执行。可以在不同的级别上控制作业挂起。

（1）作业实例级别。可以通过 managementService.suspendJob(...)直接挂起单个作业，或者在挂起流程实例或作业定义时以传递的方式挂起其所有作业。

（2）作业定义级别。某个定时器或活动的所有实例都可以被挂起。

　　根据作业定义来挂起作业，允许挂起某个定时器或异步延续的所有实例。直观地说，可以这样来挂起流程中的某个活动：所有流程实例将一直向前执行，直到它们到达该活动，然后由于该活动是挂起的，所以不会再继续执行。

　　【例 7-10】 挂起作业。

　　假设有一个使用 orderProcess 作为键部署的流程，该流程包含一个名为 processPayment 的服务任务。由于服务任务配置了异步延续，所以作业执行器将执行服务任务。

　　防止 processPayment 服务被执行的示例，代码如下：

```
List<JobDefinition> jobDefinitions = managementService.
  CreateJobDefinitionQuery()
      .processDefinitionKey("orderProcess")
      .activityIdIn("processPayment")
      .list();

for (JobDefinition jobDefinition : jobDefinitions) {
  managementService.suspendJobDefinitionById(jobDefinition.getId(), true);
}
```

7.2　流程引擎的引导

　　根据流程引擎管理方式的不同，可以使用多种方式来配置和创建流程引擎。这取决于是应用程序管理流程引擎，还是使用共享的、容器管理的流程引擎。

7.2.1　应用程序管理流程引擎

　　应用程序管理流程引擎即将流程引擎作为应用程序的一部分来进行管理。有以下方法可以对其进行配置。

　　（1）通过 Java API 编码进行配置。

　　（2）通过 XML 文件进行配置。

　　（3）通过 Spring 进行配置。

7.2.2　共享的、容器管理的流程引擎

　　共享的、容器管理的流程引擎即选择容器（例如 Tomcat、JBoss 或 IBM WebSphere）来管理流程引擎。其配置以容器特有的方式执行。

7.3　流程引擎 API

7.3.1　服务 API

　　与流程引擎交互最常见的方式就是使用 Java API。其起点是创建一个流程引擎。有了流程引擎，就可以从中获取各种服务，因为它提供了工作流和流程管理的方法。流程引擎和服务对象是线程安全的，因此可以为整个服务器保存一个全局的引用。流程引擎的主要 API 如图 7-2 所示。

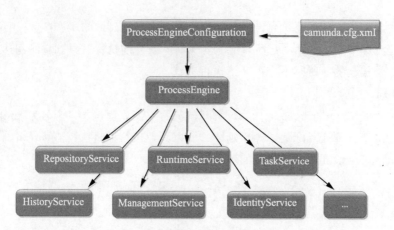

图 7-2　流程引擎的主要 API

服务 API 引用方式示例，代码如下：

```
ProcessEngine processEngine = ProcessEngines.getDefaultProcessEngine();

RepositoryService repositoryService = processEngine.getRepositoryService();
RuntimeService runtimeService = processEngine.getRuntimeService();
TaskService taskService = processEngine.getTaskService();
IdentityService identityService = processEngine.getIdentityService();
FormService formService = processEngine.getFormService();
HistoryService historyService = processEngine.getHistoryService();
ManagementService managementService = processEngine.getManagementService();
FilterService filterService = processEngine.getFilterService();
ExternalTaskService externalTaskService = processEngine.
  getExternalTaskService();
CaseService caseService = processEngine.getCaseService();
DecisionService decisionService = processEngine.getDecisionService();
```

在上面的示例代码中，第一次调用 ProcessEngines.getDefaultProcessEngine()方法会初始化并返回一个流程引擎的实例，之后的调用则会返回同一个实例。可以通过 ProcessEngines.init()和 ProcessEngines.destroy()方法来创建或者销毁流程引擎。

Camunda 会扫描所有名为 camunda.cfg.xml 和 activiti.cfg.xml 的配置文件。对于前者，Camunda 会通过以下方式来创建流程引擎。

```
ProcessEngineConfiguration
 .createProcessEngineConfigurationFromInputStream(inputStream)
 .buildProcessEngine()
```

而对于 activiti.cfg.xml 文件，Camunda 则用 Spring 的方式来创建流程引擎。也就是说，首先会创建 Spring 应用上下文，然后从应用上下文中获取流程引擎。

Camunda BPM 中所有服务都是无状态的。因此，可以很容易地在集群的多个服务器中运行多个 Camunda BPM 的实例，所有的实例都使用同一个数据库，因此不用关心请求是被哪个服务器执行的。

1. RepositoryService

当使用 Camunda 引擎的时候，RepositoryService 很可能是第一个需要打交道的服务。这个服务提供了管理和操控流程部署和流程定义的操作方法。其中，流程定义是 BPMN 2.0 流程对应的 Java 对象，它代表了流程每一步的结构和行为；而流程部署则是流程引擎中打包流程的单位。一个部署可以包含多个 BPMN 2.0 XML 文件，以及任何其他资源。开发者可以自行选择什么可以打包在一个部署里面。它既可以是一个单一的 BPMN 2.0 XML 文件，也可以包含整个流程包及其相关的资源。例如，一个 HR 流程部署可以包含与这个流程相关的所有资源。RepositoryService 可以用来部署这样的包。

部署流程意味着这个部署包会被首先上传到流程引擎，流程引擎会检查并解析所有的流程，然后再存入数据库。从那以后，系统就会知道这个部署，其中包含的流程也就可以开始运行了。

此外，RepositoryService 还允许执行以下操作：

（1）查询流程引擎所知道的部署和流程定义。

（2）挂起、激活流程定义。挂起意味着不能进行下一步的流程操作，而激活则是反操作。

（3）获取各种资源，比如部署中包含的文件，或者引擎自动生成的流程图等。

2. RuntimeService

RepositoryService 关注的是静态信息，也就是不变的、或者是不经常改变的数据。而 RuntimeService 则相反，它处理的是已启动的流程实例。前面提到过，流程定义定义的是流程中每一步的结构和行为。而流程实例则是上述流程定义的一次执行。对每一个流程定义，通常会有多个流程实例在同时运行。

RuntimeService 也被用来获取或者存储流程变量。流程变量是特定于流程实例的数据，它可以在流程的各种构造中使用。例如，排他网关通常使用流程变量来决定下一步选取哪一条路径来执行。

RuntimeService 也被用来查询流程实例和执行（Execution）。这里面的执行表示的是 BPMN 2.0 中令牌（Token）的概念。一般来说，一个执行就是一个指向流程实例当前所处位置的一个指针。一个流程实例可以有各种等待状态，而 RuntimeService 则包含各种操作以"通知"流程实例受到了外部触发，因此流程实例可以继续执行了。

3. TaskService

需要被用户或者系统执行的任务是流程引擎的核心。围绕着任务的所有资源都被打包在 TaskService 中，例如：

（1）查询分配给用户或组的任务。

（2）创建新的独立任务。这些独立任务是与流程引擎无关的。

（3）控制将任务分配给哪个用户，或者哪些用户，以及以何种方式参与到任务中。

（4）认领并完成一个任务。认领是指某个用户决定承担某个任务，也就是说这个用户会完成这个任务。完成指的是"做完与这个任务相关的工作"。通常，认领并完成任务是在填写某种形式的表单。

4. IdentityService

IdentityService 用来管理（创建、更新、删除、查询等）用户和组。需要注意的是，核心引擎在运行时并不做关于用户的任何检查。例如，一个任务可以分配给任意用户，引擎并不会验证系统是否知道这个用户。主要原因是引擎可以与 LDAP、Active Directory 等其他服务一起协同工作。相关的检查交由对应的服务来完成。

5. FormService

FormService 是可选服务。这就意味着即使没有 FormService，Camunda 引擎也可以在不牺牲任何功能的情况下正常运转。FormService 引入了开始表单（Start Form）和任务表单（Task Form）。开始表单是在流程开始前显示给用户的表单，而任务表单则是在用户准备要完成任务的时候显示的表单。这些表单都可以在 BPMN 2.0 流程中定义。通过 FormService 使得引用这些表单变得更加简单、方便。

6. HistoryService

HistoryService 暴露的是流程引擎收集到的所有历史数据。当执行流程的时候，引擎会收集到大量的数据（收集哪些数据是可配的），比如流程实例的开始事件、谁做了某项任务、花了多长时间完成这个任务、流程实例执行经过了哪些路径等。HistoryService 提供了对这些数据的查询能力。

7. ManagementService

通常在编写定制化应用时需要用到 ManagementService。它允许用户获取关于数据库表及其元数据的信息。此外，它还提供了关于作业的查询能力和管理操作。在流程引擎中，作业用途广泛，可用于定时器、异步延续、延迟挂起、激活等。

8. FilterService

FilterService 允许创建和管理过滤器。过滤器是像查询任务那样存储起来的查询操作。比如，Tasklist 使用过滤器来过滤用户任务。

9. ExternalTaskService

ExternalTaskService 提供对外部任务实例的访问。外部任务表示的是独立于流程引擎并在外部处理的工作单元。

10. CaseService

CaseService 跟 runtimeService 类似，只是 CaseService 用于案例实例。其处理与案例相关的工作：比如开始一个新的案例实例、管理案例执行的生命周期等。CaseService 还用于检索和更新案例实例的流程变量。

11. DecisionService

DecisionService 用于评估部署到流程引擎中的决策。它是评估业务规则任务中决策的另外一种替代方法。

7.3.2 查询 API

以下方法可用于流程引擎中查询数据。

（1）Java 查询 API。使用 Fluent Java API 来查询流程引擎实体，比如流程实例、任务等。

（2）REST 查询 API。通过 REST API 来查询流程引擎实体，比如流程实例、任务等。

（3）原生查询。如果缺乏需要的查询能力（比如 OR 条件查询），可以提供自定义的 SQL 查询语句来查询流程引擎实体，比如流程实例、任务等。

（4）定制化查询。使用完全定制的查询和自己的 MyBatis 映射来查询对象，或者使用领域数据来连接到流程引擎。

（5）SQL 查询。使用数据库的 SQL 语句查询功能。

推荐做法是使用其中的任意一种查询 API。

通过 Java 查询 API，可以使用 Fluent API 来编写类型安全的查询。可以在查询中添加各种条件（所有这些条件一起通过逻辑与（AND）使用），并且按照明确的顺序进行排序。

【例 7-11】 查询 API。

查询 API 的示例，代码如下：

```
List<Task> tasks = taskService.createTaskQuery()
 .taskAssignee("Colin")
 .processVariableValueEquals("orderId", "9527")
 .orderByDueDate().asc()
 .list();
```

1. OR 查询

在默认情况下，查询 API 把所有的过滤条件通过逻辑与连接起来。此外，逻辑或（OR）查询使得所有过滤条件可以通过逻辑或连接起来。

注意：逻辑或查询只适用于任务查询。不适用于逻辑或查询的有 orderBy...()、initializeFormKeys()、withCandidateGroups()、withoutCandidateGroups()、withCandidateUsers()、withoutCandidateUsers()。

在调用 or()方法后，后面可以跟着一系列的过滤条件，每一个过滤条件都是通过 OR 表达式连接起来的。调用 endOr()方法标志着结束 OR 查询。调用这两个方法相当于把过滤条件放在了括号中。

【例 7-12】 OR 查询。

OR 查询示例，代码如下：

```
List<Task> tasks = taskService.createTaskQuery()
 .taskAssignee("Colin")
 .or()
  .taskName("Approve Invoice")
  .taskPriority(5)
 .endOr()
 .list();
```

上述查询获取的是所有分配给 Colin 的任务，并且需要同时满足任务名是 Approve Invoice 或者任务优先级为 5 的情况。在流程引擎内部，上述查询会转化为如下简化的 SQL 查询，代码如下：

```
SELECT DISTINCT *
FROM   act_ru_task RES
WHERE  RES.assignee_ = 'Colin'
    AND ( Upper(RES.name_) = Upper('Approve Invoice')
         OR RES.priority_ = 5 );
```

在查询内部可以嵌入任意数量的 OR 查询。当构建的查询不仅包含单个 OR 查询，而且包含与 AND 表达式链接在一起的过滤条件时，AND 表达式将被放在前面，后面跟着 OR 查询。

与变量相关的过滤条件可以在 OR 查询中应用多次，代码如下：

```
List<Task> tasks = taskService.createTaskQuery()
 .or()
  .processVariableValueEquals("orderId", "9527")
  .processVariableValueEquals("orderId", "9528")
  .processVariableValueEquals("orderId", "9912")
 .endOr()
 .list();
```

除了与变量相关的过滤条件外，其他的行为是不同的。当在查询中使用非变量相关的过滤条件时，只有最后一个值会被真正使用到。非变量相关的查询示例，代码如下：

```
List<Task> tasks = taskService.createTaskQuery()
 .or()
  .taskCandidateGroup("sales")
  .taskCandidateGroup("controlling")
 .endOr()
 .list();
```

注意，上述例子中，过滤条件 taskCandidateGroup 中的 sales 被 controlling 替换掉了。为了避免这种情况，可以使用带 In 后缀的过滤条件。比如：taskCandidateGroupIn()；tenantIdIn()；processDefinitionKeyIn()。

2. REST 查询 API

Java 查询 API 也提供了 REST 服务接口。关于 REST 服务接口的详细信息，请参阅官网 https://docs.camunda.org/manual/7.10/reference/rest/。

3. 原生数据库查询

在数据查询时可能需要更加强大的查询功能，比如使用 OR 运算符，或者是使用查询 API 没法表达的限制条件。在这种情况下，可以使用 Camunda 提供的原生数据库查询语言，也就是说，用户可以自己写 SQL 查询语句。返回类型由使用的查询对象定义，数据会被映射到正确的对象上去，比如任务、流程对象、执行等。由于查询要直接使用数据库，因此需要自己使用数据库中定义的表名和列名。这就需要对内部数据结构有一定的了解，并且在查询的时候要多加小心。数据库表名可以通过 API 获取。

【例 7-13】 原生数据库查询。

原生数据库查询示例，代码如下：

```
List<Task> tasks = taskService.createNativeTaskQuery()
 .sql("SELECT count(*) FROM " + managementService.getTableName(Task.class) +
   " T WHERE T.NAME_ = #{taskName}")
 .parameter("taskName", "aOpenTask")
 .list();

long count = taskService.createNativeTaskQuery()
 .sql("SELECT count(*) FROM " + managementService.getTableName(Task.class) +
   " T1, "
      + managementService.getTableName(VariableInstanceEntity.class) + " V1
        WHERE V1.TASK_ID_ = T1.ID_")
 .count();
```

4. 自定义查询

出于查询性能考虑，有时不需要查询引擎对象，而是需要查询自己的数据，或者从不同表中搜集数据的 DTO 对象，这时需要使用自定义查询。详细信息，请参阅博客：https://blog.camunda.com/post/2017/12/custom-queries/。

5. SQL 查询

为了便于理解数据库的表，Camunda 把表的布局设计得很简单。因此为了实现报表等功能，可以直接使用 SQL 查询。

注意，不要随意更新表，以免破坏引擎数据。

7.4　流程变量

本节介绍流程中变量的概念。变量可用于向流程的运行时状态添加数据，更具体地说，是向变量作用域添加数据。改变这些实体状态的各种 API 方法可以用来更新附加的变量。通常，变量由名称和值组成。例如，如果一个活动设置了一个名为 *var* 的变量，后续活动就可以使用这个名称来访问它。变量的值是一个 Java 对象。

7.4.1　变量作用域和可见性

所有拥有变量的实体都称为变量作用域（Variable Scopes）。这些是执行（包括流程实例）和任务。如前所述，流程实例的运行时状态由执行树表示。

在图 7-3 所示的流程变量作用域实例模型中，黑点标记的是活动的任务。

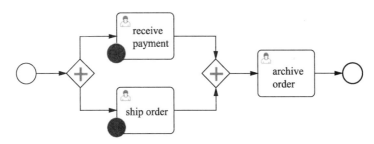

图 7-3　流程变量作用域实例模型

流程变量作用域实例运行时的结构示意如图 7-4 所示。

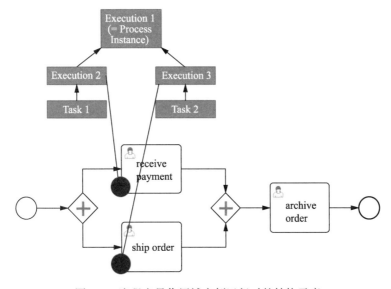

图 7-4　流程变量作用域实例运行时的结构示意

【例 7-14】　变量作用域示例。

一个流程实例有两个子执行，每个子执行创建一个任务。所有这 5 个实体（如图 7-5 所示的 3 个执行（Execution）和两个任务（Task））都是变量作用域。箭头表示父子关系。在父作用域上定义的变量在每个子作用域中都是可见的，除非在子作用域里定义了同名的变量。相反，父作用域不能访问子作用域的变量。直接附加到相关作用域的变量称为局部变量。

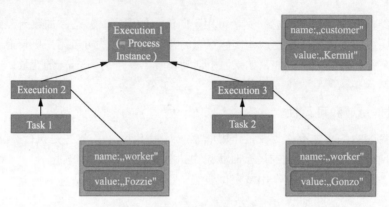

图 7-5 流程变量作用域示例（一）

在这种情况下，在处理 Task 1 时，可以访问 worker 和 customer 变量。注意，由于作用域的结构，worker 变量可以定义两次，这样 Task 1 就可以访问与 Task 2 不同的 worker 变量。然而，两者都共享 customer 变量，这意味着如果某个任务更新了该变量，那么另一个任务也可以看到该更改。

例 7-14 中的两个任务都可以访问两个变量，而它们都不是局部变量。所有三个执行都有一个局部变量。

假设在 Task 1 上设置了一个本地变量 customer，其流程变量作用域示例如图 7-6 所示。

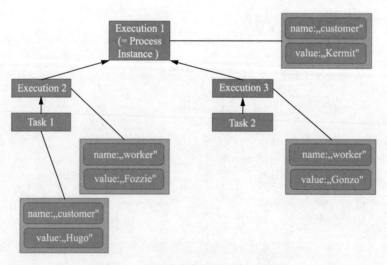

图 7-6 流程变量作用域示例（二）

虽然 Task 1 仍然可以访问名为 customer 和 worker 的两个变量，但 Execution 1 的 customer 变量是隐藏的，因此可访问的 customer 变量是 Task 1 的本地变量。

一般来说，变量在以下情况下是可以访问的：

（1）实例化流程。

（2）发送消息。

（3）任务生命周期转换，如完成或解决任务。

（4）从外部设置/获取变量。

（5）设置/获取委托中的变量。

（6）流程模型中的表达式。

（7）流程模型中的脚本。

（8）（历史）变量的查询。

7.4.2　变量设置和检索

为了设置和检索变量，流程引擎提供了一个 Java API，该 API 可以设置并检索 Java 对象。在内部，流程引擎将变量持久化到数据库中，因此流程引擎变量被序列化了。对于大多数应用程序而言，这是一个无关紧要的细节。然而在使用定制的 Java 类时，有时会对变量的序列化值感兴趣。想象一个监控应用程序管理许多流程应用程序的情况：它与这些应用程序的类解耦，因此不能访问它们的 Java 表示中的自定义变量。对于这种情况，流程引擎提供了一种检索和操作序列化值的方法。这可以归结为以下两个 API。

（1）Java 对象值（Object Value）API。变量表示为 Java 对象。这些对象可以被直接设置为值并以相同的形式被检索。这种方式较为简单，是在将实现代码作为流程应用程序的一部分时推荐使用的方法。

（2）类型化值（Typed Value）API。将变量值包装在用于设置和检索变量的所谓类型化值中。类型化值提供对元数据的访问，比如流程引擎序列化变量的方式，以及变量的序列化表示（取决于类型）。元数据还包含变量是否是瞬态（Transient）的信息。

【例 7-15】 变量检索和设置。

使用上述两个 API 检索和设置整数变量的示例，代码如下：

```
// Java Object API: Get Variable
Integer val1 = (Integer) execution.getVariable("val1");

// Typed Value API: Get Variable
IntegerValue typedVal2 = execution.getVariableTyped("val2");
Integer val2 = typedVal2.getValue();

Integer diff = val1 - val2;

// Java Object API: Set Variable
execution.setVariable("diff", diff);

// Typed Value API: Set Variable
IntegerValue typedDiff = Variables.integerValue(diff);
execution.setVariable("diff", typedDiff);
```

上述两个 API 的细节将在本章 7.4.4 和 7.4.5 节中详细描述。

1. 将变量设置到指定作用域

可以从脚本、输入输出映射、监听器和服务任务中将变量设置到指定的作用域。此功能

实现了使用活动 ID 来标识目标作用域，如果没有找到变量的作用域，就会抛出异常。一旦找
到目标作用域，变量将在其局部设置，这意味着即使目标作用域没有给定 ID 的变量，该变量
也不会传播到其父作用域。

【例 7-16】 使用脚本作为 executionListener。

下面是使用脚本作为 executionListener 的示例用法，代码如下：

```
<camunda:executionListener event="end">
      <camunda:script
scriptFormat="groovy"><![CDATA[execution.setVariable("aVariable",
"aValue","aSubProcess");]]></camunda:script>
</camunda:executionListener>
```

【例 7-17】 使用 DelegateVariableMapping 实现输入输出映射。

另一个使用 DelegateVariableMapping 实现输入输出映射的示例用法，代码如下：

```
public class SetVariableToScopeMappingDelegate implements
   DelegateVariableMapping {
 @Override
 public void mapInputVariables(DelegateExecution superExecution, VariableMap
   subVariables) {
 }

 @Override
 public void mapOutputVariables(DelegateExecution superExecution, VariableScope
   subInstance) {
   superExecution.setVariable("aVariable","aValue","aSubProcess");
 }
}
```

例 7-17 是在 aSubProcess 的局部作用域设置变量，即使其父作用域中没有定义同名变量，
它也不会传播到父作用域。

7.4.3　支持的变量值

流程引擎支持的变量值类型如图 7-7 所示。

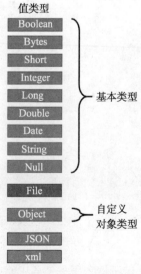

图 7-7　支持的变量值类型

根据变量实际值的不同，将分配不同的类型。在可用的类型中，有 Boolean、Bytes、Short、Integer、Long、Double、Date、String、Null 9 种基本（Primitive）值类型，这意味着它们不需要额外的元数据来存储这些简单标准的 JDK 类的值，其代码如下：

```
Boolean: Instances of java.lang.Boolean
bytes: Instances of byte[]
short: Instances of java.lang.Short
integer: Instances of java.lang.Integer
long: Instances of java.lang.Long
double: Instances of java.lang.Double
date: Instances of java.util.Date
string: Instances of java.lang.String
null: null references
```

基本值与其他变量值的不同之处在于，它们可以在 API 查询（如流程实例查询）中用作过滤条件。

File 类型可用于存储文件或输入流的内容以及元数据，如文件名、编码和文件内容对应的 MIME 类型。

值类型对象表示自定义的 Java 对象。当持久化这样的变量时，它的值将根据序列化过程进行序列化。这些过程是可配置和可交换的。

注意，字符串有长度限制。字符串值存储在数据库列中，其类型为(n)varchar，长度限制为 4000 (Oracle 为 2000)。根据使用的数据库及其配置的字符集，这个长度限制可能会导致实际存储不同数量的字符个数。Camunda 引擎没有验证变量值的长度，而且其值会"原封不动的"发送到数据库，如果其长度超过了限制，就抛出数据库级异常。如果需要验证，就可以单独实现验证方法，并且必须在调用 Camunda API 设置变量之前进行验证。

流程变量可以存储在 Camunda Spin 插件提供的 XML 和 JSON 等格式中。Spin 为对象类型的变量提供了序列化器，这样 Java 变量就可以以这些格式持久化到数据库中。此外，还可以通过 XML 和 JSON 值类型将 XML 和 JSON 文档直接存储为 Spin 对象。与普通字符串变量不同，Spin 对象提供了一个 Fluent API，可以对文档执行诸如读写之类的常见操作。

当对象值传递给流程引擎时，可以指定序列化格式，告诉流程引擎以指定格式存储该值。基于这种格式，流程引擎可以找到对应的序列化器。序列化器能够将 Java 对象序列化为指定的格式，并进行相应的反序列化操作。这意味着，对于不同的格式可能有不同的序列化器，而且还可以实现自定义的序列化器，以便以特定的格式存储定制对象。

流程引擎内置了一个格式为 application/x-java-serialized-object 的对象序列化器。它能够序列化实现 java.io.Serializable 接口的 Java 对象，并执行标准的 Java 对象序列化。

当使用类型化值 API 设置变量时，可以指定所需的序列化格式，代码如下：

```
CustomerData customerData = new CustomerData();

ObjectValue customerDataValue = Variables.objectValue(customerData)
  .serializationDataFormat(Variables.SerializationDataFormats.JAVA)
  .create();

execution.setVariable("someVariable", customerDataValue);
```

在此基础上，流程引擎提供了一个 defaultSerializationFormat 配置项，它在没有指定序列化格式时使用。此选项默认为 application/x-java-serialized-object。

当在任务表单里使用自定义对象时需注意，内置的序列化器将对象转换为字节流，它只能用已知的 Java 类解释。在实现基于复杂对象的任务表单时，应该使用基于文本的序列化格式，因为 Tasklist 不能解释这些字节流。

当将对象序列化为 XML 和 JSON 格式时需要注意，Camunda Spin 插件提供了能够将对象值序列化为 XML 和 JSON 的序列化器。当待序列化的对象的值需要被人理解或者当序列化的值在没有相应的 Java 类也要有意义时，可以使用它们。当使用事先构建好的 Camunda 发行版时，Camunda Spin 已经预置好了，可以直接尝试这些格式，而无须事先进一步的配置。

7.4.4　Java 对象 API

使用 Java 中的流程变量最方便的方法是使用它们的 Java 对象表示。只要流程引擎提供了变量访问能力，就可以在其 Java 表示中访问流程变量。因为对于自定义对象，流程引擎知道所涉及的类。

【例 7-18】　检索流程变量。

设置并检索给定流程实例的变量示例，代码如下：

```
com.example.Order order = new com.example.Order();
runtimeService.setVariable(execution.getId(), "order", order);

com.example.Order retrievedOrder = (com.example.Order) runtimeService.
 getVariable(execution.getId(), "order");
```

注意，上述代码在尽可能高的作用域的层次结构中设置了一个变量。这意味着，如果变量已经存在（无论是在这个执行中还是在它的任何父作用域中），那么它将被更新。如果变量不存在，那么它会在最高作用域（也就是流程实例）内创建。如果要在提供的执行中准确地设置变量，那么可以使用对应的 local 方法，代码如下：

```
com.example.Order order = new com.example.Order();
runtimeService.setVariableLocal(execution.getId(), "order", order);

com.example.Order retrievedOrder = (com.example.Order) runtimeService.
 getVariable(execution.getId(), "order");
com.example.Order retrievedOrder = (com.example.Order) runtimeService.
 getVariableLocal(execution.getId(), "order");
// both methods return the variable
```

当在 Java 表示中设置变量时，流程引擎会自动确定合适的值序列化器，或者在无法序列化值时抛出异常。

7.4.5　类型化值 API

如果需要访问变量的序列化表示，或者需要告诉流程引擎以某种格式序列化某个值，那么可以使用基于类型值（Typed-Value-Based）的 API。与基于 Java 对象（Java-Object-Based）的 API 相比，它将变量值包装在所谓的类型化值（Typed Value）中。这样的类型化值有更丰富的变量值表示。

Camunda BPM 提供了 org.camunda.bpm.engine.variable.Variables 类来简化类型化值的构造。该类包含了静态方法来以 Fluent 的方式创建单个类型化值以及类型化值的映射。

1. 基本值

【例 7-19】 设置字符串变量为类型化值。

在设置字符串变量的时候，可以将其指定为一个类型化值，代码如下：

```
StringValue typedStringValue = Variables.stringValue("a string value");
runtimeService.setVariable(execution.getId(), "stringVariable",
  typedStringValue);

StringValue retrievedTypedStringValue = runtimeService.
  getVariableTyped(execution.getId(), "stringVariable");
String stringValue = retrievedTypedStringValue.getValue(); // equals "a string
  value"
```

注意，这个 API 对变量值进行了进一步的抽象。因此，必须解开这个值以访问其真实值。

2. 文件值

当然，对于纯字符串值，使用基于 Java 对象的 API 更加简捷。下面介绍数据结构更丰富的值。

文件可以作为 BLOB 保存在数据库中。File 值类型允许存储额外的元数据，比如文件名和 MIME 类型。

【例 7-20】 创建 File 值。

下面是从文本文件创建一个 File 值的示例，代码如下：

```
FileValue typedFileValue = Variables
  .fileValue("addresses.txt")
  .file(new File("path/to/the/file.txt"))
  .mimeType("text/plain")
  .encoding("UTF-8")
  .create();
runtimeService.setVariable(execution.getId(), "fileVariable", typedFileValue);

FileValue retrievedTypedFileValue = runtimeService.
  getVariableTyped(execution.getId(), "fileVariable");
InputStream fileContent = retrievedTypedFileValue.getValue(); // a byte stream
of the file contents
String fileName = retrievedTypedFileValue.getFilename(); // equals "addresses.
  txt"
String mimeType = retrievedTypedFileValue.getMimeType(); // equals "text/
  plain"
String encoding = retrievedTypedFileValue.getEncoding(); // equals "UTF-8"
```

要修改或更新一个 File 值，必须创建一个同名但是内容不同的新 FileValue，因为所有类型的值都是不可变的，代码如下：

```
InputStream newContent = new FileInputStream("path/to/the/new/file.txt");
FileValue fileVariable = execution.getVariableTyped("addresses.txt");
Variables.fileValue(fileVariable.getName()).file(newContent).encoding(file
Variable.getEncoding()).mimeType(fileVariable.getMimeType()).create();
```

3. 对象值

自定义 Java 对象可以使用 Object 值类型来序列化。

【例 7-21】 类型化值 API。

使用类型化值 API 的示例，代码如下：

```
com.example.Order order = new com.example.Order();
ObjectValue typedObjectValue = Variables.objectValue(order).create();
runtimeService.setVariableLocal(execution.getId(), "order",
  typedObjectValue);

ObjectValue retrievedTypedObjectValue = runtimeService.
  getVariableTyped(execution.getId(), "order");
com.example.Order retrievedOrder = (com.example.Order)
  retrievedTypedObjectValue.getValue();
```

其效果等同于使用基于 Java 对象的 API。但是，现在可以告诉流程引擎在持久化值时使用哪种序列化格式。代码如下：

```
ObjectValue typedObjectValue = Variables
  .objectValue(order)
  .serializationDataFormat(Variables.SerializationDataFormats.JAVA)
  .create();
```

上述代码创建了一个由流程引擎的内置 Java 对象序列化器序列化的值。此外，检索到的 ObjectValue 实例还提供了变量的额外详细信息，代码如下：

```
// returns true
boolean isDeserialized = retrievedTypedObjectValue.isDeserialized();

// returns the format used by the engine to serialize the value into the database
String serializationDataFormat = retrievedTypedObjectValue.
  getSerializationDateFormat();

// returns the serialized representation of the variable; the actual value
depends on the serialization format used
String serializedValue = retrievedTypedObjectValue.getValueSerialized();

// returns the class com.example.Order
Class<com.example.Order> valueClass = retrievedTypedObjectValue.
  getObjectType();

// returns the String "com.example.Order"
String valueClassName = retrievedTypedObjectValue.getObjectTypeName();
```

当调用程序不知道实际变量值（例如 com.example.Order）的 Java 类时，序列化细节非常有用。在这种情况下，runtimeService.getVariableTyped(execution.getId(), "order")将引发异常，因为它会尝试立即反序列化变量值。在这种情况下，可以使用 runtimeService.getVariableTyped (execution.getId(), "order", false)方法。额外的布尔参数告诉流程引擎不要尝试反序列化。在这种情况下，isDeserialized()调用将返回 False，而 getValue()和 getObjectType()等调用将引发异常。

类似地，也可以通过变量的序列化表示来设置变量，代码如下：

```
String serializedOrder = "...";
ObjectValue serializedValue =
  Variables
    .serializedObjectValue(serializedOrder)
    .serializationDataFormat(Variables.SerializationDataFormats.JAVA)
    .objectTypeName("com.example.Order")
    .create();
```

```
runtimeService.setVariableLocal(execution.getId(), "order", serializedValue);

ObjectValue retrievedTypedObjectValue = runtimeService.
  getVariableTyped(execution.getId(), "order");
com.example.Order retrievedOrder = (com.example.Order)
retrievedTypedObjectValue.getValue();
```

注意，在序列化变量值时，Camunda 不检查序列化值的结构是否与期望的实例的类兼容。在设置上述示例中的变量时，不会根据 com.example.Order 的结构对提供的序列化值进行验证。因此，只有在调用 runtimeService#getVariableTyped 时才会检测到无效的变量值。

另外，在默认情况下使用变量的序列化表示时，将禁止使用 Java 序列化格式。应该使用另一种格式(JSON 或 XML)，或者通过 javaSerializationFormatEnabled 配置参数显式地启用 Java 序列化。

4. JSON 和 XML 值

Camunda Spin 插件为方便 JSON 和 XML 文档操作和处理提供了一层抽象。这通常比将文档存储为纯字符串变量更方便。有关存储 JSON 文档和存储 XML 文档的详细信息，请参阅有关 Camunda SPIN 的文档。

5. 瞬态变量

瞬态变量只能通过基于类型值的 API 来声明。它们只在当前事务期间存在，不会保存到数据库中。流程实例执行过程中的每个等待状态都会导致所有瞬态变量的丢失。这通常发生在外部服务不可用、用户任务已经到达或流程执行正在等待消息、信号或条件时。使用此功能时务必谨慎。

任何类型的变量都可以使用 Variables 类来声明，并将参数 isTransient 设置为 True 以表明它是瞬态的。

【例 7-22】 瞬态变量。

设置瞬态变量的示例，代码如下：

```
// primitive values
TypedValue typedTransientStringValue = Variables.stringValue("foobar", true);

// object value
com.example.Order order = new com.example.Order();
TypedValue typedTransientObjectValue = Variables.objectValue(order, true).
  create();

// file value
TypedValue typedTransientFileValue = Variables.fileValue("file.txt", true)
  .file(new File("path/to/the/file.txt"))
  .mimeType("text/plain")
  .encoding("UTF-8")
  .create();
```

6. 设置多个类型值

与基于 Java 对象的 API 类似，也可以在一个 API 调用中设置多个类型的值。Variables 类提供了一个 Fluent API 来构造类型化值的映射。

【例 7-23】 设置多个类型化值。

使用 Fluent API 设置多个类型化值的示例，代码如下：

```
com.example.Order order = new com.example.Order();

VariableMap variables =
  Variables.create()
    .putValueTyped("order", Variables.objectValue(order))
    .putValueTyped("string", Variables.stringValue("a string value"))
    .putValueTyped("stringTransient", Variables.stringValue"foobar", true));
runtimeService.setVariablesLocal(execution.getId(), "order", variables);
```

7.4.6　API 的可互换性

基于 Java 对象的 API 和基于类型化值的 API 对相同的实体提供了不同的视角，因此可以根据需要进行组合。例如，使用基于 Java 对象的 API 设置的变量可以作为类型化值检索，反之亦然。在 VariableMap 类实现 Map 接口时，还可以将普通 Java 对象和类型化值放入 Map 中。

应该使用哪个 API 呢？这取决于哪个更适合。当能够确定所访问值的类时，例如在 JavaDelegate 之类的流程应用程序中实现代码时，基于 Java 对象的 API 更容易使用。当需要访问值特有的元数据（如序列化格式）或将变量定义为 Transient 的时候，可以使用基于类型化值的 API。

7.4.7　输入输出变量映射

为了提高源代码和业务逻辑的可重用性，Camunda BPM 提供了流程变量的输入输出映射。这可以用于任务、事件和子流程。

为了使用变量映射，必须将 Camunda inputOutput 扩展元素添加到相应的元素中。它可以包含多个 inputParameter 和 outputParameter 元素来指定应该映射哪些变量。inputParameter 的 name 属性表示活动内部的变量（要创建的局部变量）名，而 outputParameter 的 name 属性表示活动外部的变量名。

input/outputParameter 的内容指定映射到相应变量的值。它可以是一个简单的字符串常量或表达式。空内容将变量设置为 null 值。

【例 7-24】　输入输出变量映射。

输入输出变量映射的示例，代码如下：

```
<camunda:inputOutput>
  <camunda:inputParameter name="x">foo</camunda:inputParameter>
  <camunda:inputParameter name="willBeNull"/>
  <camunda:outputParameter name="y">${x}</camunda:outputParameter>
  <camunda:outputParameter name="z">${willBeNull == null}</camunda:
      outputParameter>
</camunda:inputOutput>
```

甚至像 List 和 Map 这样的复杂结构也可以使用变量映射，两者都可以嵌套，示例代码如下：

```
<camunda:inputOutput>
  <camunda:inputParameter name="x">
   <camunda:list>
    <camunda:value>a</camunda:value>
    <camunda:value>${1 + 1}</camunda:value>
    <camunda:list>
     <camunda:value>1</camunda:value>
     <camunda:value>2</camunda:value>
     <camunda:value>3</camunda:value>
```

```
      </camunda:list>
    </camunda:list>
  </camunda:inputParameter>
  <camunda:outputParameter name="y">
    <camunda:map>
      <camunda:entry key="foo">bar</camunda:entry>
      <camunda:entry key="map">
        <camunda:map>
          <camunda:entry key="hello">world</camunda:entry>
          <camunda:entry key="camunda">bpm</camunda:entry>
        </camunda:map>
      </camunda:entry>
    </camunda:map>
  </camunda:outputParameter>
</camunda:inputOutput>
```

脚本还可以用来提供变量值。关于如何指定脚本，请参阅本章 7.9 节中的相应部分。

关于输入输出映射的好处，可以用一个简单的例子来说明：一个复杂的计算，它属于多个流程定义的一部分。这种计算可以作为独立的委托代码或脚本进行开发，即使流程使用不同的变量集，也可以在多个流程中重用。输入映射用于将流程变量映射到复杂计算活动所需的输入参数中。相应地，输出映射允许在进一步的流程执行中使用其计算结果。

【例 7-25】 输入输出变量映射用于计算。

假设 org.camunda.bpm.example.ComplexCalculation Java 委托类实现了一个计算。这个委托需要一个 userId 和一个 costSum 变量作为输入参数。然后计算 pessimisticForecast、realisticForecast 和 optimisticForecast 三个值，这是对客户面对的成本的不同预测。

在第一个流程中，两个输入变量都作为流程变量使用，但是使用了不同的名称（id 和 sum）。该流程在后续活动中仅使用了 realisticForecast，并将其命名为 forecast 。对应的输入输出映射代码如下：

```
<serviceTask camunda:class="org.camunda.bpm.example.ComplexCalculation">
  <extensionElements>
    <camunda:inputOutput>
      <camunda:inputParameter name="userId">${id}</camunda:inputParameter>
      <camunda:inputParameter name="costSum">${sum}</camunda:inputParameter>
      <camunda:outputParameter
name="forecast">${realisticForecast}</camunda:outputParameter>
    </camunda:inputOutput>
  </extensionElements>
</serviceTask>
```

在第二个流程中，假设 costSum 变量必须根据三个不同 Map 的属性来计算，同时，这个流程依赖于一个名为 avgForecast 的变量作为三个预测的平均值。在本例中，映射代码如下：

```
<serviceTask camunda:class="org.camunda.bpm.example.ComplexCalculation">
  <extensionElements>
    <camunda:inputOutput>
      <camunda:inputParameter name="userId">${id}</camunda:inputParameter>
      <camunda:inputParameter name="costSum">
        ${mapA[costs] + mapB[costs] + mapC[costs]}
      </camunda:inputParameter>
      <camunda:outputParameter name="avgForecast">
        ${(pessimisticForecast + realisticForecast + optimisticForecast) / 3}
      </camunda:outputParameter>
```

```
        </camunda:inputOutput>
    </extensionElements>
</serviceTask>
```

7.5 流程实例修改

虽然流程模型中定义了必须以何种顺序执行活动的序列流，但有时需要灵活地重新启动活动或取消正在运行的活动。例如，当流程模型包含错误（如错误的序列流条件），并且需要纠正正在运行的流程实例时，对流程实例进行修改非常有用。这个 API 的潜在用例包括：

（1）修复必须重复或跳过某些步骤的流程实例。

（2）将流程实例从流程定义的一个版本迁移到另一个版本。

（3）测试：可以跳过或重复某些活动，以便对单个流程环节进行隔离测试。

流程引擎提供了流程实例修改 API 来完成这样的操作：RuntimeService. createProcessInstanceModification(...) 或 RuntimeService.createModification(...)。这个 API 可以使用 Fluent 构建器在一个调用中指定多条修改指令。特别是在以下几种情况下：

（1）在一个活动之前开始执行。

（2）在离开活动的序列流上开始执行。

（3）取消正在运行的活动实例。

（4）取消指定活动的所有正在运行的实例。

（5）用指令设置变量。

注意，不建议在同一个实例中修改流程实例！试图修改自己的流程实例的操作可能会导致未定义的行为，应该避免这种行为。

7.5.1 流程修改示例

【例 7-26】 贷款申请流程实例修改示例。

下面举例说明怎样修改流程实例。贷款申请流程实例修改示例如图 7-8 所示。

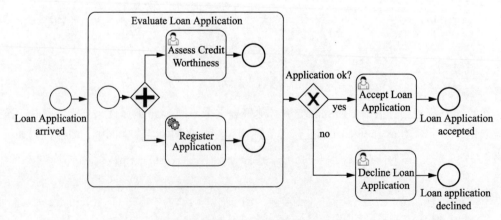

图 7-8 贷款申请流程实例修改示例

该模型显示了处理贷款申请（Loan Application）的简单流程。假设已经收到了贷款申请，对此贷款申请已经做了评估，并且决定拒绝该申请。这意味着流程实例有以下活动实例状态，代码如下：

```
ProcessInstance
  Decline Loan Application
```

　　然而执行拒绝贷款申请（Decline Loan Application）任务的执行者意识到评估结果有误，并认为应该接受该申请。虽然流程模型没有对这种灵活性建模，但是可以通过修改流程实例来纠正正在运行的流程实例。

　　【例 7-27】　贷款申请流程示例修改。

　　通过 API 调用来完成贷款申请流程修改的示例，代码如下：

```
ProcessInstance processInstance = runtimeService.
  createProcessInstanceQuery().singleResult();
runtimeService.createProcessInstanceModification(processInstance.getId())
  .startBeforeActivity("acceptLoanApplication")
  .cancelAllForActivity("declineLoanApplication")
  .execute();
```

　　该命令在 Accept Loan Application 活动之前开始执行，直到到达等待状态——在本例中是用户任务的创建；然后，取消 declineLoanApplication 活动的运行实例。在执行者的任务列表中，已删除了 Decline 任务，出现了 Accept 任务。得到的活动实例状态如下：

```
ProcessInstance
  Accept Loan Application
```

　　假设在批准申请时必须存在一个名为 approver 的变量，这可以通过扩展修改请求来实现，代码如下：

```
ProcessInstance processInstance = runtimeService.
  createProcessInstanceQuery().singleResult();
runtimeService.createProcessInstanceModification(processInstance.getId())
  .startBeforeActivity("acceptLoanApplication")
  .setVariable("approver", "colin")
  .cancelAllForActivity("declineLoanApplication")
  .execute();
```

　　新增的 setVariable 调用确保在启动活动之前提交指定的变量。

　　现在来看一些更复杂的情况。比如当拒绝贷款申请（declineLoanApplication）处于活动状态的时候，不允许再次申请贷款。现在，执行者认识到评估过程是错误的，并希望完全重新启动它。执行此任务的修改请求示例如下所述。

　　（1）启动子流程活动，代码如下：

```
ProcessInstance processInstance = runtimeService.
  createProcessInstanceQuery().singleResult();
runtimeService.createProcessInstanceModification(processInstance.getId())
  .cancelAllForActivity("declineLoanApplication")
  .startBeforeActivity("assessCreditWorthiness")
  .startBeforeActivity("registerApplication")
  .execute();
```

　　（2）从子流程的开始事件开始，代码如下：

```
ProcessInstance processInstance = runtimeService.
  createProcessInstanceQuery().singleResult();
```

```
runtimeService.createProcessInstanceModification(processInstance.getId())
 .cancelAllForActivity("declineLoanApplication")
 .startBeforeActivity("subProcessStartEvent")
 .execute();
```

（3）启动子流程，代码如下：

```
ProcessInstance processInstance = runtimeService.
 createProcessInstanceQuery().singleResult();
runtimeService.createProcessInstanceModification(processInstance.getId())
 .cancelAllForActivity("declineLoanApplication")
 .startBeforeActivity("evaluateLoanApplication")
 .execute();
```

（4）启动流程的开始事件，代码如下：

```
ProcessInstance processInstance = runtimeService.
 createProcessInstanceQuery().singleResult();
runtimeService.createProcessInstanceModification(processInstance.getId())
 .cancelAllForActivity("declineLoanApplication")
 .startBeforeActivity("processStartEvent")
 .execute();
```

7.5.2 在 JUnit 测试中修改流程实例

在 JUnit 测试中修改流程实例非常有用。因为可以从流程开始直到待测试点直接跳到想要测试的活动或网关。

为此，可以通过修改流程实例，直接将令牌放置在流程实例相应的地方。

【例 7-28】 JUnit 测试中修改流程实例。

假设希望跳过 Evaluate Loan Application 子流程并测试 application OK 网关，可以使用流程变量启动流程实例。代码如下：

```
ProcessInstance processInstance = runtimeService.createProcessInstanceByKey
("Loan_Application")
 .startBeforeActivity("application_OK")
 .setVariable("approved", true)
 .execute();
```

在 JUnit 测试中，可以断言 processInstance 现在正在 Accept Loan_Application 处等待。

7.6 重启流程实例

在流程实例终止之后，其历史数据仍然存在，可以通过访问历史数据来恢复流程实例，前提是将历史级别设置为 Full。例如，当流程没有按照期望的方式终止时，这可能非常有用。这个 API 的潜在用例有：

（1）恢复错误取消的流程实例的最后状态；

（2）在错误决策导致的终止之后重新启动流程实例。

流程引擎提供了流程实例重启 API 来执行这样的操作，该 API 是通过 RuntimeService. restartProcessInstances(...)实现的。这个 API 允许使用 Fluent 构建器在一个调用中指定多个实例化指令。

【例 7-29】 流程实例重启示例。

如图 7-9 所示的流程实例重启示例，其中黑点标记的是活动任务。

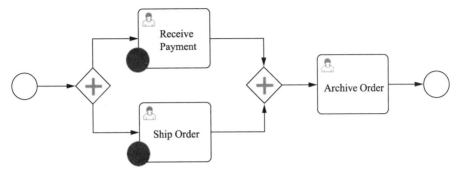

图 7-9　流程实例重启示例

首先假设流程实例已经被执行者从外部取消了，示例代码如下：

```
ProcessInstance processInstance = runtimeService.
  createProcessInstanceQuery().singleResult();
runtimeService.deleteProcessInstance(processInstance.getId(),"any reason");
```

之后，管理员决定恢复流程实例的最后状态，示例代码如下：

```
runtimeService.restartProcessInstance(processInstance.
  getProcessDefinitionId())
  .startBeforeActivity("receivePayment")
  .startBeforeActivity("shipOrder")
  .processInstanceIds(processInstance.getId())
  .execute();
```

流程实例已经使用最后一组变量进行重新启动了。然而在重新启动的流程实例中只设置了全局变量。要设置局部变量，可以调用 RuntimeService.setVariableLocal(…)来实现。

从技术上讲，上述方法已经创建了一个新的流程实例。

注意，历史流程实例和重新启动的流程实例的 ID 是不同的。

7.7　委托代码

通过委托代码可以在流程执行过程中若发生某些事件时执行外部 Java 代码、脚本或计算表达式。

委托代码有不同的类型：

（1）Java 委托（Delegate）可以被附加到 BPMN 服务任务中。

（2）委托变量映射（Delegate Variable Mapping）可以被附加到调用活动中。

（3）执行监听器（Execution Listener）可以被附加到普通令牌流的任何事件中，例如启动流程实例或进入一个活动。

（4）任务监听器（Task Listener）可以被附加到用户任务生命周期中的事件中，例如，用户任务的创建或完成。

可以使用所谓的字段注入（Field Injection）来创建通用委托代码并通过 BPMN 2.0 XML文件来配置它。

7.7.1　Java 委托

要实现在流程执行期间可以调用的类，需要实现 org.camunda.bpm.engine.delegate.JavaDelegate 接口，并在 execute 方法中实现所需的逻辑。当流程执行到达这个特定步骤时，它将执行该方法中定义的逻辑，并以默认的 BPMN 2.0 方式离开这个活动。

【例 7-30】 通过 DelegateExecution 接口访问流程实例信息。

作为示例，首先创建一个 Java 类，它用于将流程变量字符串改为大写。该类需要实现 org.camunda.bpm.engine.delegate.JavaDelegate 接口，并实现其 execute(DelegateExecution)方法。这个方法将会被流程引擎调用，它需要包含对应的业务逻辑。流程实例信息（如流程变量和其他信息）可以通过 DelegateExecution 接口进行访问和操作。示例代码如下：

```
public class ToUppercase implements JavaDelegate {

  public void execute(DelegateExecution execution) throws Exception {
    String var = (String) execution.getVariable("input");
    var = var.toUpperCase();
    execution.setVariable("input", var);
  }
}
```

注意，每次执行引用活动的委托类时，都将创建该类的单独实例。这意味着每次执行一个活动时，都会使用类的另一个实例来调用 execute(DelegateExecution)方法。

流程定义中引用的类不会在部署过程中被实例化。只有当流程执行到达第一次使用该类的流程点时，才会创建该类的实例。如果找不到该类，将抛出 ProcessEngineException 异常。这样做的原因是，部署时的环境（尤其是类路径）通常与实际运行时的环境不同。

7.7.2　字段注入

字段注入就是将值注入到委托类的字段中。Camunda 支持以下类型的注入：

（1）固定的字符串值。

（2）表达式。

如果有公开的 Setter 方法，就会把值注入到委托类上，它遵循 Java Bean 命名规范。比如，firstName 字段有 Setter 方法 setFirstName(...)。如果该字段没有可用的 Setter，就在 Java 委托上设置私有成员的值（但不建议使用私有字段）。

无论流程定义中声明的值的类型是什么，注入目标上的 setter/private 字段的类型都应该是 org.camunda.bpm.engine.delegate.Expression。

在使用 class 或 delegateExpression 属性时支持字段注入。

注意，需要在实际字段注入声明之前声明 extensionElements XML 元素，这是 BPMN 2.0 XML 模式的要求。

【例 7-31】 字段注入。

下面是向字段中注入常量值的示例，代码如下：

```
<serviceTask id="javaService" name="Java service invocation"
Camunda:class="org.camunda.bpm.examples.bpmn.servicetask.
  ToUpperCaseFieldInjected">
```

```
    <extensionElements>
      <camunda:field name="text" stringValue="Hello World" />
    </extensionElements>
  </serviceTask>
```

ToUpperCaseFieldInjected 类有一个 text 字段，其类型为 org.camunda.bpm.engine.delegate.
Expression。在调用 text.getValue(execution)时，将返回设置的字符串值 Hello World。

或者，对于电子邮件之类的长文本，可以使用 camunda:string 子元素，示例代码如下：

```
<serviceTask id="javaService" name="Java service invocation"
Camunda:class="org.camunda.bpm.examples.bpmn.servicetask.
 ToUpperCaseFieldInjected">
  <extensionElements>
    <camunda:field name="text">
       <camunda:string>
         Hello World
       </camunda:string>
    </camunda:field>
  </extensionElements>
</serviceTask>
```

要注入在运行时动态解析的值，可以使用表达式。这些表达式可以使用流程变量、CDI
或 Spring Bean。如前所述，每次执行服务任务时都会创建一个单独的 Java 类实例。若要在字
段中动态注入值，则可以在 org.camunda.bpm.engine.delegate.Expression 中注入值和方法表达
式，也可以使用在 execute 方法中传递的 DelegateExecution 对表达式进行计算或者调用，代码
如下：

```
<serviceTask id="javaService" name="Java service invocation"
camunda:class="org.camunda.bpm.examples.bpmn.servicetask.
ReverseStringsFieldInjected">

  <extensionElements>
    <camunda:field name="text1">
      <camunda:expression>${genderBean.getGenderString(gender)}</camunda:
expression>
    </camunda:field>
    <camunda:field name="text2">
      <camunda:expression>Hello ${gender == 'male' ? 'Mr.' :  'Mrs.'}
${name}</camunda:expression>
    </camunda:field>
  </extensionElements>
</serviceTask>
```

下面的示例类使用注入的表达式，并使用当前的 DelegateExecution 解析它们，代码如下：

```
public class ReverseStringsFieldInjected implements JavaDelegate {

  private Expression text1;
  private Expression text2;

  public void execute(DelegateExecution execution) {
```

```
    String value1 = (String) text1.getValue(execution);
    execution.setVariable("var1", new StringBuffer(value1).reverse().
      toString());

    String value2 = (String) text2.getValue(execution);
    execution.setVariable("var2", new StringBuffer(value2).reverse().
      toString());
  }
}
```

或者，也可以将表达式设置为属性而不是子元素，以减少冗长的 XML 文件，示例代码如下：

```
<camunda:field name="text1" expression="${genderBean.getGenderString
(gender)}" />
<camunda:field name="text2" expression="Hello ${gender == 'male' ? 'Mr.' :
'Mrs.'} ${name}" />
```

注意：

① 由于每次调用服务任务时都会创建一个单独的类实例，因此每次都会进行注入。当字段被代码更改时，这些值将在下次执行活动时重新注入。

② 出于同样的原因，字段注入通常不应该与 Spring Bean 一起使用，因为 Spring Bean 在默认情况下是单例的。否则，由于 Bean 字段的并发修改，可能会遇到不一致的情况。

7.7.3 委托变量映射

要实现委托调用活动的输入输出变量映射的类，需要实现 org.camunda.bpm.engine.delegate.DelegateVariableMapping 接口，并且必须提供 mapInputVariables(DelegateExecution, VariableMap) 和 mapOutputVariables(DelegateExecution, VariableScope)方法。

【例 7-32】委托变量映射。

委托变量映射示例，代码如下：

```
public class DelegatedVarMapping implements DelegateVariableMapping {

  @Override
  public void mapInputVariables(DelegateExecution execution, VariableMap
variables) {
    variables.putValue("inputVar", "inValue");
  }

  @Override
  public void mapOutputVariables(DelegateExecution execution, VariableScope
subInstance) {
    execution.setVariable("outputVar", "outValue");
  }
}
```

在执行调用活动之前调用 mapInputVariables 方法，以映射输入变量。输入变量应该放到给定的变量映射中。在执行调用活动之后调用 mapOutputVariables 方法，以映射输出变量。输出变量可以直接设置到调用程序的执行中。类装入的行为类似于"Java 委托"上的类加载。

7.7.4 执行监听器

执行监听器使得在流程执行期间发生某些事件时可以执行外部 Java 代码或者计算表达

式。可以捕获到的事件有：

（1）流程实例的开始和结束。

（2）转换。

（3）活动的开始和结束。

（4）网关的开始和结束。

（5）中间事件的开始和结束。

（6）结束一个开始事件或开始一个结束事件。

【例 7-33】 执行监听器。

包含 3 个执行监听器的流程定义示例，代码如下：

```xml
<process id="executionListenersProcess">
  <extensionElements>
    <camunda:executionListener
      event="start"
class="org.camunda.bpm.examples.bpmn.executionlistener.
ExampleExecutionListenerOne" />
  </extensionElements>

  <startEvent id="theStart" />

  <sequenceFlow sourceRef="theStart" targetRef="firstTask" />

  <userTask id="firstTask" />

  <sequenceFlow sourceRef="firstTask" targetRef="secondTask">
    <extensionElements>
      <camunda:executionListener>
        <camunda:script scriptFormat="groovy">
          println execution.eventName
        </camunda:script>
      </camunda:executionListener>
    </extensionElements>
  </sequenceFlow>

  <userTask id="secondTask">
    <extensionElements>
      <camunda:executionListener
expression="${myPojo.myMethod(execution.eventName)}" event="end" />
    </extensionElements>
  </userTask>

  <sequenceFlow sourceRef="secondTask" targetRef="thirdTask" />

  <userTask id="thirdTask" />

  <sequenceFlow sourceRef="thirdTask" targetRef="theEnd" />

  <endEvent id="theEnd" />
</process>
```

流程启动时通知第一个执行监听器。监听器是一个外部 Java 类（如 ExampleExecution-
ListenerOne），需要实现 org.camunda.bpm.engine.delegate.ExecutionListener 接口。当事件（在

本例中是结束事件）发生时，调用 notify(DelegateExecution execution)方法，代码如下：

```
public class ExampleExecutionListenerOne implements ExecutionListener {

  public void notify(DelegateExecution execution) throws Exception {
    execution.setVariable("variableSetInExecutionListener", "firstValue");
    execution.setVariable("eventReceived", execution.getEventName());
  }
}
```

也可以使用实现 org.camunda.bpm.engine.delegate.JavaDelegate 接口的委托类。然后可以在其他构造中重用这些委托类，比如服务任务的委托。

在进行转换时调用第二个执行监听器。

注意，监听器元素没有定义事件，因为它只在发生事件转换时才会被触发。在转换上定义监听器时，将忽略事件属性中的值。另外，监听器元素还包含一个 camunda:script 子元素，该元素定义了一个脚本用作执行监听器。或者，也可以将脚本源码指定为外部资源。更多细节请参阅本章 7.9.13 节内容。

在活动 secondTask 结束时调用最后一个执行监听器。它不是在监听器声明上使用类，而是定义了一个表达式，并在触发事件时计算或者调用该表达式，代码如下：

```
<camunda:executionListener expression="${myPojo.myMethod(execution.
  eventName)}" event="end" />
```

与其他表达式一样，可以解析变量并使用它们，可以使用 execution.eventName 将事件名称传递给相应的方法。

执行监听器还支持使用委托表达式，类似于服务任务，代码如下：

```
<camunda:executionListener event="start" delegateExpression=
  "${myExecutionListenerBean}" />
```

7.7.5　任务监听器

任务监听器用于在某个与任务相关的事件发生时执行定制的 Java 逻辑或者表达式。它只能作为用户任务的子元素添加到流程定义中。

注意，它也必须作为 BPMN 2.0 extensionElements 的子元素在 Camunda 名字空间中发生，因为任务监听器是专门针对 Camunda 引擎的结构体。

【例 7-34】任务监听器。

任务监听器的示例代码如下：

```
<userTask id="myTask" name="My Task" >
  <extensionElements>
    <camunda:taskListener event="create" class="org.camunda.bpm.
      MyTaskCreateListener" />
  </extensionElements>
</userTask>
```

任务监听器支持以下属性。

（1）event（必须的）。指定任务事件的类型，任务监听器是在其上调用的。可能的事件（event）有：

① create。在创建任务并且所有任务属性都已设置时发生。

② assignment。当任务分配时发生。注意，当流程执行到达 userTask 时，将首先触发分配事件，然后再触发创建事件。这似乎是一种不自然的顺序，但是是有原因的：在接收创建事件时，通常希望检查任务的所有属性，包括受让人。

③ complete。发生在任务完成并且从运行时数据中删除之前。

④ delete。发生在任务从运行时数据中删除之前。

（2）class。必须调用的委托类。该类必须实现 org.camunda.bpm.engine.impl.pvm.delegate. TaskListener 接口，示例代码如下：

```
public class MyTaskCreateListener implements TaskListener {

 public void notify(DelegateTask delegateTask) {
   // Custom logic goes here
 }
}
```

还可以使用字段注入将流程变量或执行传递给委托类。注意，每次执行引用活动的委托类时，将创建该类的单独实例。

（3）expression（不能与 class 属性一起使用）。指定事件发生时将执行的表达式。可以将 DelegateTask 对象和事件名称（使用 task.eventName）作为参数传递给被调用的对象，示例代码如下：

```
<camunda:taskListener event="create" expression="${myObject.callMethod
 (task, task.eventName)}" />
```

（4）delegateExpression。指定一个表达式，该表达式需要解析为实现 TaskListener 接口的对象，类似于一个服务任务，示例代码如下：

```
<camunda:taskListener event="create" delegateExpression=
 "${myTaskListenerBean}" />
```

除了 class、expression 和 delegateExpression 属性外，还可以使用 camunda:script 子元素指定脚本作为任务监听器。还可以使用 camunda:script 元素的 resource 属性声明外部脚本资源，详见本章 7.9.13 节内容。示例代码如下：

```
<userTask id="task">
 <extensionElements>
  <camunda:taskListener event="create">
   <camunda:script scriptFormat="groovy">
    println task.eventName
   </camunda:script>
  </camunda:taskListener>
 </extensionElements>
</userTask>
```

7.7.6　监听器字段注入

当使用通过 class 属性配置的监听器时，可以使用字段注入。这与使用 Java 委托的机制完全相同。

【例 7-35】　监听器字段注入。

下面的代码片段展示了一个简单的示例流程，其中有一个注入字段的执行监听器，代码如下：

```xml
<process id="executionListenersProcess">
  <extensionElements>
    <camunda:executionListener
class="org.camunda.bpm.examples.bpmn.executionListener.ExampleFieldInjecte
dExecutionListener" event="start">
      <camunda:field name="fixedValue" stringValue="Yes, I am " />
      <camunda:field name="dynamicValue" expression="${myVar}" />
    </camunda:executionListener>
  </extensionElements>

  <startEvent id="theStart" />
  <sequenceFlow sourceRef="theStart" targetRef="firstTask" />

  <userTask id="firstTask" />
  <sequenceFlow sourceRef="firstTask" targetRef="theEnd" />

  <endEvent id="theEnd" />
</process>
```

监听器实现示例，代码如下：

```java
public class ExampleFieldInjectedExecutionListener implements
ExecutionListener {

  private Expression fixedValue;

  private Expression dynamicValue;

  public void notify(DelegateExecution execution) throws Exception {
    String value =
      fixedValue.getValue(execution).toString() +
      dynamicValue.getValue(execution).toString();

    execution.setVariable("var", value);
  }
}
```

ExampleFieldInjectedExecutionListener 类连接两个注入的字段（一个是固定的，另一个是动态的），并将其存储在流程变量 var 中，代码如下：

```java
@Deployment(resources = {

"org/camunda/bpm/examples/bpmn/executionListener/
ExecutionListenersFieldInjectionProcess.bpmn20.xml"
  })
  public void testExecutionListenerFieldInjection() {
    Map<String, Object> variables = new HashMap<String, Object>();
    variables.put("myVar", "listening!");

    ProcessInstance processInstance = runtimeService.startProcessInstanceByKey
("executionListenersProcess", variables);

    Object varSetByListener = runtimeService.getVariable
(processInstance.getId(), "var");
    assertNotNull(varSetByListener);
    assertTrue(varSetByListener instanceof String);
```

```
// Result is a concatenation of fixed injected field and injected expression
assertEquals("Yes, I am listening!", varSetByListener);
}
```

7.7.7 访问流程引擎服务

可以从委托代码访问公共 API 的服务有 RuntimeService、TaskService、RepositoryService 等。

【例 7-36】 委托代码访问任务服务。

下面的示例展示了如何从 JavaDelegate 实现访问 TaskService，代码如下：

```
public class DelegateExample implements JavaDelegate {
  public void execute(DelegateExecution execution) throws Exception {
    TaskService taskService = execution.getProcessEngineServices().
taskService();
    taskService.createTaskQuery()...;
  }
}
```

7.7.8 从委托代码中抛出 BPMN 错误

在示例 7-36 中，错误事件被附加到了服务任务中。为了使其正常工作，服务任务必须抛出相应的错误。这是通过使用 Java 代码（例如 JavaDelegate）中提供的 Java 异常类来实现的。

【例 7-37】 委托代码抛出 BPMN 错误。

从委托代码抛出 BPMN 错误的示例，代码如下：

```
public class BookOutGoodsDelegate implements JavaDelegate {
  public void execute(DelegateExecution execution) throws Exception {
    try {
      ...
    } catch (NotOnStockException ex) {
      throw new BpmnError(NOT_ON_STOCK_ERROR);
    }
  }
}
```

注意，在委托代码中抛出 BpmnError 的行为类似于对错误结束事件建模。如果在作用域范围内没有发现错误边界事件，就执行结束。

7.7.9 在委托代码中设置业务键

可以为已经运行的流程实例的业务键（Business Key）设置新值。

【例 7-38】 在委托代码中设置业务键。

在委托代码中设置业务键的示例，代码如下：

```
public class BookOutGoodsDelegate implements JavaDelegate {
  public void execute(DelegateExecution execution) throws Exception {
    ...
    String recalculatedKey = (String) execution.getVariable
      ("recalculatedKeyVariable");
    execution.setProcessBusinessKey(recalculatedKey);
    ...
  }
}
```

7.8 表达式语言

Camunda BPM 支持统一表达式语言（Expression Language, EL），它是 JSP 2.1 标准（JSR-245）的一部分。为此，它使用开源的 JUEL 实现。

在 Camunda BPM 中的许多情况下，EL 用于计算小型表达式，就跟脚本类似。BPMN 元素对 EL 的支持如表 7-1 所示。

表 7-1 BPMN 元素对 EL 的支持

BPMN 元 素	EL 支 持
服务任务、业务规则任务、发送任务、消息中间抛出事件、消息结束事件、执行监听器和任务监听器	表达式语言作为委托代码
序列流、条件事件	表达式语言作为条件表达式
所有任务、所有事件、事务、子流程和连接器	表达式语言内部的 inputOutput 参数映射
不同的元素	表达式语言作为属性或元素的值
所有流节点、流程定义	表达式语言用来确定工作的优先级

7.8.1 委托代码

除了 Java 代码，Camunda BPM 还支持将表达式作为委托代码。目前其支持两种类型的表达式：camunda:expression 和 camunda:delegateExpression。

（1）使用 camunda:expression 可以计算值表达式或调用方法表达式。它可以使用表达式或 Spring 和 CDI Bean 中可用的特殊变量。

【例 7-39】 表达式作为委托代码。

表达式作为委托代码的示例，代码如下：

```
<process id="process">
 <extensionElements>
  <!-- execution listener which uses an expression to set a process variable
-->
   <camunda:executionListener event="start" expression="${execution.
     setVariable('test', 'foo')}" />
 </extensionElements>

 <!-- ... -->

 <userTask id="userTask">
  <extensionElements>
   <!-- task listener which calls a method of a bean with current task as
parameter -->
    <camunda:taskListener event="complete" expression="$
     {myBean.taskDone(task)}" />
  </extensionElements>
 </userTask>

 <!-- ... -->

 <!-- service task which evaluates an expression and saves it in a result
    variable -->
 <serviceTask id="serviceTask"
```

```
    camunda:expression="${myBean.ready}" camunda:resultVariable=
    "myVar" />

  <!-- ... -->

</process>
```

（2）camunda:delegateExpression 属性是用于对委托对象求值的表达式。此委托对象必须
实现 JavaDelegate 或 ActivityBehavior 接口，代码如下：

```
<!-- service task which calls a bean implementing the JavaDelegate interface
-->
<serviceTask id="task1" camunda:delegateExpression="${myBean}" />

<!-- service task which calls a method which returns delegate object -->
<serviceTask id="task2" camunda:delegateExpression="${myBean.
createDelegate()}" />
```

7.8.2　条件

为了使用条件序列流或条件事件，通常使用表达式语言。对于条件序列流，必须使用序
列流的 conditionExpression 元素。对于条件事件，必须使用条件事件的 condition 元素。它们
都是 tFormalExpression 类型的。元素的文本内容是要计算的表达式。在表达式中，可以使用
一些特殊变量来访问当前上下文。

【例 7-40】 表达式用作条件。

使用表达式语言作为序列流条件的示例，代码如下：

```
<sequenceFlow>
  <conditionExpression xsi:type="tFormalExpression">
    ${test == 'foo'}
  </conditionExpression>
</sequenceFlow>
```

在条件事件上使用表达式语言用的示例，代码如下：

```
<conditionalEventDefinition>
 <condition type="tFormalExpression">${var1 == 1}</condition>
</conditionalEventDefinition>
```

7.8.3　输入输出参数

使用 Camunda 的 inputOutput 扩展元素，可以使用表达式语言映射 inputParameter 或者
outputParameter。

在表达式中，可以使用一些特殊的变量来访问当前上下文。

【例 7-41】 表达式用作输入参数。

下面的示例显示了一个 inputParameter 使用表达式语言调用 Bean 的方法，代码如下：

```
<serviceTask id="task" camunda:class="org.camunda.bpm.example.
SumDelegate">
  <extensionElements>
    <camunda:inputOutput>
      <camunda:inputParameter name="x">
        ${myBean.calculateX()}
      </camunda:inputParameter>
```

```
    </camunda:inputOutput>
  </extensionElements>
</serviceTask>
```

7.8.4 值

不同的 BPMN 元素允许通过表达式指定它们的内容或属性值。

7.9 脚本

Camunda BPM 支持与 JSR-223 兼容的脚本引擎实现的脚本。目前,已经测试过同 Groovy、JavaScript、JRuby 和 Jython 的集成。要使用脚本引擎,必须将相应的 JAR 包添加到类路径中。

注意, JavaScript 是 Java 运行时的一部分,因此是开箱即用的。在预打包的 Camunda 发行版中则包含有 Groovy。

Camunda 中不同 BPMN 元素对脚本的支持情况是不一样的。BPMN 元素对脚本的支持如表 7-2 所示。

表 7-2　BPMN 元素对脚本的支持

BPMN 元　素	脚　本　支　持
脚本任务	脚本任务中的脚本
流程、活动、序列流、网关和事件	脚本作为执行监听器
用户任务	脚本作为任务监听器
序列流	脚本作为序列流的条件表达式
所有任务、所有事件、事务、子流程和连接器	inputOutput 参数映射中的脚本

7.9.1　使用脚本任务

可以通过 BPMN 2.0 脚本任务向流程添加相应的脚本。

【例 7-42】 脚本任务。

下面的流程是一个简单的示例,其中包含一个 Groovy 脚本任务,用于对数组中的元素进行计数,代码如下:

```xml
<?xml version="1.0" encoding="UTF-8"?>
<definitions xmlns="http://www.omg.org/spec/BPMN/20100524/MODEL"
             targetNamespace="http://camunda.org/example">
  <process id="process" isExecutable="true">
    <startEvent id="start"/>
    <sequenceFlow id="sequenceFlow1" sourceRef="start" targetRef="task"/>
    <scriptTask id="task" name="Groovy Script" scriptFormat="groovy">
      <script>
        <![CDATA[
        sum = 0

        for ( i in inputArray ) {
          sum += i
        }

        println "Sum: " + sum
        ]]>
```

```
      </script>
    </scriptTask>
    <sequenceFlow id="sequenceFlow2" sourceRef="task" targetRef="end"/>
    <endEvent id="end"/>
  </process>
</definitions>
```

为了启动这个流程，需要一个 inputArray 变量，代码如下：

```
Map<String, Object> variables = new HashMap<String, Object>();
variables.put("inputArray", new Integer[]{5, 23, 42});
runtimeService.startProcessInstanceByKey("process", variables);
```

7.9.2　使用脚本作为执行监听器

除了 Java 代码和表达式语言，Camunda BPM 还支持将脚本作为执行监听器。

要将脚本用作执行监听器，必须将 camunda:script 元素添加为 camunda:executionListener 元素的子元素。在脚本求值期间，变量 execution 是可用的，它对应于 DelegateExecution 接口。

【例 7-43】脚本作为执行监听器。

使用脚本作为执行监听器的示例，代码如下：

```
<process id="process" isExecutable="true">
  <extensionElements>
    <camunda:executionListener event="start">
      <camunda:script scriptFormat="groovy">
        println "Process " + execution.eventName + "ed"
      </camunda:script>
    </camunda:executionListener>
  </extensionElements>

  <startEvent id="start">
    <extensionElements>
      <camunda:executionListener event="end">
        <camunda:script scriptFormat="groovy">
          println execution.activityId + " " + execution.eventName + "ed"
        </camunda:script>
      </camunda:executionListener>
    </extensionElements>
  </startEvent>
  <sequenceFlow id="flow1" startRef="start" targetRef="task">
    <extensionElements>
      <camunda:executionListener>
        <camunda:script scriptFormat="groovy" resource="org/camunda/bpm/
transition.groovy" />
      </camunda:executionListener>
    </extensionElements>
  </sequenceFlow>

  <!--
  ... remaining process omitted
  -->
</process>
```

7.9.3　使用脚本作为任务监听器

与执行监听器类似，任务监听器也可以使用脚本实现。

要将脚本用作任务监听器，必须将 camunda:script 元素添加为 camunda:taskListener 元素的子元素。在脚本中，变量 task 是可用的，它对应于 DelegateTask 接口。

【例 7-44】 脚本作为任务监听器。

使用脚本作为任务监听器的示例，代码如下：

```xml
<userTask id="userTask">
  <extensionElements>
   <camunda:taskListener event="create">
    <camunda:script scriptFormat="groovy">println task.eventName</camunda:script>
   </camunda:taskListener>
   <camunda:taskListener event="assignment">
    <camunda:script scriptFormat="groovy" resource="org/camunda/bpm/assignemnt.groovy" />
   </camunda:taskListener>
  </extensionElements>
</userTask>
```

7.9.4 使用脚本作为条件

作为表达式语言的替代，Camunda BPM 允许使用脚本作为条件序列流的条件表达式。为此，必须将 conditionExpression 元素的语言属性设置为所需的脚本语言。脚本源码是元素的文本内容，就像表达式语言一样。另一种指定脚本源码的方法请参阅本章 7.9.13 节的内容。

【例 7-45】 脚本作为条件。

使用脚本作为条件的用法示例，代码如下：

```xml
<sequenceFlow>
  <conditionExpression xsi:type="tFormalExpression" language="groovy">
   status == 'closed'
  </conditionExpression>
</sequenceFlow>

<sequenceFlow>
  <conditionExpression xsi:type="tFormalExpression" language="groovy"
    camunda:resource="org/camunda/bpm/condition.groovy" />
</sequenceFlow>
```

注意，在脚本中可以使用 Groovy 的 status 变量。

7.9.5 使用脚本作为输入输出参数

使用 Camunda 的 inputOutput 扩展元素，可以使用脚本映射 inputParameter 或者 outputParameter。

【例 7-46】 脚本作为输入输出参数。

下面的示例流程所述的是使用前一个示例中的 Groovy 脚本，将 Groovy 变量 sum 分配给 Java 委托的流程变量 x，代码如下：

```xml
<?xml version="1.0" encoding="UTF-8"?>
<definitions xmlns="http://www.omg.org/spec/BPMN/20100524/MODEL"
             xmlns:camunda="http://activiti.org/bpmn"
             targetNamespace="http://camunda.org/example">
  <process id="process" isExecutable="true">
```

```
    <startEvent id="start"/>
    <sequenceFlow id="sequenceFlow1" sourceRef="start" targetRef="task"/>
    <serviceTask id="task" camunda:class="org.camunda.bpm.example.
SumDelegate">
      <extensionElements>
       <camunda:inputOutput>
        <camunda:inputParameter name="x">
          <camunda:script scriptFormat="groovy">
          <![CDATA[

          sum = 0

          for ( i in inputArray ) {
            sum += i
          }

          sum
          ]]>
          </camunda:script>
        </camunda:inputParameter>
       </camunda:inputOutput>
      </extensionElements>
    </serviceTask>
    <sequenceFlow id="sequenceFlow2" sourceRef="task" targetRef="end"/>
    <endEvent id="end"/>
  </process>
</definitions>
```

注意，脚本的最后一条语句将被返回。这适用于 Groovy、JavaScript 和 JRuby，但不适用于 Jython。如果想使用 Jython，脚本必须是单个表达式，如 a + b 或 a> b，其中 a 和 b 是流程变量。否则，Jython 脚本引擎将不返回任何值。

脚本为 sum 变量赋值后，就可以在 Java 委托代码中使用 x，代码如下：

```
public class SumDelegate implements JavaDelegate {

  public void execute(DelegateExecution execution) throws Exception {
    Integer x = (Integer) execution.getVariable("x");

    // do something
  }
}
```

脚本源码也可以从外部资源加载进来，就跟脚本任务所描述的一样，代码如下：

```
<camunda:inputOutput>
  <camunda:inputParameter name="x">
    <camunda:script scriptFormat="groovy" resource="org/camunda/bpm/
example/sum.groovy"/>
  </camunda:inputParameter>
</camunda:inputOutput>
```

7.9.6 脚本引擎的缓存

每当流程引擎到达脚本执行点时，流程引擎就会通过脚本语言名称查找脚本引擎。默认行为是，如果它是第一个请求，就会创建一个新的脚本引擎。如果脚本引擎声明为线程安全的，它会被缓存起来。缓存是为了防止流程引擎为相同脚本语言的每个请求都创建新的脚本引擎。

在默认情况下，脚本引擎的缓存发生在流程应用程序级别。因此，它是全局缓存，并被流程应用程序共享。对于给定的语言，每个流程应用程序都有自己的脚本引擎实例。可以通过将流程引擎配置项 enableFetchScriptEngineFromProcessApplication 设置为 False 来禁用此行为。

如果不希望缓存脚本引擎，就可以通过将流程引擎配置项 enableScriptEngineCaching 设置为 False 来禁用它。

7.9.7 脚本编译

大多数脚本引擎在执行脚本之前会将脚本源码编译为 Java 类或其他中间格式。实现了 Java Compilable 接口的脚本引擎允许程序检索和缓存脚本的编译结果。流程引擎的默认设置是检查脚本引擎是否支持编译特性。如果为 True 并且启用了脚本引擎缓存，那么脚本引擎将编译脚本，然后缓存编译结果。这将防止流程引擎在每次执行相同的脚本任务时都重新编译脚本。

在默认情况下，脚本编译是启用的。如果需要禁用脚本编译，那么可以将名为 enableScriptCompilation 的流程引擎配置项设置为 False。

7.9.8 加载脚本引擎

如果将名为 enableFetchScriptEngineFromProcessApplication 的流程引擎配置项设置为 True，那么可以从流程应用程序的类路径加载脚本引擎。因此，脚本引擎可以打包为流程应用程序中的库，也可以把脚本引擎配置为全局的。

7.9.9 引用流程应用程序提供的类

在脚本中，可以通过导入应用程序提供的类来引用流程应用程序。

【例 7-47】 脚本中引用应用程序类。

在 Groovy 脚本中引用应用程序类的示例，代码如下：

```
import my.process.application.CustomClass

sum = new CustomClass().calculate()
execution.setVariable('sum', sum)
```

为了避免在脚本执行过程中可能出现的类加载问题，建议将流程引擎配置项 enableFetchScriptEngineFromProcessApplication 设置为 True。

注意，流程引擎配置项 enableFetchScriptEngineFromProcessApplication 只与共享引擎场景相关。

7.9.10 脚本执行期间可用的变量

在脚本执行期间，当前作用域中所有可见的流程变量都是可用的。它们可以通过变量名访问。这不适用于 JRuby。在 JRuby 中，变量必须作为 Ruby 全局变量访问。

还有以下 3 种特殊的变量。

（1）execution。若脚本在执行的作用域（例如脚本任务）内执行，则始终可用。

（2）task。若脚本在任务作用域（例如任务监听器）中执行，则该任务可用。

（3）connector。若脚本在连接器变量作用域（例如 camunda:connector 的 outputParameter）内执行，则可以使用连接器。

这些变量对应于 DelegateExecution、DelegateTask 或各自的 ConnectorVariableScope 接口，

这意味着它们可以用于获取和设置变量或访问流程引擎服务。

【例 7-48】 脚本中访问变量。

在脚本中访问变量的示例，代码如下：

```
// get process variable
sum = execution.getVariable('x')

// set process variable
execution.setVariable('y', x + 15)

// get task service and query for task
task = execution.getProcessEngineServices().getTaskService()
  .createTaskQuery()
  .taskDefinitionKey("task")
  .singleResult()
```

7.9.11　通过脚本访问流程引擎服务

Camunda 的 Java API 提供了对 Camunda 的流程引擎服务的访问。可以使用脚本访问的服务有流程引擎服务和 Camunda BPM 引擎的公共 Java API。

【例 7-49】 消息关联。

关联 work 消息的示例，代码如下：

```
execution.getProcessEngineServices().getRuntimeService().
createMessageCorrelation("work").correlateWithResult();
```

7.9.12　使用脚本打印日志到控制台

在脚本执行期间，由于日志记录和调试的原因，所以可能需要将其打印到控制台。

【例 7-50】 脚本打印日志记录。

下面是用不同代码将日志打印到控制台的例子。

（1）使用 Goovy 将日志打印到控制台示例，代码如下：

```
println 'This prints to the console'
```

（2）使用 JavaScript 将日志打印到控制台示例，代码如下：

```
var system = java.lang.System;
system.out.println('This prints to the console');
```

7.9.13　脚本源

在 BPMN XML 模型中指定脚本源码的标准方法是直接将其添加到 XML 文件中。尽管如此，Camunda BPM 还提供了指定脚本源的其他方法。

如果使用其他脚本语言而不是表达式语言，那么还可以将脚本源指定为表达式。通过这种方式，源码可以包含在流程变量中。

【例 7-51】 指定脚本源码。

在下面的示例中，每当执行流程元素时，流程引擎将在当前上下文中计算${sourceCode}表达式，代码如下：

```
<!-- inside a script task -->
```

```xml
<scriptTask scriptFormat="groovy">
  <script>${sourceCode}</script>
</scriptTask>

<!-- as an execution listener -->
<camunda:executionListener>
  <camunda:script scriptFormat="groovy">${sourceCode}</camunda:script>
</camunda:executionListener>

<!-- as a condition expression -->
<sequenceFlow id="flow" sourceRef="theStart" targetRef="theTask">
  <conditionExpression xsi:type="tFormalExpression" language="groovy">
    ${sourceCode}
  </conditionExpression>
</sequenceFlow>

<!-- as an inputOutput mapping -->
<camunda:inputOutput>
  <camunda:inputParameter name="x">
    <camunda:script scriptFormat="groovy">${sourceCode}</camunda:script>
  </camunda:inputParameter>
</camunda:inputOutput>
```

还可以在 scriptTask 和 conditionExpression 元素上指定 camunda:resource 属性，在 camunda: script 元素上指定 resource 属性。此扩展属性指定的是作为脚本源码使用的外部资源的位置。另外，资源路径可以使用类似 URL 的模式作为前缀，以指定资源是否包含在部署或类路径中。在默认行为时，资源是类路径的一部分。这意味着前两个脚本任务元素是等效的，代码如下：

```xml
<!-- on a script task -->
<scriptTask scriptFormat="groovy"
camunda:resource="org/camunda/bpm/task.groovy"/>
<scriptTask scriptFormat="groovy"
camunda:resource="classpath://org/camunda/bpm/task.groovy"/>
<scriptTask scriptFormat="groovy"
camunda:resource="deployment://org/camunda/bpm/task.groovy"/>

<!-- in an execution listener -->
<camunda:executionListener>
  <camunda:script scriptFormat="groovy"
resource="deployment://org/camunda/bpm/listener.groovy"/>
</camunda:executionListener>

<!-- on a conditionExpression -->
<conditionExpression xsi:type="tFormalExpression" language="groovy"
   camunda:resource="org/camunda/bpm/condition.groovy" />

<!-- in an inputParameter -->
<camunda:inputParameter name="x">
  <camunda:script scriptFormat="groovy" resource="org/camunda/bpm/
mapX.groovy" />
</camunda:inputParameter>
```

还可以将资源路径指定为在调用脚本任务时计算的表达式，代码如下：

```xml
<scriptTask scriptFormat="groovy" camunda:resource="${scriptPath}"/>
```

7.10 外部任务

流程引擎支持以下两种执行服务任务的方式。

（1）内部服务任务。代码同步调用，这些代码是与流程应用程序一起部署的。

（2）外部（服务）任务。在工作列表中提供一个工作单元，执行者可以对其进行轮询。

若代码被实现为委托代码或脚本，则使用第一种方式。相比之下，外部（服务）任务的工作方式是流程引擎将一个工作单元发布给执行者以被其获取和完成。这被称为外部任务模式。

注意，上面的区别没有说明实际的"业务逻辑"是在本地实现的还是作为远程服务实现的。内部服务任务调用的 Java 委托可以实现业务逻辑本身，也可以调用 Web/REST 服务向另一个系统发送消息等。外部执行者也是如此。执行者可以直接实现业务逻辑，也可以再次委托给远程系统。

7.10.1 外部任务模式

执行外部任务的流程从概念上可以分为 3 个步骤。外部任务执行步骤如图 7-10 所示。

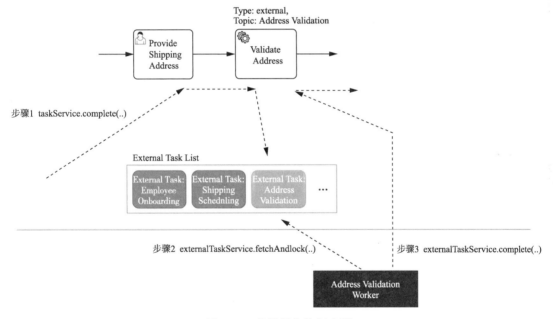

图 7-10 外部任务执行步骤

（1）流程引擎。创建外部任务实例。

（2）外部任务执行者。获取和锁定外部任务。

（3）外部任务执行者和流程引擎。完成外部任务实例。

当遇到配置为外部处理的服务任务时，流程引擎将创建一个外部任务实例并将其添加到外部任务列表中（图 7-10 所示中的步骤 1）。任务实例订阅一个主题，该主题标识要执行的工作的性质。在未来的某个时候，外部执行者可能会为特定的主题集获取和锁定任务（图 7-10 所示中的步骤 2）。为了防止同一个任务同时被多个执行者获取，一个任务有一个基于时间戳的锁，该锁是在获取任务时设置的。只有当锁过期时，其他执行者才能再次获取该任务。当外部执行者完成所需的工作时，它可以通知流程引擎在服务任务之后继续执行流程（图 7-10 所示中的步骤 3）。

注意，外部任务在概念上与用户任务非常相似。当第一次尝试理解外部任务模式时，将外部任务与用户任务进行类比会有所帮助：用户任务由流程引擎创建并添加到任务列表中，流程引擎等待人工用户查询列表、认领任务并完成它；而外部任务创建一个外部任务，并将其添加到主题中，然后使用外部应用程序查询主题并锁定任务。在锁定任务后，应用程序可以对任务进行处理并完成它。

此模式的本质是，执行实际工作的实体独立于流程引擎，它通过轮询流程引擎的 API 来接收工作项。有以下 5 个好处。

（1）跨越系统边界。外部执行者不需要与流程引擎在相同的 Java 进程中、相同的机器上、相同的集群中甚至相同的实体上运行。所需要的只是它能够访问流程引擎的 API（通过 REST 或 Java）。由于是轮询模式，因此执行者不需要暴露流程引擎要访问的任何接口。

（2）跨越技术边界。外部执行者不一定要使用 Java 实现，可以使用 REST 等任何适合执行工作的技术，来访问流程引擎的 API。

（3）专用执行者。外部执行者不必是通用的应用程序。每个外部任务实例订阅一个主题，该主题名标识要执行的任务的性质。执行者可以只针对处理的主题轮询任务。

（4）细粒度扩展。如果集中在服务任务处理上的负载很高，那么可以独立于流程引擎来扩展相应主题的外部执行者的数量。

（5）独立维护。执行者可以独立于流程引擎进行维护，而不破坏作业。例如，如果某个特定主题的执行者停机（如由于升级维护而停机），就不会马上影响到流程引擎。这些执行者的外部任务的执行会优雅地降级：它们存储在外部任务列表中，直到外部执行者恢复操作。

7.10.2　BPMN 中申明外部任务

要处理外部任务，就必须在 BPMN XML 文件中声明。在流程定义的 BPMN XML 文件中，可以使用 camunda:type 和 camunda:topic 将服务任务声明为由外部执行者执行。

【例 7-52】 指定外部任务。

可以将服务任务 Validate Address 配置为一个外部任务，其主题为 AddressValidation，其代码如下：

```
<serviceTask id="validateAddressTask"
  name="Validate Address"
  camunda:type="external"
  camunda:topic="AddressValidation" />
```

也可以使用表达式而不是常量值来定义主题名称。

此外，可以使用外部任务模式来实现其他类似服务任务的元素，如发送任务、业务规则任务和抛出消息事件等。

7.10.3　使用 REST API 处理外部任务

在运行时，可以通过 Java 和 REST API 访问外部任务实例。REST API 通常更适合于这种情况，特别是当使用不同技术在不同环境中运行时。

1. 使用长轮询来获取和锁定外部任务

无论请求的信息是否可用，服务器都会立即响应 HTTP 请求。这不可避免地会导致客户端必须执行多个重复的请求，直到信息可用为止。这种方法在资源使用方面显然是昂贵的。

当使用长轮询时，如果没有外部任务可用，服务器将挂起请求。一旦出现新的外部任务，请求将被重新激活并执行响应。挂起的时间是可配的。

长轮询示例如图 7-11 所示。

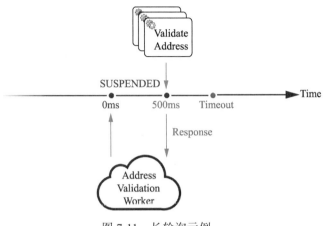

图 7-11　长轮询示例

长轮询极大地减少了请求的数量，在服务器端和客户端可以更有效地使用资源。

2. 执行者请求唯一性

在默认情况下，多个执行者可以使用同一个 workerId。为了确保 workerId 在服务器端的唯一性，可以激活 Unique Worker Request 标志。这个配置项只影响长轮询请求，而不是普通的"获取和锁定"请求。如果 Unique Worker Request 标志被激活，当收到新请求时，拥有相同 workerId 的挂起请求将被取消。

为了启用 Unique Worker Request 标志，需要将上下文参数 fetch-and-lock-unique-worker-request 设置为 True，它位于 engine-rest/WEB-INF/web.xml 文件中，该文件包含在 engine-rest 工件中的示例代码如下：

```
<!-- ... -->

<context-param>
  <param-name>fetch-and-lock-unique-worker-request</param-name>
  <param-value>true</param-value>
</context-param>

<!-- ... -->
```

7.10.4　使用 Java API 处理外部任务

外部任务的 Java API 入口点是 ExternalTaskService，其可以通过 processEngine.getExternal-TaskService()访问。

【例 7-53】　使用 Java API 访问外部任务。

下面是一个交互的示例，它获取 10 个任务，并在循环中处理这些任务。对于每个任务，要么完成任务，要么将其标记为 failed，代码如下：

```
List<LockedExternalTask> tasks = externalTaskService.fetchAndLock(10,
"externalWorkerId")
  .topic("AddressValidation", 60L * 1000L)
  .execute();

for (LockedExternalTask task : tasks) {
  try {
    String topic = task.getTopicName();

    // work on task for that topic
    ...

    // if the work is successful, mark the task as completed
    if(success) {
      externalTaskService.complete(task.getId(), variables);
    }
    else {
      // if the work was not successful, mark it as failed
      externalTaskService.handleFailure(
        task.getId(),
        "externalWorkerId",
        "Address could not be validated: Address database not reachable",
        1, 10L * 60L * 1000L);
    }
  }
  catch(Exception e) {
    //... handle exception
  }
}
```

下面将详细讨论与 ExternalTaskService 的不同交互。

1. 获取任务

为了实现一个可轮询任务的执行者，可以使用 ExternalTaskService#fetchAndLock 方法来执行获取操作。此方法返回一个 Fluent 构建器，该构建器用来定义获取任务的一组主题。

【例 7-54】 获取任务。

通过 Java API 获取任务的示例，代码如下：

```
List<LockedExternalTask> tasks = externalTaskService.fetchAndLock(10,
"externalWorkerId")
  .topic("AddressValidation", 60L * 1000L)
  .topic("ShipmentScheduling", 120L * 1000L)
  .execute();

for (LockedExternalTask task : tasks) {
  String topic = task.getTopicName();

  // work on task for that topic
  ...
}
```

上述代码会获取主题为 AddressValidation 和 ShipmentScheduling 的最多 10 个任务。且任务只能被 ID 为 externalWorkerId 的执行者锁定。锁定意味着从获取数据的时间开始，该任务被保留给该执行者一段时间，以防止另一个执行者在锁有效期内获取到同样的任务。如果锁过期，并且任务还没有完成，那么另一个执行者可以获取它，这样失败的执行者就不会无限期地阻塞执行。确切的持续时间可以在主题获取指令中指定：比如 AddressValidation 的任务锁定时间是 60s（60L × 1000L），ShipmentScheduling 的任务锁定时间是 120s（120L ×1000L）。锁过期时间不应少于预期的执行时间。它也不应该太长，因为这通常意味着任务一旦执行失败，被重试之前的等待时间将会太长。

执行任务所需的变量可以随任务一起被获取到。例如，假设 AddressValidation 任务需要一个 address 变量。使用此变量获取任务的示例代码如下：

```
List<LockedExternalTask> tasks = externalTaskService.fetchAndLock(10,
"externalWorkerId")
 .topic("AddressValidation", 60L * 1000L).variables("address")
 .execute();

for (LockedExternalTask task : tasks) {
 String topic = task.getTopicName();
 String address = (String) task.getVariables().get("address");

 // work on task for that topic
 ...
}
```

生成的任务包含所请求变量的当前值。注意，变量值是外部任务执行时在作用域层次结构中可见的值。

为了获取所有变量，需要省略对 variables()方法的调用，示例代码如下：

```
List<LockedExternalTask> tasks = externalTaskService.fetchAndLock(10,
"externalWorkerId")
 .topic("AddressValidation", 60L * 1000L)
 .execute();

for (LockedExternalTask task : tasks) {
 String topic = task.getTopicName();
 String address = (String) task.getVariables().get("address");

 // work on task for that topic
 ...
}
```

为了支持变量序列化值（通常是存储自定义 Java 对象的变量）的反序列化，需要调用 enableCustomObjectDeserialization()方法。否则，一旦从变量映射中检索到序列化的变量，就会抛出一个对象没有反序列化的异常，示例代码如下：

```
List<LockedExternalTask> tasks = externalTaskService.fetchAndLock(10,
"externalWorkerId")
 .topic("AddressValidation", 60L * 1000L)
 .variables("address")
 .enableCustomObjectDeserialization()
 .execute();

for (LockedExternalTask task : tasks) {
 String topic = task.getTopicName();
 MyAddressClass address = (MyAddressClass)
task.getVariables().get("address");
```

```
 // work on task for that topic
 ...
}
```

2. 外部任务优先级

外部任务优先级排序类似于作业优先级排序。

3. 为流程引擎配置外部任务优先级

为流程引擎配置外部任务优先级，可以通过配置的方式启用或者禁用外部任务优先级。在流程引擎中可以设置属性 producePrioritizedExternalTasks：控制流程引擎是否将优先级分配给外部任务。其默认值为 True。如果不需要优先级，那么流程引擎配置属性 producePrioritizedExternalTasks 可以设置为 False。在这种情况下，所有外部任务的优先级都是 0。

4. 指定外部任务优先级

外部任务优先级可以在 BPMN 模型中指定，也可以在运行时通过 API 来覆盖。

（1）BPMN XML 文件中的优先级。在流程或活动级别上可以分配外部任务优先级。为此，可以使用 Camunda 扩展属性 camunda:taskPriority，其同时支持常量值和表达式。当使用常量值时，扩展属性 Camunda:taskPriority 为流程或活动的所有实例分配相同的优先级；当使用表达式时，其可以为流程或活动的每个实例分配不同的优先级。表达式必须能在 Java 的长整型范围内求值为一个数字，具体值可以是基于用户提供的数据（来自任务表单或其他源）进行复杂计算的结果。

（2）流程级的优先级。在流程实例级配置外部任务优先级时，需要将 camunda:taskPriority 属性应用于 BPMN 的<process ...>元素，示例代码如下：

```
<bpmn:process id="Process_1" isExecutable="true" camunda:taskPriority="8">
 ...
</bpmn:process>
```

其结果是流程内的所有外部任务继承相同的优先级，除非在本地被覆盖了。上面的例子展示的是如何使用一个常量值来设置优先级。可见，相同的优先级会应用于流程的所有实例。如果需要以不同的优先级执行不同的流程实例，那么可以使用如下表达式：

```
<bpmn:process id="Process_1" isExecutable="true" camunda:taskPriority=
"${order.priority}">
 ...
</bpmn:process>
```

在上面的例子中，优先级是根据 order 变量的 priority 属性确定的。

（3）服务任务级别的优先级。在服务任务级别配置外部任务优先级时，需要将 camunda:taskPriority 属性应用到 BPMN 的<serviceTask ...>元素。服务任务必须是拥有 camunda:type="external"属性的外部任务，示例代码如下：

```
 ...
 <serviceTask id="externalTaskWithPrio"
         camunda:type="external"
         camunda:topic="externalTaskTopic"
         camunda:taskPriority="8"/>
 ...
```

其效果是为已定义的外部任务设置优先级，也就是覆盖了流程任务优先级。上述代码展示了如何使用一个常量值来设置优先级。通过这种方式，相同的优先级可应用于流程的不同实例中的外部任务。如果需要使用不同的外部任务优先级执行不同的流程实例，可以使用表达式，示例代码如下：

```
...
<serviceTask id="externalTaskWithPrio"
            camunda:type="external"
            camunda:topic="externalTaskTopic"
            camunda:taskPriority="${order.priority}"/>
...
```

在上面的例子中，优先级是根据 order 变量的 priority 属性确定的。

5. 按优先级获取外部任务

要根据外部任务的优先级获取它们，可以使用带 usePriority 参数的方法 ExternalTaskService#fetchAndLock。没有布尔参数的方法会随机返回外部任务。如果指定了参数，那么返回的外部任务将按优先级降序排列。

【例 7-55】 根据优先级获取任务。

关于外部任务的优先级示例，代码如下：

```
List<LockedExternalTask> tasks =
 externalTaskService.fetchAndLock(10, "externalWorkerId", true)
 .topic("AddressValidation", 60L * 1000L)
 .topic("ShipmentScheduling", 120L * 1000L)
 .execute();

for (LockedExternalTask task : tasks) {
 String topic = task.getTopicName();

 // work on task for that topic
 ...
}
```

6. 完成任务

在获取并执行获取到的作业之后，执行者可以通过调用 ExternalTaskService#complete 方法来完成外部任务。执行者只能完成以前获取并锁定的任务。如果任务同时被另一个执行者锁定，就会引发异常。

7. 延长外部任务上的锁

当一个外部任务被一个执行者锁定时，可以通过调用 ExternalTaskService#extendLock 方法来延长锁的持续时间。执行者可以指定需要延长的时间量（以毫秒为单位）。一个锁只能被拥有它的执行者延长。

8. 报告任务失败

一个执行者有时并不能成功地完成一项任务。在这种情况下，可以使用 ExternalTaskService#handleFailure 向流程引擎报告故障。与#complete 类似，#handleFailure 只能由拥有任务锁的执行者调用。handleFailure 方法可接受 4 个附加参数：errorMessage、errorDetails、retries、retryTimeout。其中，errorMessage 可以包含对问题性质的描述，其描述限制在 666 个字符内，也可以在再次获取任务或查询任务时访问它；errorDetails 可以包含完整的错误描述，并且长度不受限制。根据任务 ID 参数，可以通过 ExternalTaskService#getExternalTaskErrorDetails

方法访问错误的详细信息；执行者可以通过 retries 和 retryTimeout 指定重试策略。当将 retries 设置为值> 0 时，可以在重试超时后再次获取任务。当将重试设置为 0 时，将不再获取任务，并为该任务创建一个事件（Incident）。

【例 7-56】 报告任务失败。

下面是一个报告任务失败的示例，代码如下：

```
List<LockedExternalTask> tasks = externalTaskService.fetchAndLock(10,
"externalWorkerId")
  .topic("AddressValidation", 60L * 1000L).variables("address")
  .execute();

LockedExternalTask task = tasks.get(0);

// ... processing the task fails

externalTaskService.handleFailure(
  task.getId(),
  "externalWorkerId",
  "Address could not be validated: Address database not reachable",
                                    // errorMessage
  "Super long error details",       // errorDetails
  1,                                // retries
  10L * 60L * 1000L);               // retryTimeout

// ... other activities

externalTaskService.getExternalTaskErrorDetails(task.getId());
```

上例中锁定的任务执行失败，它可以在 10min 后再重试一次。流程引擎不会递减重试次数本身。如果要做到这一点，那么可以通过在报告失败时将重试设置为 task.getRetries()−1 来实现这种行为。

当需要详细的错误信息时，将使用单独的方法从服务中查询它们。

9. 报告 BPMN 错误

由于某些原因，在执行过程中可能会出现业务错误。在这种情况下，执行者可以使用 ExternalTaskService#handleBpmnError 向流程引擎报告 BPMN 错误。与 #complete 或 #handleFailure 类似，它只能由拥有任务锁的执行者调用。#handleBpmnError 方法有一个额外的参数：errorCode。errorCode 标识预订义的错误。如果给定的 errorCode 不存在，或者没有定义边界事件，那么当前活动实例将结束，错误不会得到处理。

【例 7-57】 报告 BPMN 错误。

下面是一个报告 BPMN 错误的例子，代码如下：

```
List<LockedExternalTask> tasks = externalTaskService.fetchAndLock(10,
"externalWorkerId")
  .topic("AddressValidation", 60L * 1000L).variables("address")
  .execute();

LockedExternalTask task = tasks.get(0);

// ... business error appears
```

```
externalTaskService.handleBpmnError(
  task.getId(),
  "externalWorkerId",
  "bpmn-error",                       // errorCode
  "Thrown BPMN Error during...", // errorMessage
  variables);
```

带有"bpmn-error"错误码的 BPMN 错误会被传播出去。如果存在带有此错误码的边界事件，BPMN 错误将被其捕获并处理。错误消息和变量是可选的。它们可以为错误提供额外的信息。如果 BPMN 错误被捕获了，那么这些变量将被传递给相应的执行。

10. 查询任务

可以通过 ExternalTaskService#createExternalTaskQuery 方法查询外部任务。与#fetchAndLock 不同，这是一个不设置任何锁的读取操作。

11. 管理操作

管理操作包括 ExternalTaskService#unlock、ExternalTaskService#setRetries 和 ExternalTaskService#setPriority，用于清除当前锁、设置重试次数和设置外部任务的优先级。当任务重试次数为 0 并且必须手动恢复时，设置重试次数非常有用。使用最后一种方法，可以将更重要任务的优先级设置为较高值，或者将较不重要的外部任务的优先级设置为较低值。

还有一些操作，如 ExternalTaskService#setRetriesSync 和 ExternalTaskService#setRetriesAsync，用来同步或异步地设置多个外部任务的重试次数。

7.11 流程版本

流程本质上是长期运行的。流程实例可能持续数周、数月或者更长时间。同时，流程实例的状态被存储到数据库中。但是迟早可能需要更改流程定义，即使仍然有流程实例在运行。

流程引擎支持以下 4 种情况。

（1）如果重新部署修改后的流程定义，将在数据库中得到一个新版本。

（2）正在运行的流程实例将继续在它们所启动的版本中运行。

（3）新流程实例将在新版本中运行——除非显式指定了版本。

（4）在一定作用域内支持将流程实例迁移到新版本。

可以在流程定义表中看到不同的版本，以及流程实例是否被链接。

【例 7-58】 流程定义与版本示例。

数据库中流程定义与版本示例如图 7-12 所示。

图 7-12 流程定义与版本示例

注意，如果使用带有租户标识符的多租户，那么每个租户都有自己的流程定义，其版本独立于其他租户。有关详细内容请参阅本章的 7.18 节。

7.12　流程实例迁移

当部署流程定义的新版本时，在以前版本上运行的已有流程实例不会受到影响。这意味着新的流程定义不会自动应用于它们。如果流程实例需要在新的流程定义上继续执行，那么可以使用流程实例迁移 API。迁移包括以下两部分。

（1）创建一个迁移计划：该计划描述如何将流程实例从一个流程定义迁移到另一个流程定义。

（2）将迁移计划应用于一组流程实例。

迁移计划由一组迁移指令组成，这些指令本质上是两个流程定义的活动之间的映射。也就是说，它把源流程定义的一个活动，映射到需要迁移到的目标流程定义的一个活动中。迁移指令确保将源活动的实例迁移到目标活动的实例中。

迁移指令的目的是映射语义上等价的活动。因此，迁移应尽可能少地干扰活动实例的状态，从而确保无缝转换。这意味着不会重新分配迁移后的用户任务实例。从受让人的角度来看，迁移大部分是透明的，因此在迁移之前启动的任务可以在迁移之后成功完成。同样的原则也适用于其他 BPMN 元素类型。

对于在语义上不等价的活动的情况，建议将迁移与流程实例修改 API 结合起来。例如，在迁移之前取消一个活动实例，在迁移之后启动一个新的实例。

关于流程实例迁移的具体方法请参阅官网。

7.13　数据库

7.13.1　数据库模式

流程引擎的数据库模式由多张表组成。表名都以 ACT 开头，第二部分由表用例的两个字符标识。服务 API 的命名规则也大致如此。

ACT_RE_*：RE 代表存储库（Repository）。带有此前缀的表包含"静态"的信息，如流程定义和流程资源（图像、规则等）。

ACT_RU_*：RU 代表运行时（Runtime）。这些运行时表包含流程实例、用户任务、变量、作业等的运行时数据。流程引擎只在流程实例执行期间存储运行时数据，并在流程实例结束时删除这些记录。这使运行时表保持小而快。

ACT_ID_*：ID 代表身份（Identity）。这些表包含用户、组等身份信息。

ACT_HI_*：HI 代表历史（History）。这些表包含历史数据，如过去的流程实例、变量、任务等。

ACT_GE_*：GE 代表通用（General）数据，用于各种案例。

流程引擎的主表是流程定义、执行、任务、变量和事件订阅的实体。它们的关系展示在如图 7-13 所示的 UML 模型中。

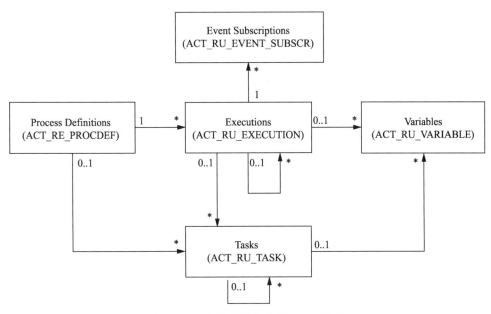

图 7-13　流程引擎主表的 UML 模型

1. 流程定义

ACT_RE_PROCDEF 表包含所有已部署的流程定义。它包含诸如详细版本、资源名称、挂起状态等信息。

2. 执行

ACT_RU_EXECUTION 表包含当前所有的执行。它包括流程定义、父执行、业务键、当前活动和关于执行状态的不同元数据等信息。

3. 任务

ACT_RU_TASK 表包含所有正在运行的流程实例的所有打开的任务。它包括相应的流程实例、执行以及元数据（如创建时间、受让人或到期日期）等信息。

4. 变量

ACT_RU_VARIABLE 表包含当前设置的所有流程或任务变量。它包括变量的名称、类型和值以及关于相应流程实例或任务的信息。

5. 事件订阅

ACT_RU_EVENT_SUBSCR 表包含所有当前存在的事件订阅。它包括事件的类型、名称和配置，以及有关相应流程实例和执行的信息。

7.13.2　数据库配置

Camunda 引擎使用数据库有两种方法配置。第一个方法是定义数据库的 JDBC 属性：

JdbcUrl。数据库的 JDBC URL；

jdbcDriver。实现特定数据库类型的驱动程序；

jdbcUsername。连接到数据库的用户名；

jdbcPassword。连接到数据库的密码。

注意，该引擎在内部使用 Apache MyBatis 来实现数据持久化。

基于 JDBC 属性构造的数据源将使用默认的 MyBatis 连接池设置。可以通过设置 MyBatis 属性来调整连接池，具体内容请参阅 MyBatis 文档。

1. JDBC 批处理

jdbcBatchProcessing 用于设置在向数据库发送 SQL 语句时是否必须使用批处理模式。当关闭后，语句将一个接一个地执行。可能的值为 True（默认值）和 False。

批处理的不足之处在于以下两点。

（1）批处理不适用于 Oracle 12 之前的版本。

（2）在 MariaDB 和 DB2 上使用批处理时，jdbcStatementTimeout 会被忽略掉。

2. 示例数据库配置

【例 7-59】 数据库配置。

下面是一个数据库配置的示例，代码如下：

```
<property name="jdbcUrl" value="jdbc:H2:mem:camunda;DB_CLOSE_DELAY=1000" />
<property name="jdbcDriver" value="org.h2.Driver" />
<property name="jdbcUsername" value="sa" />
<property name="jdbcPassword" value="" />
```

另外，也可以使用 javax.sql.DataSource 实现。例如，来自 Apache Commons 的 DBCP 示例，代码如下：

```
<bean id="dataSource" class="org.apache.commons.dbcp.BasicDataSource" >
  <property name="driverClassName" value="com.mysql.jdbc.Driver" />
  <property name="url" value="jdbc:Mysql://localhost:3306/camunda" />
  <property name="username" value="camunda" />
  <property name="password" value="camunda" />
  <property name="defaultAutoCommit" value="false" />
</bean>

<bean id="processEngineConfiguration"
class="org.camunda.bpm.engine.impl.cfg.
StandaloneProcessEngineConfiguration">

   <property name="dataSource" ref="dataSource" />
   ...
```

注意，在默认情况下，Camunda 没有附带定义此类数据源的库。因此必须确保这些库（例如来自 DBCP 的库）存在于类路径上。

无论是使用 JDBC 还是数据源方法，都可以设置以下属性：

（1）databaseType。通常不需要指定此属性，因为它可以从数据库连接元数据中自动分析出来。它只需要在自动检测失败时指定。可能的值有 h2、mysql、oracle、postgres、mssql、db2、mariadb。此设置将确定使用哪些创建/删除脚本和查询。

（2）databaseSchemaUpdate。设置在流程引擎启动和关闭时处理数据库模式的策略。

① true（默认值）。在构建流程引擎时，将检查数据库中是否存在 Camunda 表。如果不存在，那么它们会被创建出来。

② false。不执行任何检查，并假设数据库中存在 Camunda 表。

③ create-drop。在创建流程引擎时创建模式，在关闭流程引擎时删除模式。

注意，除非在执行滚动更新，否则必须确保 DB 模式的版本与流程引擎库的版本匹配。与更新和迁移指南中所述的一样，数据库模式的更新必须手动完成。

下面是一些常用的 JDBC URL 示例，代码如下：

```
H2: jdbc:h2:tcp://localhost/camunda
MySQL: jdbc:mysql://localhost:3306/camunda?autoReconnect=true
Oracle: jdbc:oracle:thin:@localhost:1521:xe
PostgreSQL: jdbc:postgresql://localhost:5432/camunda
DB2: jdbc:db2://localhost:50000/camunda
MSSQL: jdbc:sqlserver://localhost:1433/camunda
MariaDB: jdbc:mariadb://localhost:3306/camunda
```

3. 隔离级别配置

大多数数据库管理系统提供四种不同的隔离级别。例如，ANSI/USO SQL 定义的级别（从低到高）有 READ UNCOMMITTED、READ COMMITTED、REPEATABLE READS 和 SERIALIZABLE。

运行 Camunda 所需的隔离级别是 READ COMMITTED，根据数据库系统的不同，它可能有不同的名称。由于将级别设置为 REPEATABLE READS 会导致死锁，因此在更改隔离级别时要特别小心。

7.14　历史和审计日志

历史事件流提供了有关已执行完的流程实例的审计信息。历史和审计日志如图 7-14 所示。

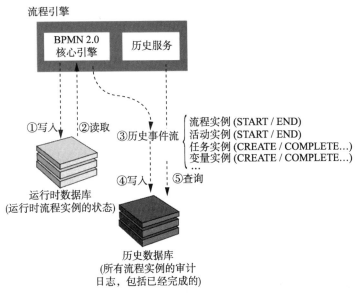

图 7-14　历史和审计日志

流程引擎维护数据库中正在运行的流程实例的状态。①写入。在流程实例到达等待状态时，将其状态写入数据库。②读取。在流程执行继续时读取该状态。此数据库被称为运行时数据库。③历史事件流。除了维护运行时状态之外，流程引擎还创建审计日志，提供关于已执行流程实例的审计信息。此事件流被称为历史事件流。组成此事件流的各个事件称为历史事件，它包含关于已执行流程实例、活动实例、更改的流程变量等的数据。④写入。在默认配置中，流程引擎简单地将这个事件流写入历史数据库。⑤查询。HistoryService API 允许查询这个数据库。历史数据库和历史服务是可选组件。如果历史事件流没有被记录到历史数据库中，或者用户选择将事件记录到另一个数据库中，流程引擎仍然能够工作，并且仍然能够填充历史事件流。这是可行的，因为 BPMN 2.0 核心引擎组件不会从历史数据库中读取状态。还可以使用流程引擎配置中的 historyLevel 来设置记录的数据量。

由于流程引擎不依赖于历史数据库的存在来生成历史事件流，因此可以提供不同的后端来存储历史事件流。默认后端是 DbHistoryEventHandler，它将事件流记录到历史数据库中。可以改变此后端，为历史事件日志提供自定义的存储机制。

7.14.1 选择历史记录级别

历史级别控制了流程引擎通过历史事件流提供的数据量。以下 5 个设置是开箱即用的。

（1）NONE。不会触发历史事件。

（2）ACTIVITY。触发以下事件：

① 流程实例的启动、更新、结束、迁移。在启动、更新、结束和迁移流程实例时触发。

② 案例实例的创建、更新、关闭。在创建、更新和关闭案例实例时触发。

③ 活动实例的启动、更新、结束、迁移。在活动实例被启动、更新、结束和迁移时触发。

④ 案例活动实例的创建、更新、结束。在创建、更新和结束案例活动实例时触发。

⑤ 任务实例的创建、更新、完成、删除、迁移。在创建任务实例时触发，更新（如重新分配、委托等）、完成、删除和迁移。

（3）AUDIT。除了 ACTIVITY 这个历史级别提供的事件外，还触发以下事件：

① 变量实例的创建、更新、删除、迁移。在创建、更新、删除和迁移流程变量时触发。

② 默认的历史后端（DbHistoryEventHandler）将变量实例事件写入历史变量实例数据库表。

③ 表中的行会随着变量实例的更新而更新，这意味着只有流程变量的最后一个值可用。

（4）FULL。除了 AUDIT 这个历史级别提供的事件外，还触发以下事件。

① 表单属性的更新。在创建和（或）更新表单属性时触发。

② 默认的历史后端(DbHistoryEventHandler)将历史变量更新写入数据库。这使使用History 服务检查流程变量的中间值成为可能。

③ 用户操作日志的更新。当用户执行诸如认领用户任务、委托用户任务等操作时触发。

④ 事件的创建、删除、解析、迁移。在创建、删除、解析和迁移事件时触发。

⑤ 创建、失败、成功、删除历史作业日志。在作业创建、执行失败或成功或作业被删除时触发。

⑥ 决策实例评估。当决策由 DMN 引擎评估时触发。

⑦ 批处理的启动和结束。在启动和结束批处理时触发。

⑧ 添加、删除身份链接。在添加、删除身份链接，或者设置/更改用户任务的受让人以及设置/更改用户任务的所有者时触发。

⑨ 创建、删除、失败、成功的历史外部任务日志。当创建、删除外部任务或报告外部任务执行失败或成功时触发。

（5）AUTO。如果计划在同一个数据库上运行多个引擎，那么 AUTO 级别非常有用。在这种情况下，所有引擎都必须使用相同的历史级别。与其手动保持配置同步，不如使用 AUTO 级别，因为引擎会自动确定数据库中已经配置的级别。如果找不到配置的级别，就使用默认值 AUDIT。

注意，如果打算使用自定义历史级别，就必须为每个配置注册自定义级别；否则将引发异常。

如果需要自定义记录的历史事件的数量，就可以提供自定义实现的 HistoryEventProducer 并将其连接到流程引擎配置中。

7.14.2　设置历史级别

历史级别可以作为流程引擎的属性提供。

根据流程引擎的配置方式不同，可以选择使用 Java 代码来设置其属性，示例代码如下：

```
ProcessEngine processEngine = ProcessEngineConfiguration
.createProcessEngineConfigurationFromResourceDefault()
.setHistory(ProcessEngineConfiguration.HISTORY_FULL)
.buildProcessEngine();
```

还可以使用 Spring XML 文件或部署描述符文件（bpm-platform.xml、processes.xml）来设置它。

注意，在使用默认的历史记录后端时，历史级别存储在数据库中，以后不能更改。

Camunda BPM 的 Cockpit Web 应用程序在历史级别设置为 FULL 时工作得最好。"较低"的历史级别将禁用某些历史记录相关的特性。

7.14.3　用户操作日志

用户操作日志包含了许多关于 API 操作的条目，可用于审计。它提供了关于执行了何种操作的数据以及操作涉及的更改的详细信息。当操作是在已登录用户的上下文中执行时，操作会被记录下来。要使用操作日志，必须将流程引擎历史级别设置为 FULL。

7.14.4　清理历史数据

如果使用频繁，流程引擎会生成大量的历史数据。历史清理（History Cleanup）功能有助于定期从历史表中删除"过期"的数据。它会删除以下历史数据。

（1）历史流程实例加上所有相关的历史数据（如历史变量实例、历史任务实例、与之相关的所有注解和附件等）。

（2）历史决策实例加上所有相关的历史数据（历史决策输入和输出实例）。

（3）历史批处理加上所有相关的历史数据（历史事件和作业日志）。

历史清理可以定期（自动）执行，也可以用于单个清理（手动调用）。只有 camunda-admins 具有执行历史清理的权限。关于如何清除历史记录，请参阅官网。

7.15　部署缓存

所有流程定义都会在解析之后被缓存起来，以避免在每次需要流程定义时轮询数据库，另一个原因是因为流程定义数据不会更改。这可以减少引用流程定义的延迟，从而提高系统的性能。

7.15.1 自定义缓存的最大容量

如果有多个流程定义，缓存可能会占用大量的内存，工作内存的容量可能会达到极限。因此，在达到最大容量之后，可以从缓存中取出最近最少使用的流程定义，以满足容量的需求。但是，如果仍然遇到内存不足的问题，则可能需要降低缓存的最大容量。

如果更改最大容量，那么流程定义、案例定义、决策定义和决策需求定义 4 个缓存组件将受到影响。

在流程引擎配置中，可以指定缓存的最大容量。默认值是 1000。在创建流程引擎时，此属性会被设置，所有的资源都会被扫描和部署。

【例 7-60】定制部署缓存容量。

可以将部署缓存的最大容量设置为 120，代码如下：

```
<bean id="processEngineConfiguration" class="org.camunda.bpm.engine.impl.
cfg.StandaloneInMemProcessEngineConfiguration">
  <!-- Your property definitions! -->
  ....

  <property name="cacheCapacity" value="120" />
</bean>
```

注意，不可能为每个组件单独设置容量大小，所以所有组件都将使用相同的容量。此外，在默认缓存实现中，容量大小与缓存中被使用的元素的最大数量相对应。这意味着，使用的物理存储的绝对数量取决于各个流程定义所需的大小。

7.15.2 自定义缓存实现

一旦超过最大容量，缓存的默认实现是回收最近最少使用的条目。如果需要根据不同的标准选择需要回收的缓存项，可以提供自定义的缓存实现。可以通过实现 org.camunda.util.commons 包中缓存接口来实现这一点。

【例 7-61】定制缓存实现。

要定制缓存实现，首先假设已经实现了 MyCacheImplementation 类，代码如下：

```
public class MyCacheImplementation<K, V> implements Cache<K, V> {

// implement interface methods and your own cache logic here
}
```

接下来，需要将 MyCacheImplementation 类插入到定制的 CacheFactory 中，代码如下：

```
public class MyCacheFactory extends CacheFactory {

  @Override
  public <T> Cache<String, T> createCache(int maxNumberOfElementsInCache) {
    return new MyCacheImplementation<String, T>(maxNumberOfElementsInCache);
  }
}
```

工厂方法用于为不同的缓存组件（如流程定义或案例定义）提供缓存实现。完成后，可以使用流程引擎配置，并在其中指定一组资源。在创建流程引擎时，将扫描和部署所有这些资源。自定义缓存工厂部署示例，代码如下：

```
<bean id="processEngineConfiguration" class="org.camunda.bpm.engine.impl.
```

```
cfg.StandaloneInMemProcessEngineConfiguration">
   <!-- Your property definitions! -->
      ....

   <property name="cacheFactory">
      <bean class="org.camunda.bpm.engine.test.api.cfg.MyCacheFactory" />
   </property>
</bean>
```

7.16 流程中的事务

流程引擎是一段被动的 Java 代码，它在客户端的线程中工作。例如，如果有一个 Web 应用程序允许用户启动一个新的流程实例，并且用户单击了相应的按钮，那么应用程序服务器的 http-thread-pool 中的一些线程将调用 runtimeService.startProcessInstanceByKey(...)方法，从而进入流程引擎并启动一个新的流程实例。这被叫作"借用客户端线程"。

对任何这样的外部触发器（即启动一个流程、完成一个任务、发出一个执行信号），流程引擎运行时将在该流程中前进，直到到达每个活动执行路径上的等待状态。等待状态是稍后再执行的任务，这意味着流程引擎会将当前执行保存到数据库中，等待再次触发。例如，对于用户任务，任务完成时的外部触发器会导致运行时执行下一部分流程，直到再次到达等待状态或实例结束。与用户任务相反，定时器事件不是由外部触发的，而是由一个内部触发器触发并继续执行的。这就是为什么流程引擎还需要一个活动组件——作业执行器，它能够获取已注册的作业并异步处理它们。

7.16.1 等待状态

等待状态作为事务边界，会将流程状态存储到数据库中，线程将返回到客户端并提交事务。总是处于等待状态的 BPMN 元素包括接收任务、用户任务；消息事件、定时器事件、信号事件；基于事件的网关；一种特殊类型的服务任务：外部任务。另外，异步延续也可以向其他任务添加事务边界。

7.16.2 事务边界

从一种稳定状态到另一种稳定状态的转换始终是单个事务的一部分，这意味着它作为一个整体成功，或者在执行过程中发生任何异常时回滚。

【例 7-62】 事务边界示例。

事务边界示例如图 7-15 所示。

图 7-15 所示的是 BPMN 流程的一个片段。其中包含一个用户任务、一个服务任务和一个定时器事件。定时器事件标记了下一个等待状态。因此，完成用户任务并验证地址（Validate Address）是同一工作单元的一部分，它应该原子的成功或者失败。这意味着，如果服务任务抛出异常，当前事务会被回滚，这样执行可以重新跟踪回用户任务，而且用户任务仍然存在于数据库中。这也是流程引擎的默认行为。

在图 7-15 所示的 1 中，一个应用程序或客户端线程完成了任务。在同一线程中，流程引擎正在执行服务任务，并继续前进，直到它在定时器事件图 7-15 所示的 2 处到达等待状态。然后，它将控制权返回给调用者图 7-15 所示的 3 并可能提交事务（如果它是由流程引擎启动的）。

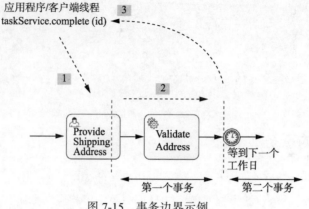

图 7-15　事务边界示例

7.16.3　异步延续

1. 异步延续的作用与意义

在某些情况下，不需要同步行为。有时需对流程中的事务边界进行自定义控制。最常见的动机是确定工作逻辑单元的作用域。

【例 7-63】　异步延续示例。

异步延续示例如图 7-16 所示。

假设当前正在完成 Generate Invoice 用户任务，然后会 Send Invoice to Customer。可以认为 Generate Invoice 并不是同一工作单元的一部分，如果 Generate Invoice 失败，用户并不希望回滚已经完成的用户任务。理想情况下，流程引擎将完成用户任务（如图 7-16 的 1 所示），提交事务并将控制权返回给调用应用程序（如图 7-16 的 2 所示）。在后台线程（如图 7-16 的 3 所示）中，它将 Generate Invoice。这正是异步延续（Asynchronous Continuations）所提供的确切行为：它们可用于在流程中确定事务边界的作用域。

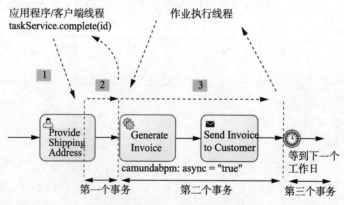

图 7-16　异步延续示例

2. 配置异步延续

在活动之前和之后可以配置异步延续。此外，流程实例本身也可以配置为异步启动。

可以使用 camunda:asyncBefore 扩展属性来启用活动之前的异步延续，示例代码如下：

```
<serviceTask id="service1" name="Generate Invoice" camunda:asyncBefore="true"
camunda:class="my.custom.Delegate" />
```

可以使用 camunda:asyncAfter 扩展属性来启用活动后的异步延续，示例代码如下：

```
<serviceTask id="service1" name="Generate Invoice" camunda:asyncAfter="true"
camunda:class="my.custom.Delegate" />
```

在流程级开始事件上可以使用 camunda:asyncBefore 扩展属性来启用流程实例的异步实例化。在实例化时，流程实例将被创建并在数据库中持久化，但是执行将被延迟。此外，执行监听器不会被同步调用。当实例化流程的节点上没有执行监听器类时，或在异构集群等各种情况下，非常有用。比如在异构集群中，当执行监听器类在实例化流程的节点上不可用时，可以起到很好的辅助作用。异步实例化流程实例的示例代码如下：

```
<startEvent id="theStart" name="Invoice Received" camunda:asyncBefore=
  "true" />
```

3. 多实例活动的异步延续

多实例活动可以像其他活动一样被配置为异步延续。声明多实例活动的异步延续会使多实例主体异步运行，也就是说，流程会在创建该活动的实例之前或所有实例结束之后异步的继续。

此外，还可以使用 multiInstanceLoopCharacteristics 元素上的 camunda:asyncBefore 和 camunda:asyncAfter 扩展属性将内部活动配置为异步延续。其示例代码如下：

```
<serviceTask id="service1" name="Generate Invoice"
  camunda:class="my.custom.Delegate">
  <multiInstanceLoopCharacteristics isSequential="false"
camunda:asyncBefore="true">
  <loopCardinality>5</loopCardinality>
  </multiInstanceLoopCharacteristics>
</serviceTask>
```

声明内部活动的异步延续使多实例活动的每个实例都是异步的。在上面的示例中，将创建并行多实例活动的所有实例，但是它们的执行将被延迟。这对于更好地控制多实例活动的事务边界，或者在并行多实例活动的情况下启用真正的并行性非常有用。

4. 理解异步延续

为了理解异步延续是如何工作的，首先需要理解一个活动是如何执行的。活动的执行边界如图 7-17 所示。

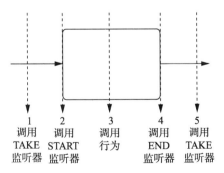

图 7-17 活动执行的边界

1—在进入活动的序列流上调用 TAKE 监听器；2—在活动本身上调用 START 监听器；3—执行活动的行为；实际的行为取决于活动的类型：对于服务任务，行为由调用委托代码组成。对于用户任务，行为由在任务列表中创建的任务实例等组成；4—在活动上调用 END 监听器；5—调用传出序列流的 TAKE 监听器

图 7-17 所示的是一个序列流进入和离开一个常规活动是如何执行的。

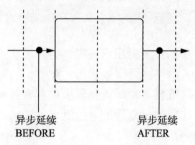

图 7-18 异步延续与活动边界的关系

异步延续允许在序列流的执行和活动的执行之间放置断点。异步延续与活动边界的关系如图 7-18 所示。

图 7-18 所示的是不同类型的异步延续可以中断执行流的地方。

在一个活动之前（BEFORE）的异步延续会中断传入序列流的 TAKE 监听器调用和活动的 START 监听器之间的执行流。

在一个活动之后（AFTER）的异步延续会中断活动的 END 监听器调用和传出序列流的 TAKE 监听器之间的执行流。

异步延续与事务边界直接相关：在活动之前或之后配置异步延续，可以在活动之前或之后创建事务边界。异步延续与事务边界的关系如图 7-19 所示。

另外，异步延续总是由作业执行器执行。

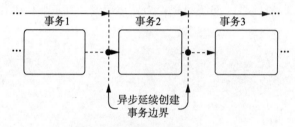

图 7-19 异步延续与事务边界的关系

7.16.4 异常回滚

需要强调的是，在发生未被处理的异常时，当前事务将被回滚，流程实例处于最后的等待状态（保存点）。

【例 7-64】 事务回滚示例。

事务回滚示例如图 7-20 所示。

如果在调用 startProcessInstanceByKey 时发生异常，那么流程实例不会保存到数据库中。

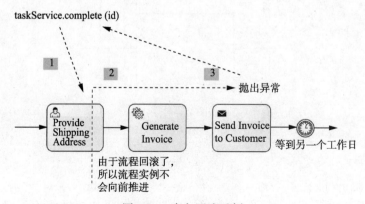

图 7-20 事务回滚示例

7.16.5　事务集成

流程引擎可以使用"独立的"事务管理器来单独管理事务，也可以与平台事务管理器集成。

1. 独立的事务管理

如果流程引擎被配置为执行独立的事务管理，它就会为执行的每个命令开启一个新的事务。要将流程引擎配置为使用独立的事务管理，可以使用 org.camunda.bpm.engine.impl.cfg.StandaloneProcessEngineConfiguration，代码如下：

```
ProcessEngineConfiguration.createStandaloneProcessEngineConfiguration()
  ...
  .buildProcessEngine();
```

用于独立事务管理的用例是流程引擎不必与其他事务资源（如辅助数据源或消息传递系统）集成的情况。

注意，在 Tomcat 发行版中，流程引擎被配置为使用独立的事务管理器。

2. 事务管理器集成

可以将流程引擎配置为与事务管埋器（或事务管理系统）集成。流程引擎提供与 Spring 和 JTA 事务管理开箱即用的集成。

与事务管理器集成的用例是流程引擎需要与其他框架集成的如下两种情况：

（1）面向事务的编程模型，如 Java EE 或 Spring。

（2）其他事务性资源，如辅助数据源、消息传递系统或其他事务性中间件，如 Web 服务栈。

7.16.6　乐观锁定

Camunda 引擎可以用于多线程应用程序中。在这种情况下，当多个线程并发地与流程引擎交互时，可能会发生这些线程试图对同一数据进行修改的情况。例如：两个线程试图同时（并发的）完成同一个用户任务。这种情况是一种冲突，因为任务只能完成一次。

Camunda 引擎使用一种众所周知的技术——"乐观锁定"（或乐观并发控制）来检测和解决这种情况。关于乐观锁定的详细内容请参阅相关文档。

7.17　作业执行器

作业是一个任务的显式表示，用来触发流程的执行。当流程执行过程中到达一个必须在内部触发的等待状态时，就会创建一个作业。当接近一个定时器事件或一个标记为异步执行的任务时，就会出现这种情况。作业处理可分为作业创建、作业获取和作业执行三个阶段。

虽然作业是在流程执行期间创建的，但作业获取和作业执行是作业执行人员的职责。作业执行过程如图 7-21 所示。

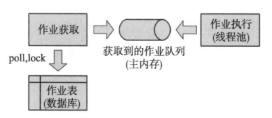

图 7-21　作业执行过程

7.17.1 作业执行器激活

在默认情况下使用嵌入式流程引擎时，流程引擎的启动不会激活作业执行器。如果希望在启动流程引擎时激活作业执行器，就需要在流程引擎配置中显式指定。其示例代码如下：

```
<property name="jobExecutorActivate" value="true" />
```

当使用共享流程引擎时，默认值是相反的。如果没有在流程引擎配置上指定jobExecutorActivate 属性，作业执行器将会自动启动。为了关闭它，必须显式地将jobExecutorActivate 属性设置为 false，代码如下：

```
<property name="jobExecutorActivate" value="false" />
```

7.17.2 单元测试中的作业执行器

对于单元测试场景，使用这个后台组件非常麻烦。因此，Camunda 提供了作业查询（ManagementService.createJobQuery）和执行（ManagementService.executeJob）的 Java API，它可以在单元测试中控制作业执行。

7.17.3 作业创建

流程引擎可以为多种目的创建作业。有以下 3 种作业类型。

（1）异步延续以设置流程中的事务边界。

（2）用于 BPMN 定时器事件的定时器作业。

（3）异步处理的 BPMN 事件。

在创建期间，作业可以获得获取和执行的优先级。

1. 作业优先顺序

在实际工作中，每天处理的作业数量很少均匀分布。相反，会出现高负载高峰，例如在夜间运行批处理操作时。在这种情况下，作业执行器可能会临时过载：数据库中包含的作业比作业执行器一次能处理的作业多得多。作业优先顺序（Job Prioritization）通过定义重要性顺序，并且按序执行来处理这种情况。

一般来说，有以下两种用例可以通过作业优先顺序解决。

（1）在设计时预测优先级。在许多情况下，可以在设计流程模型时预测高负载场景。在这些场景中，根据特定的业务目标确定作业执行的优先级通常很重要。例如：一家零售店有普通顾客和 VIP 顾客。在高负荷的情况下，优先处理 VIP 客户的订单，因为他们的满意度对公司的业务目标更为重要。又如：一家具店有以人为本的向客户提供咨询服务的流程，同时也有非时间关键的送货流程。优先级可用于确保咨询过程中的快速响应时间，提高客户的满意度。

（2）优先级作为对运行时条件的响应。一些作业执行器高负载的场景是由运行时无法预见的条件导致的，这些条件在流程设计期间无法处理。暂时覆盖优先级可以用来优雅地处理这类情况。例如：一个服务任务访问一个 Web 服务来处理付款。支付服务遇到过载，响应非常慢。为了避免因等待服务响应而占用作业执行器的所有资源，可以暂时降低各个作业的优先级。这样，不相关的流程实例和作业就不会被拖慢。服务恢复后，可以再次清除覆盖的优先级。

2. 作业优先级

优先级是 Java 长整型范围内的自然数。数字越大表示优先级越高。一旦分配了优先级，该优先级就是静态的。这意味着流程引擎在将来的任何时候都不会再为该作业分配优先级。

作业优先级会影响流程执行过程中的作业创建和作业获取两个阶段。在作业创建期间，作业被分配了一个优先级。在作业获取过程中，流程引擎可以评估给定的作业优先级，对其执行进行相应的排序。这意味着，作业获取是严格按照优先级的顺序进行的。

关于作业饥饿的说明：在调度方案中，作业饥饿是一个典型的问题。当高优先级的作业不断被创建时，可能会发生低优先级作业永远不会被获取到的情况。当使用优先级时，流程引擎没有应对这种情况的对策。这有两个原因：性能和资源利用率。从性能上来说，严格按照优先级获取作业使作业执行器能够使用索引对作业进行排序。像老化这样动态提升作业饥饿的优先级的解决方案，并不能简单地用一个索引来补充。此外，在作业执行器永远赶不上执行作业表中的作业的环境中，以至低优先级的作业没法在合理的时间内执行，则可能普遍存在资源过载的问题。在这种情况下，解决方案可能是添加额外的作业执行器资源，比如向集群添加新的节点。

3. 为流程引擎配置作业优先级

有以下两个配置属性可以在流程引擎上设置作业优先级。

（1）producePrioritizedJobs：控制流程引擎是否为作业分配优先级。默认值为 true。如果不需要优先级，就可以将其设置为 false。在这种情况下，所有作业的优先级都为 0。

（2）jobExecutorAcquireByPriority：控制是否根据优先级获取作业。默认值为 false。这意味着需要显式地启用它。注意，在启用此功能时，还应该创建其他数据库的索引。

4. 指定作业优先级

作业优先级可以在 BPMN 模型中指定，也可以在运行时通过 API 覆盖。关于作业优先级的详细内容请参阅官网。

7.17.4　作业获取

作业获取是从数据库中检索要执行的作业的过程。因此，作业必须与决定作业是否可以执行的属性一起被持久化到数据库中。例如，为一个定时器事件创建的作业在定义的时间到达之前可能不会被执行。

1. 持久性

作业被持久化到数据库中，保存在 ACT_RU_JOB 表中。这个数据库表包含有以下列（还有其他列）：

```
ID_ | REV_ | LOCK_EXP_TIME_ | LOCK_OWNER_ | RETRIES_ | DUEDATE_
```

作业获取会轮询这个数据库表并锁定作业。

2. 可获取的作业

如果一个作业符合下列所有条件，那么它就是可以被获取到的，也就是可执行的候选者：

（1）它已过期，这意味着 DUEDATE_ 列中的值为过去值。

（2）它没有被锁定，这意味着 LOCK_EXP_TIME_ 列中的值为过去值。

（3）它的重试没有被耗尽，这意味着 RETRIES_ 列中的值大于零。

此外，流程引擎有作业挂起的概念。例如，当作业所属的流程实例被挂起时，该作业也会被挂起。一项作业只有在没有挂起的情况下才可以被获取到。

3. 获取作业的两个阶段

作业获取有两个阶段。在第一阶段，作业执行器查询一定（可配的）数量的可获取作业。如果至少找到一个作业，就进入第二阶段：锁定这些作业。锁定是必要的，它用来确保作业只执行一次。在集群场景中，通常会操作多个作业执行器实例（每个节点一个），它们都会轮询同一个 ACT_RU_JOB 表。锁定一个作业可以确保它只被一个作业执行器实例获取到。锁定作业意味着更新它在 LOCK_EXP_TIME_ 和 LOCK_OWNER_ 列中的值。LOCK_EXP_TIME_ 列使用一个时间戳进行更新，该时间戳表示的是未来的时间。这背后的直观想法是：锁定作业，直到到达该时间。LOCK_OWNER_ 列使用一个唯一的值更新，该值标识当前作业执行器实例。在集群场景中，这可以是一个唯一标识当前集群节点的节点名。

多个作业执行器实例试图同时锁定同一作业的情况，可以通过使用乐观锁定来解决。

锁定作业之后，作业执行器实例实际上为执行作业保留了一个时间段：一旦写入到 LOCK_EXP_TIME_ 列的时间到期，作业获取器就会再次看到它。为了执行获取到的作业，它们被传递到获取的作业队列中。

4. 作业获取的顺序

默认情况下，作业执行器不会为可获取作业强加顺序。这意味着作业获取顺序取决于数据库及其配置。这就是为什么作业获取被认为是不确定的。这样做的目的是保证作业获取查询简单高效。

这种获取作业方法不是在所有情况下都能满足需求。

作业优先级：在创建有优先级的作业时，作业执行器必须根据给定的优先级获取作业。

作业饥荒：在高负载场景中，当创建新作业的速度超过作业执行器所能处理的速度时，理论上可能出现作业饥荒。

定时器的优先处理：在高负载场景中，定时器的执行可以延迟到比实际到期时间晚得多的时间点。虽然到期时间并不是保证作业被执行的实时边界，但是在某些情况下，最好是在定时器作业可用时就立即获取它们来执行。

为了解决前面提到的问题，作业获取查询可以由流程引擎配置属性来控制。目前，支持以下 3 个选项。

（1）jobExecutorAcquireByPriority。如果设置为 True，那么作业执行器将优先获得优先级最高的作业。

（2）jobExecutorPreferTimerJobs。如果设置为 True，那么定时器作业将优先被作业执行器获取到。这并没有指定获取作业类型中的顺序。

（3）jobExecutorAcquireByDueDate。如果设置为 True，那么作业执行器将通过到期时间获取作业。异步延续使用其创建时间作为到期时间，因此它可以立即执行。

使用这些选项的组合将导致多级排序。选项的优先级层次结构与上面的顺序一致。若所有三个选项都是激活的，则优先级是主要的，作业类型是次要的，到期时间是第三级。这还表明，激活所有选项并不是处理优先级、作业饥荒和定时器问题的最佳解决方案。例如，在这种情况下，定时器作业只在一个优先级内是优先的。较低优先级的定时器将在所有较高优先级的作业被获取之后才会被获取到。建议根据具体的用例来决定激活哪些选项。

例如，对于优先执行的作业，只需将 jobExecutorAcquireByPriority 设置为 True。为了尽快执行定时器作业，应该激活 jobExecutorPreferTimerJobs 和 jobExecutorAcquireByDueDate 两个选项。作业执行器将优先获取定时器作业，然后获取异步延续作业，并将这些作业在类型内按到期时间升序排列。

默认情况下，所有这些选项都被设置为 False，并且只有在需要时才应该被激活。这些选项会改变所用的作业获取查询，并可能影响其性能。这就是为什么还建议在 ACT_RU_JOB 表的相应列上添加一个索引。

7.17.5　作业执行

1. 线程池

获取的作业队列是一个在内存中固定容量的队列。获取到的作业由线程池执行。线程池将消费作业队列中的作业。当作业执行器开始执行一个作业时，它会首先从队列中删除该作业。

在嵌入式流程引擎的场景中，这个线程池的默认实现是 java.util.concurrent.ThreadPool-Executor。然而这在 JavaEE 环境中是不允许的。因此，需要连接到应用服务器的线程管理功能。

2. 失败的作业

当作业执行失败时，例如，如果服务任务调用抛出一个异常时，作业将被重试若干次（默认为 2 次，这样作业总共被试三次）。它并不是立即重试并加回获取队列，而是减少 RETRIES_ 列的值并且作业执行器会解锁该作业。因此，流程引擎会记录执行失败的作业。解锁还包括通过将时间 LOCK_EXP_TIME_ 和锁的所有者 LOCK_OWNER_ 这两个条目都设置为 null 来清除掉。随后，失败的作业一旦被获取并执行，它将自动重试。一旦重试次数耗尽（RETRIES_ 列的值等于 0），作业就不会再执行，引擎将在此作业处停止，并发出无法继续的信号。

注意，虽然所有失败的作业都会被重试，但有一种情况下作业的重试次数不会减少。那就是因为乐观锁定异常而导致失败的情况。乐观锁定是流程引擎解决资源更新冲突的机制，如当并行执行流程实例的两个作业时。从操作人员的角度来看，乐观锁定异常并不是异常情况，并且最终会得到解决，因此它不会导致重试次数的减少。

如果为作业启用了事件创建，那么一旦作业重试耗尽，就会创建一个事件（参见本章的 7.21 节内容）。与作业有关的事件和历史事件可通过 Java API 请求查询到，示例代码如下：

```
List<Incident> incidents = engineRule.getRuntimeService()
        .createIncidentQuery().configuration(jobId).list();

List<HistoricIncident> historicIncidents = engineRule.getHistoryService()
        .createHistoricIncidentQuery().configuration(jobId).list();
```

关于作业重试的详细内容请参阅官网。

7.17.6　并发作业执行

作业执行器会确保来自单个流程实例的作业不会并发执行。这是为什么呢？

【例 7-65】 并发执行示例。

如图 7-22 所示的是并行网关作业示例的流程定义。它有一个并行网关、3 个服务任务，且都执行异步延续。因此，在数据库中添加了三个作业。一旦这样的作业出现在数据库中，作业执行器就可以处理它。它获取作业并将它们委托给实际处理作业的作业线程池。这意味着，使用异步延续可以将作业分配到这个线程池（在集群场景中，甚至可以跨集群中的多个线程池）中。

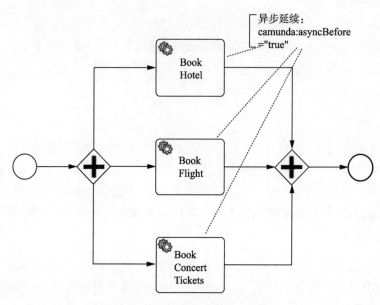

图 7-22　并行网关作业示例

这通常是一件好事。然而它也有一个固有的一致性问题，即考虑服务任务之后的并行连接。当服务任务执行完成后，到达了并行连接，需要决定是等待其他执行，还是继续执行。这意味着，对于到达并行连接的每个分支，都需要决定是否可以继续执行，或者是否需要等待来自其他分支的一个或多个其他执行。

这需要执行分支之间的同步。流程引擎使用乐观锁定解决了这个问题。每当基于可能不是当前的数据（因为另一个事务可能在提交之前修改了它）作出决策时，流程引擎会确保在两个事务中增加对数据库同一行的修订。这样，哪个事务先提交，哪个事务就赢了，其他事务都将失败，并抛出乐观锁定异常。这解决了上面讨论的流程案例的问题：如果多个执行同时到达并行连接，它们都会认为自己必须等待，增加父执行（流程实例）的修订，然后尝试提交。无论哪个执行先提交，其他执行都将失败，并抛出乐观锁定异常。由于执行是由作业触发的，因此作业执行器将在等待一定时间后重试执行相同的作业，希望这次能够通过同步网关。

尽管从持久性和一致性的角度来看，这是一个完美的解决方案，但是从更高的级别上看，这可能并不总是可取的行为，特别是在执行具有非事务性副作用的情况下，这些副作用不会被失败的事务回滚。例如，如果 Book Concert Tickets 服务与流程引擎不共享同一个事务，那么，若重试该作业，则结果可能会预订多张票。这就是默认情况下同一流程实例的作业会被独占的原因。

1. 独占作业

独占作业不能与来自同一流程实例的另一个独占作业同时执行。考虑前面提到的流程：

如果将与服务任务对应的作业视为独占的，那么作业执行器将尝试避免并行执行它们。相反，它将确保每当它从某个流程实例获取到一个独占作业时，它也从相同的流程实例获取所有其他独占作业，并将它们委托给同一个工作线程。这保证了这些作业的顺序执行，并且在大多数情况下避免了乐观锁定异常。然而，这种行为是启发式的，这意味着作业执行器只能确保在查找期间可用的作业的顺序执行。如果在此之后创建了一个潜在冲突的作业，而当前作业正在运行或已经计划执行，那么该作业可能会被另一个作业执行线程并行处理。

独占作业是默认行为。因此，默认情况下，所有异步延续和定时器事件都是独占的。此外，如果希望作业是非独占的，可以使用 camunda:exclusive="false" 配置它。

【例 7-66】 配置非独占作业。

可以将服务任务配置为异步、非独占的，示例代码如下：

```
<serviceTask id="service" camunda:expression="${myService.performBooking
(hotel, dates)}" camunda:asyncBefore="true" camunda:exclusive="false" />
```

有人会问这是不是一个好的解决方案呢？他们担心这会阻止并行操作，因此会造成性能问题。同样，必须考虑两件事。

如果你是一个专家，并且知道自己在做什么（并且理解了这一部分），就可以关闭它。除此之外，对于大多数用户来说，如果异步延续和定时器之类的东西能够正常工作的话，那将更直观了。

注意，处理并行网关上的 OptimisticLockingExceptions 异常的一种策略是配置网关以使用异步延续。这样，作业执行器就可以用来重试网关，直到异常解决为止。

这实际上不是性能问题。性能是一个高负载下的问题。高负载意味着作业执行器的所有工作线程一直处于繁忙状态。使用独占作业，引擎将以不同的方式分配负载。独占作业意味着来自单个流程实例的作业由同一个线程顺序执行。但是请考虑：你有多个流程实例。来自其他流程实例的作业被委托给其他线程，并同时执行。这意味着，对于独占作业，引擎不会并发执行来自同一流程实例的作业，但仍然会并发执行多个实例。从总体吞吐量的角度来看，这在大多数场景中都是可取的，因为它通常会导致单个实例更快地完成。

7.17.7　作业执行器和多流程引擎

在单一的、嵌入式流程引擎的作业执行器设置如图 7-23 所示。

图 7-23　嵌入式流程引擎的作业执行器设置

有一个作业表，流程引擎向其添加作业并从中获取作业。因此，创建第二个嵌入式流程引擎将创建另一个获取线程和执行线程池。

然而在更大规模的部署中，这很快会导致难以管理的情况。当在 Tomcat 或应用服务器上运行 Camunda BPM 时，该平台允许声明由多个流程应用程序共享的多个流程引擎。在作业执行方面，一个作业获取可以服务于多个作业表（从而服务于流程引擎），并且可以使用一个线程池来执行。共享流程引擎的作业执行器配置如图 7-24 所示。

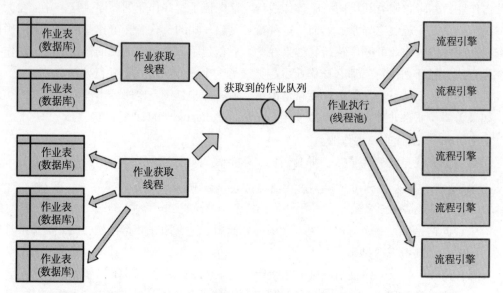

图 7-24　共享流程引擎的作业执行器配置

此配置支持集中监视作业的获取和执行。

不同的作业获取也可以进行不同的配置，以满足 SLA 之类的业务需求。例如，当不再存在可执行作业时，可以为每次获取配置不同的超时时间。

可以在流程引擎的声明中指定流程引擎被分配给哪个作业获取，因此可以在流程应用程序的 processes.xml 部署描述符或 Camunda BPM 平台描述符中指定。

【例 7-67】 指定作业获取引擎。

下面的一个示例配置声明了一个新流程引擎并将其分配给名为 default 的作业获取器，该作业获取器是在平台引导时创建的，代码如下：

```
<process-engine name="newEngine">
 <job-acquisition>default</job-acquisition>
 ...
</process-engine>
```

作业获取器必须在 BPM 平台的部署描述符中声明。

7.17.8　集群设置

在集群中运行 Camunda 平台时，同构配置和异构配置是有区别的。集群被定义为一组网络节点，这些节点都在同一个数据库上运行 Camunda BPM 平台（每个节点上至少有一个流程引擎）。在同构的情况下，相同的流程应用程序以及像 JavaDelegates 这样的自定义类被部署到所有节点上。同构集群设置示例如图 7-25 所示。而在异构的情况下，一些流程应用程序只部署到一部分节点中。异构集群设置示例如图 7-26 所示。

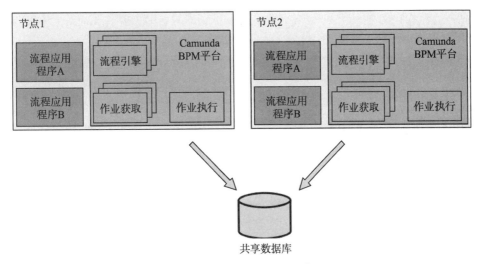

图 7-25　同构集群设置示例

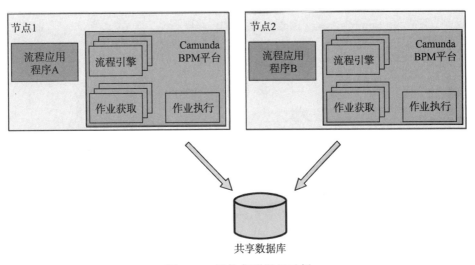

图 7-26　异构集群设置示例

7.18　多租户

多租户（Multi-Tenancy）指的是一个 Camunda 部署应该服务于多个租户。对每个租户都应该保证一定的隔离。例如，一个租户的流程实例不应该与另一个租户的流程实例发生冲突。

多租户可以通过两种不同的方式实现：一种方法是为每个租户使用一个流程引擎；另一种方法是只使用一个流程引擎，但是将数据与租户标识符相关联。这两种方法在数据隔离级别、维护工作量和可伸缩性方面各不相同。这两种方法也可以组合使用。

关于多租户的具体配置和使用方式，请参阅官网。

7.19　ID 生成器

流程引擎管理的所有持久实体如流程实例、任务等都有唯一的 ID。这些 ID 用来唯一地标识单个任务、流程实例等。当这些实体被持久化到数据库时，ID 被用作相应数据库表的主键。

流程引擎提供了两个开箱即用的 ID 生成器实现。

7.19.1 数据库 ID 生成器

数据库 ID 生成器是基于 ACT_RU_PROPERTY 表的序列生成器实现的。

数据库 ID 生成器非常适合调试和测试，因为它生成了可读的 ID。

注意，数据库 ID 生成器不应该在生产环境中使用，因为它不能处理高级别的并发。

7.19.2 UUID 生成器

StrongUuidGenerator 在内部使用 Java UUID 生成器（JUG）库。

在生产环境中，建议使用 StrongUuidGenerator。

在 Camunda BPM 完整发行版中，预配置的是 StrongUuidGenerator，是流程引擎默认使用的 ID 生成器。

如果使用嵌入式流程引擎并使用 Spring 进行配置，就需要在 Spring 配置中添加额外的代码，以启用 StrongUuidGenerator，代码如下：

```
<bean id="processEngineConfiguration" class="org.camunda.bpm.engine.impl.
  cfg.StandaloneInMemProcessEngineConfiguration">

  [...]

  <property name="idGenerator">
    <bean class="org.camunda.bpm.engine.impl.persistence.
StrongUuidGenerator" />
  </property>

</bean>
```

此外，还需要添加如下的 Maven 依赖，代码如下：

```
<dependency>
  <groupId>com.fasterxml.uuid</groupId>
  <artifactId>java-uuid-generator</artifactId>
  <scope>provided</scope>
  <version>3.1.2</version>
</dependency>
```

7.20 指标

流程引擎会向数据库报告运行时指标，这些指标可用于得出关于 BPM 平台的使用、负载和性能的结论。在数据库表 ACT_RU_METER_LOG 中，指标值是 Java 长整型范围内的自然数，它计算的是特定事件的发生次数。单个指标项由标识符、指标（在特定时间段内的）值和指标报告者的名称组成。流程引擎有一组默认报告的内置指标。

7.20.1 内置指标

Camunda 默认支持很多内置指标。内置指标如表 7-3 所示。

所有内置指标的标识符都可以作为 org.camunda.bpm.engine.management.Metrics 类的常量使用。

表 7-3　内置指标

类别	标识符	描　述
BPMN 执行	activity-instance-start	启动的活动实例的数量，也称为流节点实例（FNI）
	activity-instance-end	结束的活动实例的数量
DMN 执行	executed-decision-elements	在评估 DMN 决策表期间执行的决策元素的数量。对一个表，计算方法是子句数乘以规则数
作业执行器	job-successful	成功执行的作业数
	job-failed	未能执行并提交重试的作业的数量。执行作业的每次失败尝试都会被计算在内
	job-acquisition-attempt	尝试的作业获取的次数
	job-acquired-success	已获取并成功锁定以执行的作业的数量
	job-acquired-failure	由于另一个作业执行器锁定或者并行执行而导致的无法锁定执行的作业数
	job-execution-rejected	虽然成功获取到，但由于执行资源饱和而被拒绝执行的作业的数量。这是执行线程池的作业队列已满的标志
	job-locked-exclusive	立即锁定并执行的独占作业的数量

7.20.2　指标查询

指标查询即可以通过 ManagementService 提供的 MetricsQuery 查询指标。

【例 7-68】　查询指标。

可以检索整个报告历史中所有已执行的活动实例的数量，示例代码如下：

```
long numCompletedActivityInstances = managementService
 .createMetricsQuery()
 .name(Metrics.ACTIVTY_INSTANCE_START)
 .sum();
```

指标查询通过 #startDate(Date date) 和 #endDate(Date date) 过滤器来将收集到的指标限制在特定的时间范围内。此外，通过使用 #reporter(String reporterId) 过滤器，可以将结果限制在特定报告器收集到的指标范围内。当针对同一数据库配置多个引擎时，例如在集群设置中，此选项非常有用。

7.21　事件

事件（Incidents）是在流程引擎中发生的重要事情。此类事件通常表明与流程执行相关的某种类型的问题。一个例子是重试耗尽(retries = 0)后的作业失败，它表明执行被卡住，需要手动管理操作来修复流程实例。如果出现此类事件，那么流程引擎将触发一个内部事件，该事件可由可配置的事件处理程序处理。

在默认配置中，流程引擎将事件写入流程引擎数据库。然后，可以使用 RuntimeService 提供的 IncidentQuery 来查询数据库中的不同类型的事件。

【例 7-69】　查询事件。

查询事件的示例，代码如下：

```
runtimeService.createIncidentQuery()
  .processDefinitionId("someDefinition")
  .list();
```

事件存储在数据库的 ACT_RU_INCIDENT 表中。

如果想自定义事件处理行为，可以在流程引擎配置中替换默认的事件处理程序，并提供自定义实现。

7.21.1 事件类型

事件有不同的类型。目前流程引擎支持以下事件。

（1）failedJob。当作业（定时器或异步延续）的自动重试耗尽时触发。该事件表明相应的执行被卡住，并且不会自动继续。必须采取管理行动。当手动执行作业或将相应作业的重试设置为大于 0 时，该事件将得到解决。

（2）failedExternalTask。当外部任务的执行者报告失败并将给定的重试设置为小于或等于 0 时，将引发 failedExternalTask 事件。该事件表明对应的外部任务被卡住，无法被执行者取回，需要执行管理操作来重置重试次数。

可以使用 Java API 创建任何类型的自定义事件。

7.21.2 创建和解决自定义事件

任何类型的事件都可以通过调用 RuntimeService#createIncident 来创建，示例代码如下：

```
runtimeService.createIncident("someType", "someExecution",
"someConfiguration", "someMessage");
```

或者直接调用 DelegateExecution#createIncident 来创建，示例代码如下：

```
delegateExecution.createIncident("someType", "someConfiguration",
  "someMessage");
```

自定义事件必须始终与现有执行相关。

任何类型的事件，除了 failedJob 和 failedExternalTask，都可以通过调用 RuntimeService#-resolveIncident 来解决。

7.21.3 (去)激活事件

流程引擎允许根据事件类型来配置是否应该触发某些事件。在 org.camunda.bpm.engine.ProcessEngineConfiguration 类中存在 createIncidentOnFailedJobEnabled 属性，它表示是否应该创建 failedJob 事件。

7.21.4 实现自定义事件处理程序

事件处理程序负责处理特定类型的事件。它需要实现以下接口：

```
public interface IncidentHandler {
  String getIncidentHandlerType();
  Incident handleIncident(IncidentContext context, String message);
  void resolveIncident(IncidentContext context);
  void deleteIncident(IncidentContext context);
}
```

创建新事件时调用 handleIncident 方法。当事件被解决时，调用 resolveIncident 方法。如果想提供自定义事件处理程序实现，可以使用以下方法替换一个或多个事件处理程序，代码如下：

```
org.camunda.bpm.engine.impl.cfg.ProcessEngineConfigurationImpl.setCustomIn
cidentHandlers(List<IncidentHandler>)
```

例如，每当发生 failedJob 类型的事件时，自定义事件处理程序就向管理员发送电子邮件，从而扩展了默认行为。但是，只要添加了自定义的事件处理程序，就会用自定义事件处理程序的行为覆盖默认行为。因此，不再执行默认的事件处理程序。如果还想执行默认行为，那么自定义事件处理程序还需要调用默认事件处理程序，这会使用到内部 API。

注意，这个 API 不是公共 API 的一部分，可能会在以后的版本中被修改。

7.22　流程引擎插件

可以通过流程引擎插件来扩展流程引擎配置。插件必须实现 ProcessEnginePlugin 接口。

7.22.1　配置流程引擎插件

可以通过以下方式配置流程引擎插件。

（1）在 BPM 平台部署描述符（bpm-platform.xml/processes.xml）中配置。

（2）在 JBoss 应用服务器 7/Wildfly 配置文件（standalone.xml/domain.xml）中配置。

（3）使用 Spring Beans XML 配置。

（4）编程。

【例 7-70】 配置流程引擎插件。

下面是一个在 bpm-platform.xml 文件中配置流程引擎插件的例子，代码如下：

```xml
<?xml version="1.0" encoding="UTF-8"?>
<bpm-platform xmlns="http://www.camunda.org/schema/1.0/BpmPlatform"
  xmlns:xsi="http://www.w3.org/2001/XMLSchema-instance"
  xsi:schemaLocation="http://www.camunda.org/schema/1.0/BpmPlatform
http://www.camunda.org/schema/1.0/BpmPlatform ">

 <job-executor>
  <job-acquisition name="default" />
 </job-executor>

 <process-engine name="default">
  <job-acquisition>default</job-acquisition>

 <configuration>org.camunda.bpm.engine.impl.cfg.
JtaProcessEngineConfiguration</configuration>
  <datasource>jdbc/ProcessEngine</datasource>

  <plugins>
    <plugin>
     <class>org.camunda.bpm.engine.MyCustomProcessEnginePlugin</class>
     <properties>
       <property name="boost">10</property>
       <property name="maxPerformance">true</property>
       <property name="actors">akka</property>
     </properties>
    </plugin>
```

```
        </plugins>
    </process-engine>

</bpm-platform>
```

流程引擎插件类必须对加载流程引擎类的类加载器可见。

7.22.2　内置流程引擎插件列表

以下是内置的流程引擎插件列表：

（1）LDAP 身份服务插件；

（2）管理员授权插件；

（3）流程应用程序事件监听器插件。

7.23　身份服务

身份服务是各种用户/组存储库上的 API 抽象。其基本实体包括：用户，由唯一 ID 标识的用户；组，由唯一 ID 标识的组；成员关系，用户和组之间的关系；租户，由唯一 ID 标识的租户；租户成员关系，租户和用户/组之间的关系。

【例 7-71】查询身份信息。

查询身份信息的示例，代码如下：

```
User demoUser = processEngine.getIdentityService()
 .createUserQuery()
 .userId("demo")
 .singleResult();
```

Camunda BPM 区别了只读和可写的用户存储库。只读用户存储库提供对底层用户/组数据库的只读访问。可写用户存储库允许对用户数据库进行写访问，包括创建、更新和删除用户和组。

7.23.1　为用户、组和租户定制白名单

可以根据白名单模式匹配用户、组和租户 ID，以确定所提供的 ID 是否可以接受。默认的（全局）正则表达式模式是"[a-zA-Z0-9]+|camunda-admin"，即任意字母数字的组合或camunda-admin。

如果想使用额外的字符（如特殊字符），需要在引擎的配置文件中使用适当的模式来设置 ProcessEngineConfiguartion 的 generalResourceWhitelistPattern 属性。可以使用标准的 Java 正则表达式语法。例如，要接受任何字符，可以使用以下属性值：

```
<property name="generalResourceWhitelistPattern" value=".+"/>
```

使用相应的配置属性可以为用户、组和租户 ID 定义不同的模式：

```
<property name="userResourceWhitelistPattern" value="[a-zA-Z0-9-]+" />
<property name="groupResourceWhitelistPattern" value="[a-zA-Z]+" />
<property name="tenantResourceWhitelistPattern" value=".+" />
```

注意，如果没有定义特定的模式（例如租户白名单模式），那么将使用通用模式，即要么使用默认模式("[a-zA-Z0-9]+|camunda-admin"），要么使用配置文件中定义的模式。

7.23.2　数据库身份服务

数据库身份服务使用流程引擎数据库管理用户和组。

数据库身份服务同时实现了 ReadOnlyIdentityProvider 和 WritableIdentityProvider，在用户、组和成员关系中提供了完整的 CRUD 功能。

7.23.3　LDAP 身份服务

LDAP 身份服务提供对基于 LDAP 的用户/组存储库的只读访问。身份服务提供者作为流程引擎插件实现时，可以添加到流程引擎配置中。在这种情况下，它将替换默认的数据库身份服务。

要使用 LDAP 身份服务，必须将 camunda-identity-ldap.jar 库添加到流程引擎的类加载器中，代码如下：

```
<dependency>
  <groupId>org.camunda.bpm.identity</groupId>
  <artifactId>camunda-identity-ldap</artifactId>
</dependency>
```

【例 7-72】通过 Spring 配置 LDAP。

下面是使用 Spring xml 文件来配置 LDAP 身份提供插件的示例，代码如下：

```
<beans xmlns="http://www.springframework.org/schema/beans"
    xmlns:xsi="http://www.w3.org/2001/XMLSchema-instance"
    xsi:schemaLocation="http://www.springframework.org/schema/beans
http://www.springframework.org/schema/beans/spring-beans.xsd">
  <bean id="processEngineConfiguration" class="org.camunda.bpm.engine.impl.
cfg.StandaloneInMemProcessEngineConfiguration">
    ...
    <property name="processEnginePlugins">
      <list>
        <ref bean="ldapIdentityProviderPlugin" />
      </list>
    </property>
  </bean>
  <bean id="ldapIdentityProviderPlugin"
class="org.camunda.bpm.identity.impl.ldap.plugin.LdapIdentityProviderPlugin">
    <property name="serverUrl" value="ldap://localhost:3433/" />
    <property name="managerDn"
value="uid=daniel,ou=office-berlin,o=camunda,c=org" />
    <property name="managerPassword" value="daniel" />
    <property name="baseDn" value="o=camunda,c=org" />
    <property name="userSearchBase" value="" />
    <property name="userSearchFilter" value="(objectclass=person)" />
    <property name="userIdAttribute" value="uid" />
    <property name="userFirstnameAttribute" value="cn" />
    <property name="userLastnameAttribute" value="sn" />
    <property name="userEmailAttribute" value="mail" />
    <property name="userPasswordAttribute" value="userpassword" />
    <property name="groupSearchBase" value="" />
    <property name="groupSearchFilter" value="(objectclass=groupOfNames)" />
    <property name="groupIdAttribute" value="ou" />
    <property name="groupNameAttribute" value="cn" />
    <property name="groupMemberAttribute" value="member" />
    <property name="authorizationCheckEnabled" value="false" />
```

```
    </bean>
</beans>
```

【例 7-73】 通过 process.esxml 配置 LDAP。

下面是一个在 bpm-platform.xml/processes.xml 中配置 LDAP 身份提供插件的例子,代码如下:

```
<process-engine name="default">
  <job-acquisition>default</job-acquisition>

<configuration>org.camunda.bpm.engine.impl.cfg.
StandaloneProcessEngineConfiguration</configuration>
  <datasource>java:jdbc/ProcessEngine</datasource>
  <properties>...</properties>
  <plugins>
    <plugin>
<class>org.camunda.bpm.identity.impl.ldap.plugin.
LdapIdentityProviderPlugin</class>
      <properties>
        <property name="serverUrl">ldap://localhost:4334/</property>
        <property name="managerDn">uid=jonny,ou=office-berlin,o
            =camunda,c=org</property>
        <property name="managerPassword">s3cr3t</property>
        <property name="baseDn">o=camunda,c=org</property>
        <property name="userSearchBase"></property>
        <property name="userSearchFilter">(objectclass=person)</property>
        <property name="userIdAttribute">uid</property>
        <property name="userFirstnameAttribute">cn</property>
        <property name="userLastnameAttribute">sn</property>
        <property name="userEmailAttribute">mail</property>
        <property name="userPasswordAttribute">userpassword</property>
        <property name="groupSearchBase"></property>
        <property name="groupSearchFilter">(objectclass=groupOfNames)
            </property>
        <property name="groupIdAttribute">ou</property>
        <property name="groupNameAttribute">cn</property>
        <property name="groupMemberAttribute">member</property>
        <property name="authorizationCheckEnabled">false</property>
      </properties>
    </plugin>
  </plugins>
</process-engine>
```

LDAP 身份服务提供插件通常与管理员授权插件一起使用,通过后者可以为特定的 LDAP 用户/组授予管理员授权。

注意,目前 LDAP 身份服务还不支持多租户。这意味着不能从 LDAP 获得租户信息,并且透明的多租户访问限制在默认情况下也不起作用。

7.23.4 登录节流

有一种用来防止后续不成功登录尝试的机制。其本质是,用户在登录失败后的特定时间内无法再次登录。每次尝试后将计算时间量,并且它受最大延迟时间的限制。在预订义的失败尝试次数之后,用户将被锁定,只有管理员才有权限解锁。

该机制可以通过以下属性及其各自的默认值进行配置:

(1) loginMaxAttempts = 10

（2）loginDelayFactor = 2

（3）loginDelayMaxTime= 60

（4）loginDelayBase = 3

延迟时间的计算公式为：baseTime * factor^(attempt−1)。默认行为是：第一次尝试失败后延迟 3s，第二次尝试失败后延迟 6s，然后是 12s、24s、48s、60s、60s，等等。第 10 次尝试后，如果用户再次登录失败，那么用户将被锁定。

注意，如果引擎上配置有 LDAP，那么需要在 LDAP 端处理登录节流。此时系统中的登录机制不会受到上述属性的影响。

7.24　授权服务

Camunda 允许用户对访问它所管理的数据进行授权。这就使得配置哪个用户可以访问哪些流程实例、任务等成为可能。

授权会带来性能成本，并带来一些额外的复杂性。只有在需要时才使用它。

7.25　时区

7.25.1　流程引擎

Camunda 引擎在以下使用日期时使用 JVM 的默认时区。

（1）当从 BPMN XML 文件读取 datetime 的值时。

（2）在 REST 调用返回时。

（3）当从数据库读取/写入 DateTime 值时。

7.25.2　数据库

数据库时区和数据库会话时区超出了 Camunda 引擎管理的范围，必须进行显式配置。但是，Camunda 引擎中的 Timestamp 列使用的是 TIMESTAMP [WITHOUT TIME ZONE]数据类型。其名称在不同的数据库服务器中有所不同。基于这个原因，不建议在设置之后更改数据库的时区，因为这可能会导致 Camunda 引擎的错误操作。

7.25.3　Camunda Web 应用程序

可以在不同时区使用 Camunda Web 应用程序。当使用 UI 时，所有日期都被转换为本地时区或从本地时区转换过来。

7.25.4　集群设置

如果流程引擎在一个集群中运行，那么所有集群节点必须在同一个时区中运行。如果集群节点位于不同时区中，就无法保证操作 DateTime 值时的正确行为。

7.26　错误处理

7.26.1　错误处理策略

有几种基本策略可以处理流程中的错误和异常。决定使用哪种策略取决于下述情况。

（1）技术错误还是业务错误。该错误是否有某些业务含义，并导致了另一个流程（如"没有库存"）或技术故障（如"网络宕机"）？

（2）显式错误处理机制还是通用处理机制。对于某些情况，可能希望显式的建模发生错误时应该发生什么（通常是业务错误）。对于其他很多情况，可能并不希望这样做，但是有一些适用于错误处理的通用机制，从而简化流程模型（典型的技术错误，如果必须对每个可能发生网络中断的任务进行建模，那流程将复杂到无法识别）。

在流程引擎上下文中，错误通常被作为 Java 异常抛出，它们必须被处理。

1. 事务回滚

标准处理策略是将异常抛出给客户端，这意味着当前事务被回滚，流程状态被回滚到最后的等待状态（这种行为在 7.16 节中有详细描述），而流程引擎将错误处理委托给了客户端。

用一个具体的例子来说明这一点：用户在前端收到一个错误对话框，指出当前由于网络错误，所以无法访问库存管理软件。如果要执行重试，那么用户必须再次单击相同的按钮。这样做往往是不可取的，但它仍然是一个适用于很多情况的简单策略。

2. 异步和失败的作业

如果不希望将异常显示给用户，一个办法是进行异步的服务调用，这可能会导致如本章 7.16 节中所述的错误。在这种情况下，异常会被存储在流程引擎数据库中，并且后台作业会被标记为 failed（更准确地说，异常会被存储起来，一些重试计数器会被递减）。

在上面的例子中，这意味着用户看不到一个错误，而是一个"一切正常"的对话框，异常被存储在作业中。现在，要么一个更为聪明的重试策略是在稍后自动重新触发作业（当网络再次可用），要么操作员需要查看错误并触发额外的重试。

这种策略非常强大，在实际项目中也经常使用。但是，它仍然会把错误隐藏在 BPMN 图中，所以对于希望在流程图中可见的业务错误，最好使用错误事件。

3. 捕获异常并使用基于数据的异或网关

如果调用可能抛出异常的 Java 代码，可以在 Java 委托、CDI Bean 或其他任何地方捕获该异常。也许记录一些信息并继续下去就足够了，也就是说忽略这个错误。更多的时候，可以将结果写入流程变量，并在流程的后续部分建模一个异或网关，以便在发生错误时采用不同的路径。

在这种情况下，在流程模型中显式地对错误处理建模，并使其看起来像是一个正常的结果，而不是一个错误。从业务的角度来看，这不是一个错误，而是一个结果，所以不应该轻率地作出决定。经验法则是，结果可以这样处理，而异常错误不应该这样处理。

【例 7-74】 对错误建模示例。

用异或网关对错误建模示例如图 7-27 所示。

例 7-74 触发了一个"检查数据完整性"任务。Java 服务可能会抛出一个数据不完整的异常。然而，当检查数据完整性时，数据不完整不是异常，而是预期的结果，所以更常见的做法是在流程流中使用一个异或网关来评估流程变量，例如#{dataComplete==false}。

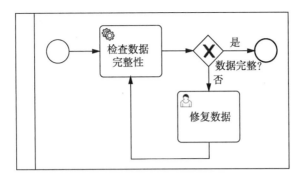

图 7-27 用异或网关对错误建模示例

4. BPMN 2.0 错误事件

BPMN 2.0 错误事件提供了对错误显式建模的可能性，解决了业务错误的用例。最突出的例子是"中间捕获错误事件"，它可以附加到一个活动的边界上。定义边界错误事件对嵌入式子流程、调用活动或服务任务最有意义。一个错误将导致替代流程被触发。用中间捕获错误事件对错误建模示例如图 7-28 所示。

5. BPMN 2.0 事务和补偿

BPMN 2.0 事务和补偿允许对业务事务边界（但不是以 ACID 的技术方式）进行建模，并确保已经执行的动作在回滚时得到补偿。补偿的意思是使动作的效果变得不可见。例如，如果客户之前已经预订了货物，补偿操作就会重新登记货物。

图 7-28 用中间捕获错误事件对错误建模示例

7.26.2 监控和恢复策略

如果发生错误，就可以使用不同的恢复策略。

1. 让用户重试

如上所述，最简单的错误处理策略是将异常抛给客户端，这意味着用户必须亲自重试操作。如何做到这一点取决于用户，比如通常是重新加载页面或再次单击某个按钮。

2. 重试失败的工作

如果使用异步作业，就可以利用 Cockpit 作为监控工具来处理失败的作业。在这种情况下，终端用户不会看到异常。然后，当重试耗尽时，通常会在 Cockpit 中看到失败的情况。

如果不想使用 Cockpit，也可以通过 API 找出失败的作业。

【例 7-75】 查找失败的作业。

使用 API 查找失败的作业的示例，代码如下：

```
List<Job> failedJobs = processEngine.getManagementService().
createJobQuery().withException().list();
for (Job failedJob : failedJobs) {
  processEngine.getManagementService().setJobRetries(failedJob.getId(), 1);
}
```

3. 显式建模

当然，可以显式地建模重试机制。

【例 7-76】 对重试机制显示建模示例。

显示建模重试机制示例如图 7-29 所示。

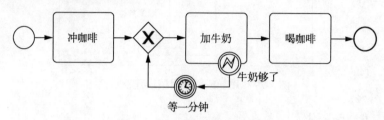

图 7-29　显示建模重试机制示例

建议将其限制在有充分理由希望在流程图中看到它的情况下。通常情况下更倾向于使用异步延续，因为它不会使流程图变得臃肿，而且基本上可以用更少的运行时开销来完成同样的事情，因为"遍历"模型中的循环需要额外的操作，如编写审计日志等。

4. 用户任务操作

经常可以在项目中看到对用户处理错误进行建模的情况。

【例 7-77】 人工错误处理示例。

人工错误处理示例如图 7-30 所示。

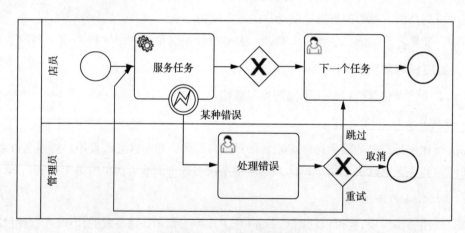

图 7-30　人工错误处理示例

其实这是一种有效的方法，可以将错误作为用户任务分配给操作者，并建模其解决问题的可选方案。然而这是一种奇怪的混合物：明明是希望处理一个技术错误，但却将其添加到流程模型中了。在哪里停下来？现在必须对每个服务任务建模吗？

对于这种情况，使用一个失败的任务列表而不是"正常"的任务列表似乎是一种更为自然的方法，这就是为什么通常这只是推荐的另一种可能性，而不认为这是最佳实践。

第8章 流程应用程序

流程应用程序是普通的 Java 应用程序，它使用 Camunda 流程引擎实现 BPM 和工作流功能。大多数此类应用程序将启动自己的流程引擎（或使用运行时容器提供的流程引擎）来部署 BPMN 2.0 流程定义，并与从这些流程定义衍生出来的流程实例进行交互。由于大多数流程应用程序执行非常相似的引导、部署和运行时任务，所以将其功能概括为一个名为 ProcessApplication 的 Java 类。这个概念类似于 JAX-RS 中的 javax.ws.rs.core.Application 类：通过添加流程应用程序类可以用来引导和配置提供的服务。

（1）向 Java 应用程序添加 ProcessApplication 类可以为应用程序提供以下服务。

① 引导嵌入式流程引擎或查找容器管理的流程引擎。可以在 processes.xml 的文件中定义多个流程引擎，该文件需要被添加到应用程序中。ProcessApplication 类确保在部署/卸载应用程序时获取该文件，并启动和停止已定义的流程引擎。

② 自动部署类路径中的 BPMN 2.0 资源。可以在 processes.xml 文件中定义多个部署（流程归档）。ProcessApplication 类确保在部署应用程序时执行部署。它还支持扫描应用程序以查找流程定义中以*.bpmn20.xml 或*.bpmn 结尾的资源文件。

③ 在多应用程序部署的情况下解析应用程序本地的 Java 委托实现和 Bean。ProcessApplication 类允许 Java 应用程序将本地 Java 委托实现或 Spring/CDI Bean 暴露给一个共享的、容器管理的流程引擎。通过这种方式，可以启动一个流程引擎，该引擎将分派给多个流程应用程序，这些应用程序可以（重新）独立部署。

（2）将现有的 Java 应用程序转换为流程应用程序很容易，而且不会造成干扰。只需要补充以下信息。

① 一个 ProcessApplication 类：ProcessApplication 类构成应用程序和流程引擎之间的接口。可以扩展不同的基类来反映不同的环境（例如 Servlet 与 EJB 容器）。

② 一个 META-INF 目录下的 processes.xml 文件：该部署描述符文件提供了此流程应用程序对流程引擎部署所作的声明性配置。它可以是空的，并作为简单的标记文件。如果它不存在，引擎仍然会启动，但不会执行自动部署。

8.1 流程应用程序类

可以将流程引擎的引导和流程部署委托给流程应用程序类。基本流程应用程序功能由

org.camunda.bpm.application.AbstractProcessApplication 基类提供。基于这个类，还有一组特定于环境的子类，可以在特定的环境中实现集成。

（1）ServletProcessApplication。用于 Servlet 容器（如 Apache Tomcat）中的流程应用程序。

（2）EjbProcessApplication。用于 JavaEE 应用服务器，如 JBoss 或 IBM WebSphere 应用服务器。

（3）EmbeddedProcessApplication。当将流程引擎嵌入到普通 JavaSE 应用程序中时使用。

（4）SpringProcessApplication。用于从 Spring 应用程序上下文引导流程应用程序。

接下来，将简单介绍 EmbeddedProcessApplication 和 SpringProcessApplication 的实现，并讨论在哪里以及如何使用它们。

8.1.1　EmbeddedProcessApplication

支持：JVM、Apache Tomcat、JBoss/Wildfly。

打包方式：JAR，WAR，EAR。

org.camunda.bpm.application.impl.EmbeddedProcessApplication 只能与嵌入式流程引擎结合使用。不支持与共享流程引擎结合使用，因为该类在运行时不执行流程应用程序上下文切换。

嵌入式流程应用程序也不提供自动启动功能。需要手动调用流程应用程序的部署方法。

【例 8-1】　嵌入式流程应用程序。

使用嵌入式流程引擎部署流程的示例，代码如下：

```
// instantiate the process application
MyProcessApplication processApplication = new MyProcessApplication();

// deploy the process application
processApplication.deploy();

// interact with the process engine
ProcessEngine processEngine = BpmPlatform.getDefaultProcessEngine();
processEngine.getRuntimeService().startProcessInstanceByKey(...);

// undeploy the process application
processApplication.undeploy();
```

MyProcessApplication 类的示例，代码如下：

```
@ProcessApplication(
    name="my-app",
    deploymentDescriptors={"path/to/my/processes.xml"}
)

public class MyProcessApplication extends EmbeddedProcessApplication {

}
```

注意，要使手动管理的 EmbeddedProcessApplication 工作，必须在 RuntimContainer 上注册 ProcessEngine，代码如下：

```
RuntimeContainerDelegate runtimeContainerDelegate =
RuntimeContainerDelegate.INSTANCE.get();
runtimeContainerDelegate.registerProcessEngine(processEngine);
```

8.1.2 SpringProcessApplication

支持：JVM、Apache Tomcat。

打包方式：JAR，WAR，EAR。

org.camunda.bpm.engine.spring.application.SpringProcessApplication 类允许通过 Spring 应用程序上下文引导流程应用程序。可以从基于 XML 文件的应用程序上下文配置文件引用 SpringProcessApplication 类，也可以使用基于注解的配置。

如果是 Web 应用程序，应该使用 org.camunda.bpm.engine.spring.application.SpringServlet-ProcessApplication，因为它支持通过 ProcessApplicationInfo#PROP_SERVLET_CONTEXT_PATH 属性公开 servlet 上下文路径。

除非部署的不是 Web 应用程序，否则推荐使用 SpringServletProcessApplication。使用该类需要在类路径上有 org.springframework:spring-web 模块。

1. 配置 Spring 流程应用程序

可以在 Spring 应用程序上下文的 XML 文件中引导 SpringProcessApplication。

【例 8-2】 配置 Spring 流程引擎应用程序。

配置 Spring 流程应用程序示例，代码如下：

```
<beans xmlns="http://www.springframework.org/schema/beans"
    xmlns:xsi="http://www.w3.org/2001/XMLSchema-instance"
    xsi:schemaLocation="http://www.springframework.org/schema/beans

http://www.springframework.org/schema/beans/spring-beans.xsd">

  <bean id="invoicePa" class="org.camunda.bpm.engine.spring.application.
      SpringServletProcessApplication" />

</beans>
```

除此之外，还需要一个 META-INF/processes.xml 文件。

注意，如果是手动管理 processEngine，那么必须在 RuntimeContainerDelegate 上注册它，正如 EmbeddedProcessEngine 部分描述的那样。

2. 流程应用程序的名字

SpringProcessApplication 将使用 Bean 的名称（在上面的示例中 id="invoicePa"）作为流程应用程序的名称。这里需要确保提供一个唯一的（在部署在单个应用程序服务器实例上的所有流程应用程序中都是唯一的）流程应用程序名称。作为替代，可以提供 SpringProcessApplication（或 SpringServletProcessApplication）的自定义子类，并覆盖其 getName()方法。

3. 使用 Spring 配置流程引擎

如果使用 Spring 流程应用程序，可能希望在 Spring 应用程序上下文 XML 文件而不是在 processes.xml 文件中配置流程引擎。在这种情况下，必须使用 org.camunda.bpm.engine.spring.container.ManagedProcessEngineFactoryBean 类，用于创建流程引擎对象实例。除了创建流程引擎对象之外，此实现还将流程引擎注册到 BPM 平台，以便流程引擎可以由 ProcessEngineService 返回。

【例 8-3】 通过 Spring 配置流程引擎。

下面是如何使用 Spring 配置管理流程引擎的一个示例，代码如下：

```xml
<beans xmlns="http://www.springframework.org/schema/beans"
    xmlns:xsi="http://www.w3.org/2001/XMLSchema-instance"
    xsi:schemaLocation="http://www.springframework.org/schema/beans
http://www.springframework.org/schema/beans/spring-beans.xsd">

    <bean id="dataSource" class="org.springframework.jdbc.datasource.
        TransactionAwareDataSourceProxy">
      <property name="targetDataSource">
        <bean class="org.springframework.jdbc.datasource.
            SimpleDriverDataSource">
          <property name="driverClass" value="org.h2.Driver"/>
          <property name="url" value="jdbc:H2:mem:camunda;DB_CLOSE_
              DELAY=1000"/>
          <property name="username" value="sa"/>
          <property name="password" value=""/>
        </bean>
      </property>
    </bean>
    <bean id="transactionManager" class="org.springframework.jdbc.datasource.
        DataSourceTransactionManager">
      <property name="dataSource" ref="dataSource"/>
    </bean>
    <bean id="processEngineConfiguration" class="org.camunda.bpm.engine.
        spring.SpringProcessEngineConfiguration">
      <property name="processEngineName" value="default" />
      <property name="dataSource" ref="dataSource"/>
      <property name="transactionManager" ref="transactionManager"/>
      <property name="databaseSchemaUpdate" value="true"/>
      <property name="jobExecutorActivate" value="false"/>
    </bean>
    <bean id="processEngine" class="org.camunda.bpm.engine.spring.container.
        ManagedProcessEngineFactoryBean">
      <property name="processEngineConfiguration" ref="processEngine
          Configuration"/>
    </bean>
    <bean id="repositoryService" factory-bean="processEngine" factory-method=
        "getRepositoryService"/>
    <bean id="runtimeService" factory-bean="processEngine" factory-method=
        "getRuntimeService"/>
    <bean id="taskService" factory-bean="processEngine" factory-method=
        "getTaskService"/>
    <bean id="historyService" factory-bean="processEngine" factory-method=
        "getHistoryService"/>
    <bean id="managementService" factory-bean="processEngine" factory-method=
        "getManagementService"/>
</beans>
```

8.2　processes.xml 部署描述符

processes.xml 部署描述符包含流程应用程序的部署元数据。

【例 8-4】 processes.xml 部署描述。

下面是 processes.xml 部署描述符的一个简单示例，代码如下：

```xml
<process-application
 xmlns="http://www.camunda.org/schema/1.0/ProcessApplication"
 xmlns:xsi="http://www.w3.org/2001/XMLSchema-instance">

 <process-archive name="loan-approval">
  <process-engine>default</process-engine>
  <properties>
   <property name="isDeleteUponUndeploy">false</property>
   <property name="isScanForProcessDefinitions">true</property>
  </properties>
 </process-archive>

</process-application>
```

示例 8-4 中的代码声明了单个部署（流程归档）。该流程归档名为 loan-approval，并使用 default 名称部署到流程引擎中。此外，还指定了以下两个属性。

（1）isDeleteUponUndeploy：此属性控制流程应用程序在被反部署时是否需要从数据库中删除流程引擎部署。默认设置为 false。如果将此属性设置为 true，那么在反部署流程应用程序时将导致从数据库中删除部署以及流程实例。

（2）isScanForProcessDefinitions：如果将此属性设置为 true，那么流程应用将自动扫描其程序的类路径，以寻找其中可部署的资源。可部署资源必须以.bpmn20.xml、.bpmn、.cmmn11.xml、.cmmn、.dmn11.xml 或者.dmn 结尾。

有关 processes.xml 文件语法的完整文档，请参阅官网。

8.2.1 空 processes.xml

processes.xml 文件可以为空，且使用默认值。空 processes.xml 对应配置的代码如下：

```xml
<process-application
 xmlns="http://www.camunda.org/schema/1.0/ProcessApplication"
 xmlns:xsi="http://www.w3.org/2001/XMLSchema-instance">

 <process-archive>
  <properties>
   <property name="isDeleteUponUndeploy">false</property>
   <property name="isScanForProcessDefinitions">true</property>
  </properties>
 </process-archive>

</process-application>
```

processes.xml 将扫描流程定义，并在默认的流程引擎上执行单个部署。

8.2.2 processes.xml 文件的位置

processes.xml 文件的默认位置是 META-INF/processes.xml。Camunda BPM 平台将在流程应用程序的类路径上解析和处理所有 processes.xml 文件。复合流程应用程序(WAR / EAR)可以通过一个 META-INF/processes.xml 文件携带多个子部署。

在基于 Apache Maven 的项目中，可以将 processes.xml 文件添加到 src/main/resources/META-INF 文件夹中。

8.2.3 自定义 processes.xml 文件的位置

如果想为 processes.xml 文件指定一个自定义位置，需要使用@ProcessApplication 注解的 deploymentDescriptors 属性。

【例 8-5】 自定义 processes.xml 文件位置。

自定义 processes.xml 文件位置的示例，代码如下：

```
@ProcessApplication(
    name="my-app",
    deploymentDescriptors={"path/to/my/processes.xml"}
)
public class MyProcessApp extends ServletProcessApplication {

}
```

所提供的路径必须可以通过流程应用程序的 AbstractProcessApplication#getProcess-ApplicationClassloader()方法返回的 ClassLoader#getResourceAsStream(String)方法来解析。

processes.xml 文件可以支持多个不同的位置。

8.2.4 在 processes.xml 文件中配置流程引擎

processes.xml 文件还可以用于配置一个或多个流程引擎。

【例 8-6】 通过 processes.xml 配置多个流程引擎。

下面是一个在 processes.xml 文件中配置多个流程引擎的例子，代码如下：

```
<process-application
xmlns="http://www.camunda.org/schema/1.0/ProcessApplication"
xmlns:xsi="http://www.w3.org/2001/XMLSchema-instance">

  <process-engine name="my-engine">

<configuration>org.camunda.bpm.engine.impl.cfg.
StandaloneInMemProcessEngineConfiguration</configuration>
  </process-engine>

  <process-archive name="loan-approval">
    <process-engine>my-engine</process-engine>
    <properties>
      <property name="isDeleteUponUndeploy">false</property>
      <property name="isScanForProcessDefinitions">true</property>
    </properties>
  </process-archive>

</process-application>
```

通过<configuration>...</configuration>属性可以指定在构建流程引擎时使用的流程引擎配置类的名称。

8.2.5 在 processes.xml 文件中指定流程归档的租户 ID

对于有租户标识符的多租户，可以通过配置 tenantId 属性指定流程归档的租户 ID。如果配置了租户 ID，那么将为给定的租户 ID 部署所有包含的资源。

【例 8-7】　通过 processes.xml 指定租户 ID。

下面是 processes.xml 文件的一个例子，该文件包含一个流程存档文件，其租户 ID 为 tenant1，代码如下：

```
<process-application
xmlns="http://www.camunda.org/schema/1.0/ProcessApplication"
xmlns:xsi="http://www.w3.org/2001/XMLSchema-instance">

 <process-archive name="loan-approval" tenantId="tenant1">
  <process-engine>default</process-engine>
  <properties>
    <property name="isDeleteUponUndeploy">false</property>
    <property name="isScanForProcessDefinitions">false</property>
  </properties>
 </process-archive>

</process-application>
```

注意，在 processes.xml 文件中可以包含有不同租户 ID 的多个流程归档。

8.2.6　流程应用程序部署

在将一组 BPMN 2.0 文件部署到流程引擎时，将创建一个流程部署。流程部署将连接到流程引擎数据库，以便当流程引擎停止工作并重新启动时，可以从数据库中恢复流程定义并继续执行。当流程应用程序执行部署时，除了数据库部署之外，它还将使用流程引擎为该部署创建注册。

【例 8-8】　流程应用程序部署过程示例。

流程应用程序部署过程示例如图 8-1 所示。

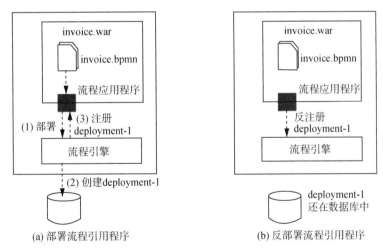

图 8-1　流程应用程序（反）部署过程示例

图 8-1（a）说明了流程应用程序 invoice.war 的部署过程。

（1）流程应用程序 invoice.war 将 invoice.bpmn 文件发送到流程引擎。

（2）流程引擎将检查数据库中是否有以前的部署。在示例 8-8 中，不存在这样的部署。因此，将为流程定义创建一个新的数据库部署 deployment-1。

（3）流程应用程序注册 deployment-1，并返回注册。

当流程应用程序被反部署时，部署的注册将被清除，如图 8-1（b）所示。清除注册之后，部署仍然存在于数据库中。

注册允许流程引擎在执行流程时从流程应用程序加载额外的 Java 类和资源。数据库部署可以在流程引擎重启时恢复，而流程应用程序的注册将保持其在内存中的状态。这种内存中的状态是单个集群节点的本地状态，因此可以在特定集群节点上卸载或重新部署流程应用程序，而不影响其他节点，也不需要重启流程引擎。如果作业执行程序可以感知部署，那么这个流程应用程序创建的作业的执行也将停止。因此，在重启应用程序服务器时还需要重新创建注册。如果流程应用程序参与了应用程序服务器的部署生命周期，就会自动执行此操作。例如，ServletProcessApplications 被部署为 ServletContextListeners，当 Servlet 上下文被启动时，它将与流程引擎一起创建部署和注册。

【例 8-9】 流程应用程序重新部署过程示例。

流程应用程序重新部署过程示例如图 8-2 所示。

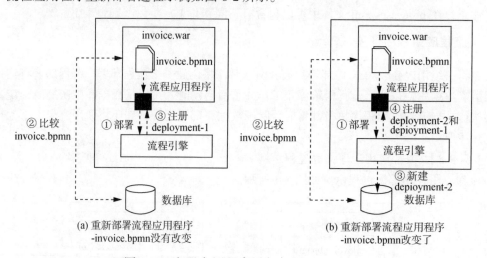

图 8-2　流程应用程序重新部署过程示例

（1）如图 8-2（a）所示，invoice.bpmn 没有改变。

① 流程应用程序 invoice.war 将 invoice.bpmn 文件发送到流程引擎。

② 流程引擎将检查数据库中是否有以前的部署。由于 deployment-1 仍然存在于数据库中，流程引擎将数据库部署的 XML 内容与流程应用程序中的 bpmn20.xml 文件内容进行比较。在本例中，两个 XML 文件的内容是相同的，这意味着可以恢复已有的部署。

③ 流程应用程序注册为已有部署 deployment-1。

（2）如图 8-2（b）所示，invoice.bpmn 已经改变。

① 流程应用程序 invoice.war 将 invoice.bpmn 文件发送到流程引擎。

② 流程引擎将检查数据库中是否有以前的部署。由于 deployment-1 仍然存在于数据库中，流程引擎将数据库部署的 XML 内容与 invoice.bpmn 文件内容进行比较。在示例 8-9 中，将检测到有更改，这意味着必须创建一个新的部署。

③ 流程引擎创建一个新的部署 deployment-2，其中包含更新后的 invoice.bpmn 流程。

④ 流程应用程序注册新部署 deployment-2 和已有部署 deployment-1。

恢复以前的部署（deployment-1）是一个称为 resumePreviousVersions 的特性，默认情况下是激活的。如何恢复以前的部署有以下两种不同的方法：

第一种方法（默认方法）是根据流程定义的键解析以前的部署。在使用流程应用程序部署的流程中，所有包含同一键的流程定义的部署都将被恢复。

第二种方法是基于部署名称（更准确地说是流程归档的 name 属性的值）来恢复部署。通过这种方式，可以在新部署中删除流程，但是流程应用程序将为以前的部署注册自己，因此也为已删除的流程注册自己。这使得已删除流程的已运行流程实例可以继续用于此流程应用程序。

要激活此行为，需要将 isResumePreviousVersions 属性配置为 true，将 resumePreviousBy 属性配置为 deployment-name，代码如下：

```
<process-application
  xmlns="http://www.camunda.org/schema/1.0/ProcessApplication"
  xmlns:xsi="http://www.w3.org/2001/XMLSchema-instance">

  <process-archive name="loan-approval">
    ...
    <properties>
      ...
      <property name="isResumePreviousVersions">true</property>
      <property name="resumePreviousBy">deployment-name</property>
    </properties>
  </process-archive>

</process-application>
```

如果想禁用这个功能，必须在 processes.xml 文件中将相关属性设置为 false，代码如下：

```
<process-application
  xmlns="http://www.camunda.org/schema/1.0/ProcessApplication"
  xmlns:xsi="http://www.w3.org/2001/XMLSchema-instance">

  <process-archive name="loan-approval">
    ...
    <properties>
      ...
      <property name="isResumePreviousVersions">false</property>
    </properties>
  </process-archive>

</process-application>
```

8.3　流程应用程序事件监听器

流程引擎支持定义两种类型的事件监听器：任务事件监听器和执行事件监听器。任务事件监听器允许对任务事件（比如任务的创建、分配和完成）作出反应。执行监听器允许在执行过程中响应流程图中触发的事件：活动的启动、结束和执行转换。

当使用流程应用程序 API 时，流程引擎确保将事件委托给正确的流程应用程序。

【例 8-10】事件监听器委托示例。

假设有一个流程应用程序部署为 invoice.war，它部署了一个名为 invoice 的流程定义。

invoice 流程有一个名为 archive invoice 的任务。应用程序 invoice.war 还提供了一个实现 ExecutionListener 接口的 Java 类，并被配置为每当 invoice.war 活动上的结束事件被触发时被调用。流程引擎确保该事件被委托给位于流程应用程序内部的监听器类。事件监听器委托示例如图 8-3 所示。

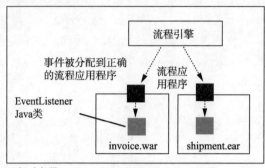

图 8-3　事件监听器委托示例

除了在 BPMN 2.0 XML 中显式配置的执行监听器和任务监听器之外，流程应用程序 API 还支持定义全局的 ExecutionListener 和全局的 TaskListener。流程应用程序部署的流程中发生的所有事件都会通知后者。

【例 8-11】 流程应用程序监听器。

流程应用程序监听器的示例，代码如下：

```
@ProcessApplication
public class InvoiceProcessApplication extends ServletProcessApplication {

  public TaskListener getTaskListener() {
    return new TaskListener() {
      public void notify(DelegateTask delegateTask) {
        // handle all Task Events from Invoice Process
      }
    };
  }

  public ExecutionListener getExecutionListener() {
    return new ExecutionListener() {
      public void notify(DelegateExecution execution) throws Exception {
        // handle all Execution Events from Invoice Process
      }
    };
  }
}
```

要使用全局流程应用程序事件监听器，需要激活相应的流程引擎插件，代码如下：

```
<process-engine name="default">
  ...
  <plugins>
    <plugin>
```

```
<class>org.camunda.bpm.application.impl.event.ProcessApplicationEventListe
nerPlugin</class>
    </plugin>
  </plugins>
</process-engine>
```

注意，该插件在预打包的 Camunda BPM 发行版中是默认激活的。

8.4 流程应用程序资源访问

流程应用程序提供了流程的资源，并在逻辑上对这些资源进行分组。有些资源是应用程序本身的一部分，如类加载器及其类和资源，也有流程引擎在运行时管理的资源，如一组脚本引擎或 Spin 数据格式。流程应用程序的资源如图 8-4 所示。

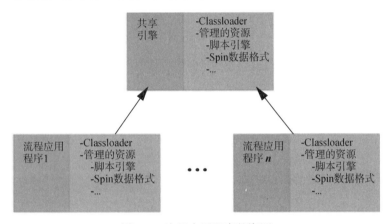

图 8-4 流程应用程序的资源

8.4.1 上下文切换

在执行流程实例时，流程引擎必须知道哪个流程应用程序提供了相应的资源，然后它在内部执行上下文切换。这有以下效果。

线程上下文类加载器被配置为流程应用程序类加载器。这样就可以从流程应用程序中加载类，如 Java 委托实现。

流程引擎可以访问它为特定流程应用程序管理的资源。这样就可以调用特定于流程应用程序的脚本引擎或访问 Spin 数据格式。

例如，在调用 Java 委托之前，流程引擎会执行上下文切换到相应的流程应用程序中。因此，它能够将线程上下文类加载器设置为流程应用程序类加载器。如果没有执行上下文切换，那么只有在流程引擎级别上可访问的资源可用。这通常是不同的类加载器和不同的管理资源集。

上下文切换背后的机制：上下文切换背后的实际机制依赖于平台。例如，在像 Apache Tomcat 这样的 Servlet 容器中，只需要将线程的当前上下文类加载器设置为 Web 应用程序类加载器即可。上下文相关的操作，如应用程序本地 JNDI 名称的解析，都是建立在此基础上的。在 EJB 容器中，这就比较复杂了。这就是为什么 ProcessApplication 类在该环境中本身就是一个 EJB。流程引擎可以将 EJB 的业务方法调用添加到调用栈中，并让应用程序服务器在后台执行其特有的逻辑。

在以下情况下需要保证上下文切换。

（1）委托代码调用。每当流程引擎调用诸如 Java 委托、执行/任务监听器（Java 代码或脚本）等委托代码时。

（2）显式流程应用程序上下文声明。对于每个引擎 API 调用，当使用实用程序类 org.camunda.bpm.application.ProcessApplicationContext 声明流程应用程序时。

8.4.2　声明流程应用程序上下文

当自定义代码使用不属于委托代码的流程引擎 API 时，以及当需要上下文切换以实现适当的功能时，必须声明流程应用程序上下文。

【例 8-12】　JSON 序列化示例。

假设流程应用程序使用该特性以 JSON 格式序列化对象型变量。然而对于该应用程序来说，JSON 序列化应该是自定义的（想想有多少种方法可以将一个日期序列化为 JSON 字符串）。因此，流程应用程序包含一个 Camunda Spin 数据格式的配置器实现，它以所需的方式配置 Spin JSON 数据格式。反过来，流程引擎为特定流程应用程序管理一个 Spin 数据格式，以便用它来序列化对象值。

现在，假设 Java Servlet 调用流程引擎 API 来提交一个 Java 对象，并使用 JSON 格式对其进行序列化。

【例 8-13】　JSON 序列化示例代码。

JSON 序列化示例，代码如下：

```
public class ObjectValueServlet extends HttpServlet {

  protected void doGet(HttpServletRequest req, HttpServletResponse resp) {
    JsonSerializable object = ...; // a custom Java object
    ObjectValue jsonValue = Variables
      .objectValue(jsonSerializable)
      .serializationDataFormat("application/json")
      .create();

    RuntimeService runtimeService = ...; // obtain runtime service
    runtimeService.setVariable("processInstanceId", "variableName",
jsonValue);
  }
}
```

注意，流程引擎 API 不是从委托代码中调用的，而是从 Servlet 调用的。因此，流程引擎不知道流程应用程序上下文，也无法执行上下文切换以及使用正确的 JSON 数据格式进行变量序列化。因此，流程应用程序特有的 JSON 配置不适用。

在这种情况下，可以使用 org.camunda.bpm.application.ProcessApplicationContext 类的静态方法声明流程应用程序上下文。其中，#setCurrentProcessApplication 方法声明了后续流程引擎 API 调用要切换到的流程应用程序。#clear 方法则用来重置此声明。在示例 8-13 中，相应地封装了 #setVariable 方法的调用，代码如下：

```
try {

ProcessApplicationContext.
setCurrentProcessApplication("nameOfTheProcessApplication");
```

```
runtimeService.setVariable("processInstanceId", "variableName", json Value);
} finally {
ProcessApplicationContext.clear();
}
```

由于流程引擎知道了应在哪个上下文中执行#setVariable 调用，因此，它可以访问正确的
JSON 数据格式并正确地序列化变量。

1. Java API

ProcessApplicationContext#setCurrentProcessApplication 方法声明后续所有 API 调用的流
程应用程序上下文，直到调用 ProcessApplicationContext#clear。因此，建议使用 try-finally 块
以确保即使在出现异常时也能正确清除。此外，ProcessApplicationContext#withProcess-
ApplicationContext 方法执行一个 Callable，并在 Callable 的执行期间声明上下文。

2. 编程模型集成

每当调用流程引擎 API 时，声明流程应用程序上下文会导致代码高度重复。根据编程模
型，可以考虑在一个适用于所有所需业务逻辑的地方声明上下文。例如，在 CDI 中，可以定
义方法调用拦截器，它根据注解的存在来触发。这样的拦截器可以基于注解标识流程应用程
序，并透明地声明上下文。

第 9 章　用户任务表单

表单（Forms）主要用于任务列表（Tasklist），它有不同的类型。要在应用程序中实现任务表单，必须将表单资源与流程图中的 BPMN 2.0 元素连接起来。调用任务表单最合适的 BPMN 2.0 元素是开始事件和用户任务。

Camunda 任务列表支持以下 4 种不同的开箱即用的任务表单。

（1）嵌入式任务表单。基于 HTML 的任务表单，显示在任务列表中。

（2）生成的任务表单。与嵌入式任务表单类似，但由 BPMN 2.0 XML 文件中的 XML 元数据生成。

（3）外部任务表单。用户被引导到另一个应用程序来完成任务。

（4）通用任务表单。如果不存在任务表单，就显示一个通用表单来编辑流程变量。

当将流程引擎嵌入到自定义的应用程序时，可以将流程引擎与任何表单技术集成，例如 JavaServer Faces、jsf-task-forms、Java Swing、JavaFX、基于 REST 的 JavaScript Web 应用程序等。

9.1　嵌入式任务表单

嵌入式任务表单是以直接在任务列表中显示的 HTML 和 JavaScript 表单。

要向应用程序添加嵌入式表单，只需创建一个 HTML 文件，并在流程模型中的 UserTask 或 StartEvent 中引用它。

【例 9-1】 嵌入式任务表单示例。

可以创建一个包含表单相关内容的 FORM_NAME.html 文件，例如一个包含两个输入字段的简单表单，代码如下：

```
<form role="form" name="form">
  <div class="form-group">
    <label for="customerId-field">Customer ID</label>
    <input required
           cam-variable-name="customerId"
           cam-variable-type="String"
           class="form-control" />
  </div>
```

```
<div class="form-group">
  <label for="amount-field">Amount</label>
  <input cam-variable-name="amount"
         cam-variable-type="Double"
         class="form-control" />
</div>
</form>
```

包含表单的文件可以通过以下两种方式引用。

（1）app：将文件添加到项目中的 src/main/webapp/forms 文件夹中。HTML 文件将被打包到部署工件中，通常是 WAR 归档文件。在运行期间，它将从那里加载。

（2）deployment：文件是部署的一部分。例如，将其添加到流程归档文件中，这意味着它被存储在 Camunda 数据库中，然后可以从那里加载。

注意，可以同流程模型一起对表单进行版本控制。

要在流程中配置表单，请使用 Camunda Modeler 打开流程并选择所需的 UserTask 或 StartEvent。打开属性面板（Properties Panel），输入 embedded:app:forms/FORM_NAME.html（或 embedded:deployment:forms/FORM_NAME.html）作为表单键。相关的 XML 标签代码如下：

```
<userTask id="theTask" camunda:formKey="embedded:app:forms/FORM_NAME.html"
        camunda:candidateUsers="Colin, Mary"
        name="my Task">
```

9.2　生成任务表单

Camunda 流程引擎支持基于 BPMN 2.0 XML 中提供的表单元数据生成 HTML 任务表单。表单元数据是一组由 Camunda 提供的 BPMN 2.0 扩展，据此可以直接在 BPMN 2.0 XML 中定义表单字段。

【例 9-2】　生成任务表单。

生成任务表单的 XML 扩展示例，代码如下：

```
<userTask id="usertask" name="Task">
  <extensionElements>
    <camunda:formData>
      <camunda:formField
          id="firstname" label="First Name" type="string">
        <camunda:validation>
          <camunda:constraint name="maxlength" config="25" />
          <camunda:constraint name="required" />
        </camunda:validation>
      </camunda:formField>
      <camunda:formField
          id="lastname" label="Last Name" type="string">
        <camunda:validation>
          <camunda:constraint name="maxlength" config="25" />
          <camunda:constraint name="required" />
        </camunda:validation>
      </camunda:formField>
      <camunda:formField
          id="dateOfBirth" label="Date of Birth" type="date" />
    </camunda:formData>
```

```
    </extensionElements>
</userTask>
```

表单元数据可以使用 Camunda Modeler 进行图形化编辑。

这个表单在任务列表中显示如图 9-1 所示。

图 9-1　生成的任务表单示例

由图 9-1 可以看出，<camunda:formData ... />元素作为 BPMN 元素的子元素提供。表单元数据由多个表单字段组成，它表示的是用户必须提供值或做出选择的输入字段。

表单数据可以有自己的属性。表单数据属性及其解释如表 9-1 所示。

表 9-1　表单数据属性及其解释

属性	解　释
businessKey	被标记为 cam-business-key 的表单字段的 ID

9.2.1　表单字段

表单字段有自己的属性。表单字段属性及其解释如表 9-2 所示。

表 9-2　表单字段属性及其解释

属性	解　释
id	表单字段的唯一 ID，对应于提交表单时添加表单字段值的流程变量的名称
label	要显示在表单字段旁边的标签
type	表单字段的数据类型。以下类型是开箱即用的： （1）string （2）long （3）date （4）boolean （5）enum
defaultValue	字段的默认值

9.2.2　表单字段的验证

验证可用于指定表单字段的前端和后端验证。Camunda BPM 提供了一组内置的表单字段验证器和用于插入定制验证器的扩展点。

【例 9-3】　自定义表单字段验证。

可以在 BPMN 2.0 XML 中为每个表单字段配置验证，示例代码如下：

```
<camunda:formField
    id="firstname" label="First Name" type="string">
  <camunda:validation>
    <camunda:constraint name="maxlength" config="25" />
    <camunda:constraint name="required" />
  </camunda:validation>
</camunda:formField>
```

可以看到，可以为每个表单字段提供验证约束列表。

Camunda 提供了一些开箱即用的内置验证器。Camunda 内置验证器及其解释如表 9-3 所示。

表 9-3　Camunda 内置验证器及其解释

验证器	解　释
required	适用于所有类型。验证是否为表单字段提供了值。不允许 null 值和空字符串 <camunda:constraint name="required" />
minlength	适用于字符串字段。验证文本内容的最小长度。允许 null 值。代码如下： <camunda:constraint name="minlength" config="4" />
maxlength	适用于字符串字段。验证文本内容的最大长度。允许 null 值。代码如下： <camunda:constraint name="maxlength" config="25" />
min	适用于数值字段。验证数字的最小值。允许 null 值。代码如下： <camunda:constraint name="min" config="1000" />
max	适用于数值字段。验证数字的最大值。允许 null 值。代码如下： <camunda:constraint name="max" config="10000" />
readonly	适用于所有类型。确保指定的表单字段是只读的，且没有为其提交任何输入。代码如下： <camunda:constraint name="readonly" />

Camunda BPM 支持自定义验证器。可以使用完全限定的类名或表达式来引用自定义验证器。表达式可用于解析 Spring 或 CDI @Named Beans。

【例 9-4】　自定义验证器。

自定义验证器的示例，代码如下：

```
<camunda:formField
    id="firstname" label="First Name" type="string">
  <camunda:validation>
    <camunda:constraint name="validator"
config="com.asdf.MyCustomValidator" />
    <camunda:constraint name="validator" config="${validatorBean}" />
  </camunda:validation>
</camunda:formField>
```

自定义验证器需要实现 org.camunda.bpm.engine.impl.form.validator.FormFieldValidator 接口，代码如下：

```
public class CustomValidator implements FormFieldValidator {
```

```
public boolean validate(Object submittedValue, FormFieldValidatorContext
validatorContext) {

    // ... do some custom validation of the submittedValue

    // get access to the current execution
    DelegateExecution e = validatorContext.getExecution();

    // get access to all form fields submitted in the form submit
    Map<String,Object> completeSubmit = validatorContext.
getSubmittedValues();

  }
}
```

如果流程定义作为流程应用程序部署的一部分进行部署，那么验证器实例将使用流程应用程序类加载器和/或流程应用程序 Spring 应用程序上下文或者 CDI Bean Manager 来解析表达式。

9.3　外部任务表单

如果希望调用不属于应用程序一部分的任务表单，那么可以向所需的表单添加引用。所引用的任务表单将以类似于嵌入式任务表单的方式配置。打开属性面板并输入 FORM_NAME.html 作为表单键。

【例 9-5】 配置表单。

配置外部任务表单的相关 XML 标签代码如下：

```
<userTask id="theTask" camunda:formKey="app:FORM_NAME.html"
        camunda:candidateUsers="Colin, Mary"
        name="my Task">
```

Tasklist 通过以下模式创建 URL，代码如下

```
"../.." + contextPath (of process application) + "/" + "app" + formKey (from
BPMN 2.0 XML) + "processDefinitionKey=" + processDefinitionKey + "&callbackUrl
=" + callbackUrl;
```

当完成任务时，将调用回调 URL。

9.4　通用任务表单

如果没有为 UserTask 或 StartEvent 添加专用表单，那么将使用通用表单。通用表单如图 9-2 所示。

可以单击 Add a variable 按钮来添加一个变量，该变量将在任务完成时传递给流程实例。首先声明变量名，然后选择类型并输入所需的值。在输入需要的所有变量后，单击 Complete 按钮，流程实例将包含输入的值。在开发阶段，通用任务表单非常有用，因此在运行工作流之前不需要实现所有任务表单。对于调试和测试，这个概念也有很多好处。

还可以通过单击 Load Variables 按钮检索流程实例中已经存在的变量。

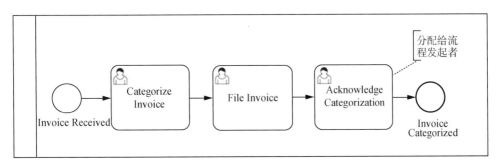

图 9-2　通用表单

9.5　JSF 任务表单

9.5.1　向流程应用程序添加 JSF 表单

添加 JSF 表单很容易，就像使用外部任务表单一样。

【例 9-6】　JSF 表单。

添加使用 JSF 表单的 BPMN 流程如图 9-3 所示。

图 9-3　JSF 表单示例

在这个流程模型的下述元素中添加了所谓的表单键（formKey）。

（1）Invoice Received 开始事件：这是用户启动新流程实例时必须完成的表单。

（2）用户任务：这些是用户在完成分配给他的用户任务时必须完成的表单。

在 BPMN 2.0 XML 中使用 camunda:formKey 属性引用表单的方式，代码如下：

```
<startEvent id="start" name="invoice received"
    camunda:formKey="app:sample-start-form.jsf"/>

<userTask id="categorize-invoice" name="Categorize Invoice"
    camunda:formKey="app:sample-task-form-1.jsf" />

<userTask id="file-invoice" name="File Invoice"
    camunda:formKey="app:sample-task-form-2.jsf" />

<userTask id="acknowledge-categorization" name="Acknowledge Categorization"
```

```
                 camunda:formKey="app:acknowledge-form.jsf" />
```

9.5.2　创建简单的用户任务表单

在 src/main/webapp/WEB-INF 中创建一个 JSF 页面，表示用于用户任务的表单。

【例 9-7】 JSF 表单。

下面是一个非常简单的任务表单示例，代码如下：

```
<!DOCTYPE HTML>
<html lang="en" xmlns="http://www.w3.org/1999/xhtml"
  xmlns:ui="http://java.sun.com/jsf/facelets"
  xmlns:h="http://java.sun.com/jsf/html"
  xmlns:f="http://java.sun.com/jsf/core">

<f:view>
  <h:head>
    <f:metadata>
      <f:event type="preRenderView"
listener="#{camundaTaskForm.startTaskForm()}" />
    </f:metadata>
    <title>Task Form: #{task.name}</title>
  </h:head>
  <h:body>
    <h1>#{task.name}</h1>
    <h:form id="someForm">
      <p>
        Here you would see the actual form to work on the task in a design
        normally either matching your task list or your business application
        (or both in the best case).
      </p>

      <h:commandButton id="complete" value="Task Completed"
        action="#{camundaTaskForm.completeTask()}" />
    </h:form>
  </h:body>
</f:view>
</html>
```

注意，为了使 camundaTaskForm Bean 可用，需要添加 camunda-engine-cdi 依赖。

9.5.3　它是怎样工作的

如果用户单击 Start to work on task（ ▶ ），那么在任务列表中，它将链接到此表单，其中包括了 taskId 和回调 URL（访问集中任务列表的 URL）作为 GET 参数。访问此表单将触发特殊的 camundaTaskForm CDI Bean，它会：

（1）开始一段对话；

（2）记住回调 URL；

（3）在流程引擎中启动用户任务，这意味着 Bean 设置了启动日期并将任务分配给 CDI 流程作用域。

为此，只需要在 JSF 视图的开头添加如下的代码块：

```
<f:metadata>
  <f:event type="preRenderView" listener="# {camundaTaskForm.startTask
```

```
Form()}"/>
</f:metadata>
```

再次调用 camundaTaskForm Bean 提交表单，它会：

（1）在流程引擎中完成任务，导致当前令牌在流程中前进；

（2）结束对话；

（3）触发重定向到任务列表的回调 URL，代码如下：

```
<h:commandButton id="complete" value="task completed"
action="#{camundaTaskForm.completeTask()}" />
```

注意，命令按钮不一定要位于同一个表单上，在单击 completeTask 按钮之前，可能需要一个包含多个表单的完整向导。这也是可行的，因为对话在后台运行。

9.5.4 访问流程变量

在这些表单中，可以像往常一样访问自己的 CDI Bean，也可以访问 Camunda CDI Bean。

【例 9-8】 表单中访问流程变量。

在表单中访问流程变量使访问流程变量很容易，例如，通过 processVariables CDI Bean 来访问，代码如下：

```
<h:form id="someForm">
  <p>Here you would see the actual form to work on the task in some design normally
either matching you task list or your business application (or both in the best
case).</p>
  <table>
    <tr>
      <td>
        Process variable <strong>x</strong> (given in in the start form):
      </td>
      <td>
        <h:outputText value="#{processVariables['x']}" />
      </td>
    </tr>
    <tr>
      <td>
        Process variable <strong>y</strong> (added in this task form):
      </td>
      <td>
        <h:inputText value="#{processVariables['y']}" />
      </td>
    </tr>
    <tr>
      <td></td>
      <td>
        <h:commandButton id="complete" value="Task Completed"
          action="#{camundaTaskForm.completeTask()}" />
      </td>
    </tr>
  </table>
</h:form>
```

它会呈现为如图 9-4 所示的一个简单表单。

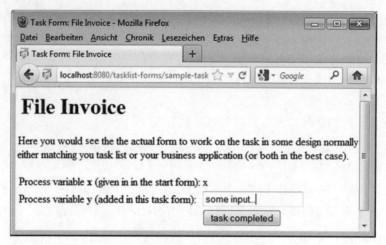

图9-4　表单中访问流程变量

同样的机制可以用来启动一个新的流程实例。

【例9-9】 表单中启动新流程实例。

在表单中启动新的流程实例的示例，代码如下：

```
<!DOCTYPE HTML>
<html …
<f:view>
  <f:metadata>
    <f:event type="preRenderView"
listener="#{camundaTaskForm.startProcessInstanceByKeyForm()}" />
  </f:metadata>
  <h:head>
    <title>Start Process: #{camundaTaskForm.processDefinition.name}</title>
  </h:head>
  <h:body>
    <h1>#{camundaTaskForm.processDefinition.name}</h1>
    <p>Start a new process instance in version:
#{camundaTaskForm.processDefinition.version}</p>
    <h:form id="someForm">
      <p>
        Here you see the actual form to start a new process instance, normally
        this would be in some design  either matching you task list or your
        business application (or both in the best case).
      </p>

      <table>
        <tr>
          <td>
            Process variable <strong>x</strong>:
          </td>
          <td>
            <h:inputText value="#{processVariables['x']}" />
          </td>
        </tr>
        <tr>
          <td></td>
          <td>
```

```
        <h:commandButton id="start" value="Start Process Instance"
            action="#{camundaTaskForm.completeProcessInstanceForm()}" />
      </td>
    </tr>
  </table>
  </h:form>
 </h:body>
</f:view>
</html>
```

其结果如图 9-5 所示。

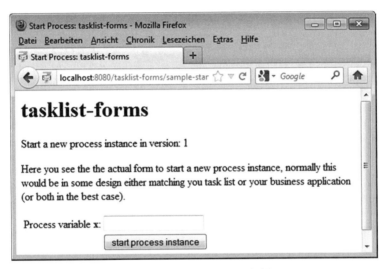

图 9-5　表单中启用流程实例

如果用户在任务列表中单击 Start a process instance 图标（▦），然后选择分配了此开始表单的流程，它将链接到表单，包括 processDefinitionKey 和回调 URL（访问中心任务列表的 URL）作为 GET 参数。访问此表单将触发特殊的 camundaTaskForm CDI Bean，它会：

（1）开始一个对话；

（2）记住集中任务列表的回调 URL。

需要将这个代码块添加到 JSF 视图的开头，其代码如下：

```
<f:metadata>
  <f:event type="preRenderView"
listener="#{camundaTaskForm.startProcessInstanceByIdForm()}" />
</f:metadata>
```

现在提交开始表单：

（1）在流程引擎中启动流程实例；

（2）结束对话；

（3）触发重定向到任务列表的回调 URL，代码如下：

```
<h:commandButton id="start" value="Start Process Instance"
action="#{camundaTaskForm.completeProcessInstanceForm()}" />
```

注意，命令按钮不一定要位于同一个表单上，在使用 completeProcessInstanceForm 按钮之前，可能已经有了一个包含多个表单的完整向导。这是可以正常工作的，因为对话在后台运行。

9.5.5　设计任务表单的样式

在下面的示例中，任务列表使用了 Twitter 引导（https://getbootstrap.com/），所以把这个添加到流程应用程序中，就可以很容易地美化 UI，如图 9-6 所示。

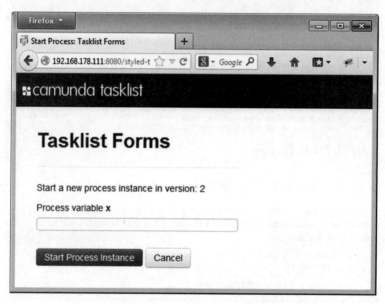

图 9-6　加工任务表单样式示例

要在项目中包含 CSS 和 JavaScript 库，可以将它们作为依赖添加到 maven 项目中，代码如下：

```
<dependencies>

  <!-- ... -->

  <dependency>
    <groupId>org.webjars</groupId>
    <artifactId>bootstrap</artifactId>
    <version>3.1.1</version>
  </dependency>

</dependencies>
```

要使用它们，需要将以下标记添加到 JSF 页面。如果有多个表单，就创建一个可以从表单引用的模板来避免冗余会很有帮助。

【例 9-10】　表单模板。

在 JSF 中使用表单模板的示例，代码如下：

```
<h:head>
  <title>your title</title>
  <meta http-equiv="Content-Type" content="text/html; charset=UTF-8" />
```

```
<!-- CSS Stylesheets -->
<h:outputStylesheet library="webjars/bootstrap/3.1.1/css"
name="bootstrap.css"/>
<h:outputStylesheet library="css" name="style.css"/>

<!-- Javascript Libraries -->
<h:outputScript type="text/javascript"
library="webjars/bootstrap/3.1.1/js" name="bootstrap.js" />
</h:head>
```

CHAPTER 10

第 10 章　外部任务客户端

通过 Camunda 外部任务客户端可以为工作流配置远程服务任务。它支持 Java 和 JavaScript 的实现。

10.1　特性

外部任务客户端有以下 5 个特性。

（1）完成外部任务；

（2）延长外部任务的锁定时间；

（3）解锁外部任务；

（4）报告 BPMN 错误和故障；

（5）与工作流引擎共享变量。

10.2　客户端引导

外部任务客户端的示意如图 10-1 所示。

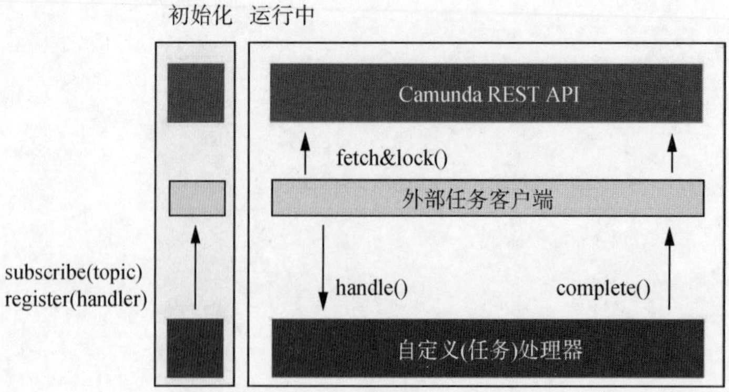

图 10-1　外部任务客户端示意

客户端允许处理“外部”类型的服务任务。为了配置和实例化客户端，所有受支持的实现都提供了一个便捷的接口。客户端和 Camunda 工作流引擎之间通过 HTTP 协议通信。因此，REST API 的相应 URL 是必需的信息。

10.2.1　请求拦截器

要向执行的 REST API 请求添加额外的 HTTP 头，可以使用请求拦截器方法。例如在身份验证的上下文中，这是必需的。

1. 基本身份验证

在某些情况下，有必要通过基本身份验证来保护 Camunda 工作流引擎的 REST API。对于这种情况，客户端提供了基本的身份验证实现。一旦配置了用户凭证，基本身份验证头就会被添加到每个 REST API 请求中。

2. 自定义拦截器

可以在引导客户端时添加自定义拦截器。相关的实现内容请参阅官网。

10.2.2　主题订阅

如果"外部"类型的服务任务放在工作流中，就必须指定主题名称。对应的 BPMN 2.0 XML 示例代码如下：

```
...
<serviceTask id="checkCreditScoreTask"
  name="Check credit score"
  camunda:type="external"
  camunda:topic="creditScoreChecker" />
...
```

工作流引擎一旦到达 BPMN 流程中的外部任务，就会创建相应的活动实例，该实例等待客户端获取并锁定。

客户端不断获取工作流引擎提供的新出现的外部任务。每个获取到的外部任务都用一个临时锁标记。这样，没有其他客户可以同时处理这个特定的外部任务。锁在指定的时间段内有效，这个时间段可以延长。

在配置新主题订阅时，必须指定主题名称和处理程序。一旦订阅了主题，客户端就可以通过轮询流程引擎的 API 开始接收工作单元。

10.2.3　处理程序

处理程序可用于实现自定义的方法，这些方法在成功获取和锁定外部任务时调用。对于每个主题的订阅，都需要提供一个外部任务处理程序接口。

处理程序被每个获取并锁定的外部任务依次调用。

10.2.4　完成任务

一旦完成了处理程序中指定的方法，就可以完成外部任务。这意味着工作流引擎将继续执行。为此，所有受支持的实现都有一个 complete 方法，可以在处理函数中调用该方法。然而外部任务只有在被客户端锁定的情况下才能被完成。

10.2.5　延长任务的锁定时间

完成自定义方法所需的时间有时会比预期的要长。因此，可延长锁的持续时间。可以通过调用传递新锁持续时间的 extendLock 方法来执行此操作。只有当外部任务被客户端锁定时，才能延长其锁定时间。

10.2.6　解锁任务

如果要解除外部任务的锁定，以便允许其他客户端再次获取和锁定该任务，就可以调用 unlock 方法。

注意，外部任务只能被当前锁定的客户端解锁。

10.2.7　报告失败

如果客户端遇到问题导致无法成功完成外部任务，就可以将此问题报告给工作流引擎。如果外部任务已被客户端锁定，就只能报告失败。

10.2.8　BPMN 错误报告

错误边界事件由 BPMN 错误触发。如果外部任务当前被客户端锁定，就只能报告 BPMN 错误。可以在 Camunda BPM 用户指南中找到关于此操作的详细文档：https://docs.camunda.org/manual/develop/user-guide/process-engine/external-tasks/#reporting-bpmn-error。

10.2.9　变量

外部任务客户端兼容 Camunda 引擎支持的所有数据类型。可以使用类型化或非类型化 API 来访问或者修改变量。

1. 流程变量和局部变量

变量可以被视为流程变量或者局部变量。其中，流程变量设置在变量作用域的最高可能层次结构上，并且在整个流程中对其子作用域可见。相反，若要把变量精确地设置在指定的执行作用域上，则可以使用 local 类型。

注意，设置变量并不能确保变量被持久化。在客户端本地设置的变量只在运行时可用，如果不能通过成功完成当前锁定的外部任务与工作流引擎共享这些变量，它们就会丢失。

2. 无类型变量

无类型变量通过使用其值对应的类型来存储。可以一次存储或者检索一个或多个变量。

3. 类型化变量

设置类型化变量时需要显式指定类型。类型化变量也可以被检索，接收到的对象除了类型和值之外还提供了额外的多种信息。当然，也可以设置和获取多个类型变量。

10.2.10　日志记录

客户端可以记录在其生命周期中出现的各种事件，包括如下情况。

（1）无法成功获取和锁定外部任务。

（2）在下列情况下异常发生了：

① 在调用处理程序时；

② 在反序列化变量时；

③ 在调用请求拦截器时等。

10.3　外部任务吞吐量

对于高吞吐量的外部任务，应该平衡外部任务实例的数量、客户端的数量和处理工作的时间。

对于长时间（可能超过 30s）运行的任务，经验法则是逐个（maskTasks = 1）获取并锁定任务，并根据需要调整长轮询间隔（比如 60s，asyncResponseTime = 60000）。Java 客户端支持指数回退，默认为 500ms，因子为 2，并且它受 60 000ms 总时长的限制。这也可以根据需要来缩短。

由于外部任务客户端没有在内部使用任何线程，所以应该根据需要启动尽可能多的客户端，并平衡操作系统的负载。

第 11 章　DMN 引擎

Camunda DMN 引擎是一个 Java 库，它基于 OMG 制定的 DMN 1.1 标准来评估决策表。它可以作为嵌入应用程序中的库使用，也可以与 Camunda BPM 平台结合使用。

11.1　嵌入式 DMN 引擎

Camunda DMN 引擎可以在自定义应用程序中作为库使用。为此，首先需要将 camunda-engine-dmn 工件添加到应用程序的类路径中，然后配置和构建决策引擎实例。本节将简单介绍所需的 Maven 依赖，以便将 DMN 引擎作为依赖项添加到项目中。然后将展示如何配置和构建一个新的 DMN 引擎实例。

11.1.1　Maven 依赖

Camunda DMN 引擎被发布到 Maven Central 存储库中。

首先导入 camunda-engine-dmn BOM，以确保正确的依赖关系管理，代码如下：

```
<dependencyManagement>
  <dependency>
    <groupId>org.camunda.bpm</groupId>
    <artifactId>camunda-bom</artifactId>
    <version>7.10.0</version>
    <scope>import</scope>
    <type>pom</type>
  </dependency>
</dependencyManagement>
```

其次在 dependencies 部分中包含 camunda-engine-dmn 工件，代码如下：

```
<dependency>
  <groupId>org.camunda.bpm.dmn</groupId>
  <artifactId>camunda-engine-dmn</artifactId>
</dependency>
```

11.1.2　构建 DMN 引擎

要构建一个新的 DMN 引擎，需要创建一个 DMN 引擎配置。然后根据需要配置它，以构建一个新的 DMN 引擎，示例代码如下：

```
// create default DMN engine configuration
DmnEngineConfiguration configuration = DmnEngineConfiguration
  .createDefaultDmnEngineConfiguration();

// configure as needed
// ...

// build a new DMN engine
DmnEngine dmnEngine = configuration.buildEngine();
```

11.1.3　DMN 引擎的配置

1. 决策表评估监听器

通过 DMN 引擎配置可以添加自定义的决策表评估监听器。在评估决策表之后，将通知决策表评估监听器。它接收一个包含评估结果的评估事件。用户可以决定应该在默认监听器之前或之后通知监听器，示例代码如下：

```
// create default DMN engine configuration
DmnEngineConfiguration configuration = DmnEngineConfiguration
  .createDefaultDmnEngineConfiguration();

// instantiate the listener
DmnDecisionTableEvaluationListener myListener = ...;

// notify before default listeners
configuration.getCustomPreDecisionTableEvaluationListeners()
  .add(myListener);

// notify after default listeners
configuration.getCustomPostDecisionTableEvaluationListeners()
  .add(myListener);
```

一个特殊的评估监听器是指标收集器，它记录执行的决策元素的数量。此指标可用于监控决策引擎的工作负载，示例代码如下：

```
// create default DMN engine configuration
DmnEngineConfiguration configuration = DmnEngineConfiguration
  .createDefaultDmnEngineConfiguration();

// create your metric collector
DmnEngineMetricCollector metricCollector = ...;

// set the metric collector
configuration.setEngineMetricCollector(metricCollector);
```

2. 决策评估监听器

通过 DMN 引擎配置可以添加自定义的决策评估监听器。在评估了所有必需的决策之后，将通知决策评估监听器。它接收一个包含评估结果的评估事件。用户可以决定在默认监听器之前或之后通知监听器，示例代码如下：

```
// create default DMN engine configuration
DmnEngineConfiguration configuration = DmnEngineConfiguration
  .createDefaultDmnEngineConfiguration();
```

```
// instantiate the listener
DmnDecisionEvaluationListener myListener = ...;

// notify before default listeners
configuration.getCustomPreDecisionEvaluationListeners()
 .add(myListener);

// notify after default listeners
configuration.getCustomPostDecisionEvaluationListeners()
 .add(myListener);
```

11.1.4 日志记录

DMN 引擎使用 SLF4J 作为日志 API。camunda-dmn-engine 工件不依赖于任何现有的 SLF4J 后端。这意味着可以自由选择要使用哪个后端。一个例子是 LOGBack，或者如果想使用 Java util 日志记录，可以使用 slf4j-jdk14 工件。有关如何配置和使用 SLF4J 的详细信息，请参阅用户手册。

11.2 使用 DMN 引擎 API 评估决策

DMN 引擎接口暴露了解析和评估 DMN 决策的方法。

11.2.1 分析决策

可以从 InputStream 解析决策，也可以从 DmnModelInstance 转换决策。

【例 11-1】 从输入流解析决策。

从输入流解析一个决策的示例，代码如下：

```
// create a default DMN engine
DmnEngine dmnEngine = DmnEngineConfiguration
 .createDefaultDmnEngineConfiguration()
 .buildEngine();

InputStream inputStream = ...

// parse all decision from the input stream
List<DmnDecision> decisions = dmnEngine.parseDecisions(inputStream);
```

例如，使用 DMN 模型 API 首先创建一个 DmnModelInstance，然后再转换决策，代码如下：

```
// create a default DMN engine
DmnEngine dmnEngine = DmnEngineConfiguration
 .createDefaultDmnEngineConfiguration()
 .buildEngine();

// read a DMN model instance from a file
DmnModelInstance dmnModelInstance = Dmn.readModelFromFile(...);

// parse the decisions
List<DmnDecision> decisions = dmnEngine.parseDecisions(dmnModelInstance);
```

1. 决策的键

一个 DMN XML 文件可以包含多个决策，它根据决策需求图进行分组。为了区分决策，每个决策必须有一个 ID 属性，也就是决策键。

【例 11-2 】　决策 ID。

一个决策 ID 的示例，代码如下：

```xml
<?xml version="1.0" encoding="UTF-8"?>
<definitions xmlns="http://www.omg.org/spec/DMN/20151101/dmn.xsd"
  id="definitions" name="definitions" namespace="http://camunda.org/schema/
  1.0/dmn">
 <decision id="first-decision" name="First Decision">
   <decisionTable>
     <output id="output1"/>
   </decisionTable>
 </decision>
 <decision id="second-decision" name="Second Decision">
   <decisionTable>
     <output id="output2"/>
   </decisionTable>
 </decision>
</definitions>
```

XML 中的决策 ID 在 DMN 引擎上下文中称为键。只解析来自 DMN 文件的特定决策，需要指定与 XML 文件中的 ID 属性相对应的决策键，示例代码如下：

```java
// create a default DMN engine
DmnEngine dmnEngine = DmnEngineConfiguration
 .createDefaultDmnEngineConfiguration()
 .buildEngine();

// read the DMN XML file as input stream
InputStream inputStream = ...

// parse only the decision with the key "second-decision"
DmnDecision decision = dmnEngine.parseDecision("second-decision",
inputStream);
```

2. 解析决策需求图

除了解析决策需求图（DRG）中包含的所有决策外，DMN 引擎还可以从 InputStream 或 DmnModelInstance 解析 DRG 本身，示例代码如下：

```java
// parse the drg from an input stream
DmnDecisionRequirementsGraph drg =
dmnEngine.parseDecisionRequirementsGraph(inputStream);

// get the keys of all containing decisions
Set<String> decisionKeys = drg.getDecisionKeys();

// get a containing decision by key
DmnDecision decision = drg.getDecision("decision");

// get all containing decisions
Collection<DmnDecision> decisions = drg.getDecisions();
```

DRG 在 XML 中用 definitions 元素表示。XML 中 DRG 的 ID 在 DMN 引擎上下文中被称为键。

3. 判断是不是决策表

可以使用 isDecisionTable() 方法检查已解析的决策是否实现为决策表，示例代码如下：

```
// create a default DMN engine
DmnEngine dmnEngine = DmnEngineConfiguration
 .createDefaultDmnEngineConfiguration()
 .buildEngine();

// read the DMN XML file as input stream
InputStream inputStream = ...

// parse all decision from the input stream
List<DmnDecision> decisions = dmnEngine.parseDecisions(inputStream);

// get the first decision
DmnDecision decision = decisions.get(0);

// do something if it is a decision table
if (decision.isDecisionTable()) {
 // ...
}
```

11.2.2 评估决策

要评估或"执行"一个决策，要么传递一个已经转换的 DmnDecision，要么使用 DMN 模型实例，要么使用输入流与决策键的组合。

作为评估的输入，必须提供一组输入变量，示例代码如下：

```
// create a default DMN engine
DmnEngine dmnEngine = DmnEngineConfiguration
 .createDefaultDmnEngineConfiguration()
 .buildEngine();

// read the DMN XML file as input stream
InputStream inputStream = ...;

// parse the DMN decision from the input stream
DmnDecision decision = dmnEngine.parseDecision("decisionKey", inputStream);

// create the input variables
VariableMap variables = ...;

// evaluate the decision
result = dmnEngine.evaluateDecision(decision, variables);

// or if the decision is implemented as decision table then you can also use
result = dmnEngine.evaluateDecisionTable(decision, variables);
```

1. 传递变量

要为决策评估提供输入变量，可以使用 Java Map<String, Object>，包括 VariableMap 和 VariableContext。

【例 11-3】 使用 VariableMap 传递变量。

使用 VariableMap 的示例，代码如下：

```
// create the input variables
VariableMap variables = Variables.createVariables()
  .putValue("x", "camunda")
  .putValue("y", 2015);

// evaluate the decision with the input variables
result = dmnEngine.evaluateDecision(decision, variables);
```

另外，还可以使用 VariableContext 来传递能量。使用 VariableContext 可以延迟加载变量。

2. 解释决策结果

DMN 决策的计算返回 DmnDecisionResult。如果将决策实现为决策表，那么结果是匹配的决策规则结果列表。这些结果表示从输出名称到输出值的映射。

如果将决策实现为决策字面表达式，那么结果是一个只包含一个条目的列表。这个条目表示表达式值，并映射到变量名。

【例 11-4】 Dish 决策示例。

Dish 决策示例如图 11-1 所示。

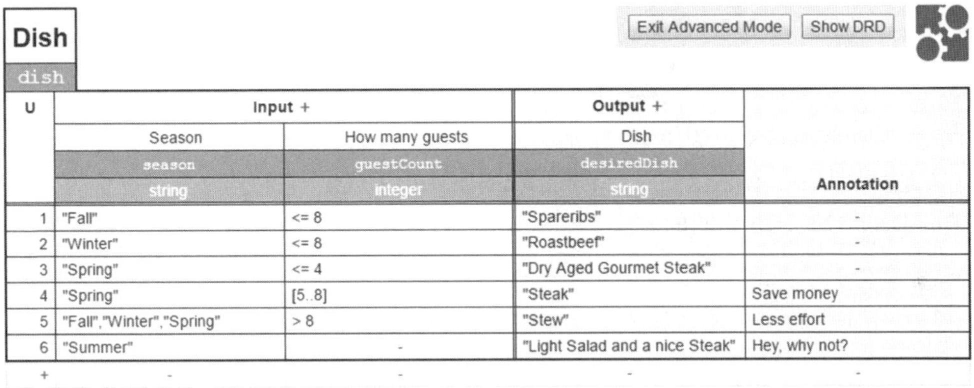

U	Input +		Output +	
	Season	How many guests	Dish	
	season	guestCount	desiredDish	
	string	integer	string	Annotation
1	"Fall"	<= 8	"Spareribs"	-
2	"Winter"	<= 8	"Roastbeef"	-
3	"Spring"	<= 4	"Dry Aged Gourmet Steak"	-
4	"Spring"	[5..8]	"Steak"	Save money
5	"Fall","Winter","Spring"	> 8	"Stew"	Less effort
6	"Summer"	-	"Light Salad and a nice Steak"	Hey, why not?
+	-	-	-	-

图 11-1　决策表示例

决策表将 desiredDish 作为输出返回。

假设使用 Season: "Spring"和 guestCount: 14 输入变量执行决策表，那么对于给定的输入，表中有一个匹配规则。因此，DmnDecisionResult 由一个 DmnDecisionResultEntries 组成，其键为 desiredDish。

要访问输出值，可使用 DmnDecisionResultEntries 的 get()方法，代码如下：

```
DmnDecisionResult decisionResult = dmnEngine.evaluateDecision(decision,
  variables);

// the size will be 1
int size = decisionResult.size();

// get the matching rule
DmnDecisionResultEntries ruleResult = decisionResult.get(0);

// get output values by name
Object result = ruleResult.get("desiredDish");
```

结果对象还暴露了额外的辅助方法，示例代码如下：

```
DmnDecisionResult decisionResult = dmnEngine.evaluateDecision(decision,
  variables);

// returns the first rule result
DmnDecisionResultEntries ruleResult = decisionResult.getFirstResult();

// returns first rule result
// but asserts that only a single one exists
decisionResult.getSingleResult();

// collects only the entries for an output column
decisionResult.collectEntries("desiredDish");

// returns the first output entry
ruleResult.getFirstEntry();

// also returns the first output entry
// but asserts that only a single one exists
ruleResult.getSingleEntry();

// shortcut to returns the single output entry of the single rule result
// - combine getSingleResult() and getSingleEntry()
decisionResult.getSingleEntry();
```

注意，如果将决策实现为决策表，那么还可以使用 evaluateDecisionTable 方法对决策进行评估。在这种情况下，评估返回一个 DmnDecisionTableResult，它在语义上是等价的，并提供了与 DmnDecisionResult 相同的方法。

3. 带有依赖决策的决策

如果一个决策有一个或多个必需的决策，那么首先评估其依赖决策。此评估的结果将作为决策评估的输入进行传递。

【例 11-5】 Beverage 决策示例。

Beverages 决策示例如图 11-2 所示。

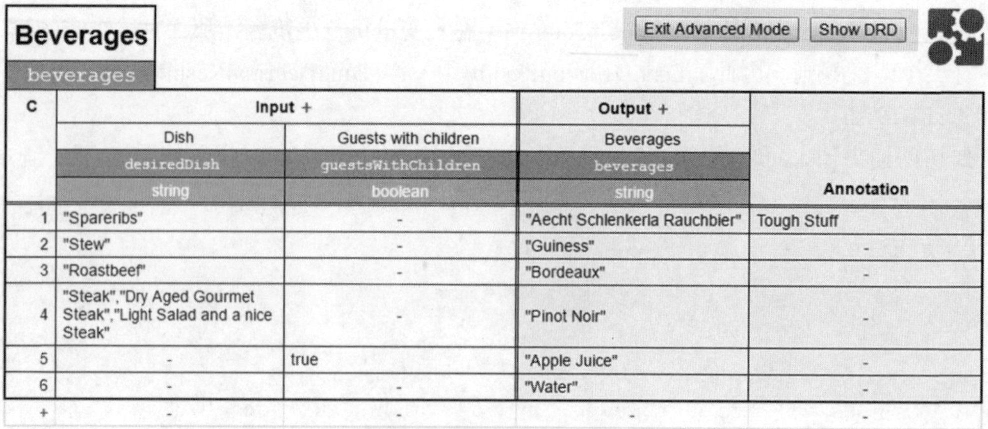

Beverages				
beverages				
C	Input +		Output +	
	Dish	Guests with children	Beverages	
	desiredDish	guestsWithChildren	beverages	
	string	boolean	string	Annotation
1	"Spareribs"	-	"Aecht Schlenkerla Rauchbier"	Tough Stuff
2	"Stew"	-	"Guiness"	-
3	"Roastbeef"	-	"Bordeaux"	-
4	"Steak","Dry Aged Gourmet Steak","Light Salad and a nice Steak"	-	"Pinot Noir"	-
5	-	true	"Apple Juice"	-
6	-	-	"Water"	-
+				

图 11-2　Beverage 决策示例

结合示例 11-4 和示例 11-5，假设 Beverages 决策依赖于 Dish 决策，有依赖决策的决策需求图，如图 11-3 所示，那么当评估 Beverages 决策时，DMN 引擎会首先评估 Dish 决策。

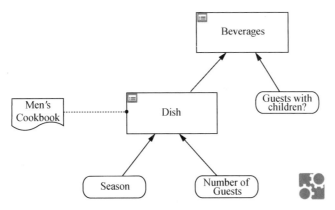

图 11-3　有依赖决策的决策需求图

假设用 Season: "Spring"、guestCount: 14 和 guestsWithChildren: false 输入变量对决策进行评估，那么 Dish 决策表会有一个匹配的规则，并生成输出值 Stew，该值映射到输出变量 desiredDish 中。

Dish 决策的输出结果将作为 Beverages 决策的输入。这意味着 Beverages 决策的输入表达式 desiredDish 返回的是 Dish 决策的输出值 Stew。一般来说，决策可以通过输出名来访问依赖决策的结果也就是输出值。

因此，Beverages 决策匹配上了两个规则，并生成输出值 Guiness 和 Water，示例代码如下：

```
DmnDecision decision = dmnEngine.parseDecision("beverages", inputStream);

DmnDecisionResult decisionResult = dmnEngine.evaluateDecision(decision,
  variables);

List<String> beverages = decisionResult.collectEntries("beverages");
```

4. 制定必要的命中策略

依赖决策的命中策略（Hit Policy）会对整个决策的结果有影响。如果依赖决策有一个使用 aggregator 的 COLLECT 命中策略，那么决策结果即输出值只能是聚合值。

如果一个命中策略有多条匹配的规则，那么输出变量将映射到输出值列表，即使只有一条规则匹配上了。

11.3　DMN 引擎中的表达式

决策表和决策字面表达式可以分别指定不同类型的表达式。本节将描述存在哪些类型的表达式；这些表达式支持哪些表达式语言；并展示了如何更改表达式使用的表达式语言。

11.3.1　DMN 中的表达式

如决策表和决策字面表达式支持以下 4 种类型的表达式。

（1）Input Expression。设置决策表中输入列的输入值；

（2）Input Entry。用于确定决策表的规则是否适用；

（3）Output Entry。返回一个值，该值被添加到决策表的匹配规则的输出中；

（4）Literal Expression。用于确定决策字面表达式的值。

更多详细内容请参阅 DMN 1.1 参考资料。

【例 11-6】 决策中使用表达式。

在 DMN 1.1 XML 中，可以在 XML 元素 inputExpression、inputEntry、outputEntry 和 literalExpression 中使用表达式，示例代码如下：

```xml
<definitions xmlns="http://www.omg.org/spec/DMN/20151101/dmn.xsd"
id="definitions" name="definitions"
namespace="http://camunda.org/schema/1.0/dmn">

  <decision id="decision" name="Decision">
    <decisionTable>
      <input id="input">
        <!-- the input expression determines the input value of a column -->
        <inputExpression>
          <text>age</text>
        </inputExpression>
      </input>
      <output id="output"/>
      <rule id="rule1">
      <!-- the input entry determines if the rule is applicable -->
        <inputEntry>
          <text>[18..30]</text>
        </inputEntry>
        <!-- the output entry determines the rule if it is applicable -->
        <outputEntry>
          <text>"okay"</text>
        </outputEntry>
      </rule>
    </decisionTable>
  </decision>

  <decision id="decision2 name="Decision 2">
    <!-- the literal expression determines the value of this decision -->
    <literalExpression>
      <text>a + b</text>
    </literalExpression>
  </decision>

</definitions>
```

11.3.2 支持的表达式语言

Camunda DMN 引擎支持两种开箱即用的表达式语言。

（1）JUEL。Java 统一表达式语言的实现；

（2）FEEL。符合 DMN 1.1 标准的表达式语言。注意，FEEL 只支持在 Camunda DMN 引擎的输入条目中使用。

根据使用的 JDK 的不同，还有一个 JavaScript 实现，如 Rhino 或 Nashhorn。

还可以使用符合 JSR-223 实现的所有其他脚本语言。这包括 Groovy、Python 和 Ruby。

要使用这些语言，必须将相应的依赖项添加到项目中。

要使用 Groovy 作为表达式的语言，需要将如下依赖项添加到项目 pom.xml 中，示例代码如下：

```
<dependency>
  <groupId>org.codehaus.groovy</groupId>
  <artifactId>groovy-all</artifactId>
  <!-- please update this version if needed -->
  <version>2.4.5</version>
</dependency>
```

11.3.3　默认表达式语言

DMN 引擎中不同表达式类型的默认表达式语言如下所述。

（1）输入表达式：JUEL；

（2）输入条目：FEEL；

（3）输出条目：JUEL；

（4）字面表达式：JUEL。

可以直接在 DMN 1.1 XML 中修改默认语言，它通过使用 definitions 元素的 expression Language 属性来更改，并被配置为全局的，示例代码如下：

```
<!-- this sets the default expression language for all expressions -->
<!-- in this file to javascript -->
<definitions xmlns="http://www.omg.org/spec/DMN/20151101/dmn.xsd"
id="definitions" name="definitions"
namespace="http://camunda.org/schema/1.0/dmn"
expressionLanguage="javascript">
  <decision id="decision" name="Decision">
    <decisionTable>
      <!-- ... -->
    </decisionTable>
  </decision>
</definitions>
```

11.3.4　配置表达式语言

使用 expressionLanguage 属性，可以为每个表达式单独设置语言。

【例 11-7】　决策中配置表达式语言。

决策中配置表达式语言的示例，代码如下：

```
<definitions xmlns="http://www.omg.org/spec/DMN/20151101/dmn.xsd" id=
  "definitions" name="definitions" namespace="http://camunda.org/schema/
  1.0/dmn">

  <decision id="decision" name="Decision">
    <decisionTable>
      <input id="input">
        <!-- use javascript for this input expression -->
        <inputExpression expressionLanguage="javascript">
          <text>age</text>
        </inputExpression>
      </input>
      <output id="output"/>
```

```
    <rule id="rule1">
      <!-- use juel for this input entry -->
      <inputEntry expressionLanguage="juel">
       <text><![CDATA[cellInput >= 18 && cellInput <= 30]]></text>
      </inputEntry>
      <!-- use javascript for this output entry -->
      <outputEntry expressionLanguage="javascript">
        <text>"okay"</text>
      </outputEntry>
    </rule>
  </decisionTable>
</decision>

<decision id="decision2" name="Decision 2">
  <!-- use groovy for this literal expression -->
  <literalExpression expressionLanguage="groovy">
    <text>a + b</text>
  </literalExpression>
</decision>

</definitions>
```

如果希望使用另一种 Java 统一表达式语言或 FEEL 实现，可以替换 DMN 引擎的默认实现。通过这种方式，还可以更改 JSR-223 脚本引擎的解析方式，例如可以在使用脚本引擎之前先配置它。

11.4　DMN 引擎中的数据类型

决策表允许指定输入和输出的类型。在计算输入或输出时，DMN 引擎检查值的类型是否与指定的类型匹配。如果类型不匹配，引擎将尝试将值转换为指定的类型或抛出异常。

DMN 引擎支持一些基本类型，也可以通过自定义类型进行扩展。

11.4.1　支持的数据类型

DMN 引擎支持的数据类型如表 11-1 所示。

表 11-1　DMN 支持的数据类型

数据类型	可以转换的类型	生成的数据类型
string	java.lang.Object	StringValue
boolean	java.lang.Boolean, java.lang.String	BooleanValue
integer	java.lang.Number, java.lang.String	IntegerValue
long	java.lang.Number, java.lang.String	LongValue
double	java.lang.Number, java.lang.String	DoubleValue
date	java.util.Date, java.lang.String	DateValue

每个数据类型转换器生成一个类型化值，该值包含值和其他类型信息。

若给定的类型不匹配上述类型之一，则在默认情况下将该值转换为无类型值。

1. 处理日期

DMN 引擎支持 date 类型，它是日期和时间的组合。在默认情况下，数据类型转换器接收 java.util.Date 类型的对象。日期和字符串格式为 yyyy-MM-dd'T'HH:mm:ss。

如果想换一种格式或使用日期的不同表示形式，需要实现自定义类型并替换默认转换器。

11.4.2　设置输入的数据类型

决策表输入的类型由 inputExpression 元素上的 typeRef 属性指定，示例代码如下：

```
<decision>
 <decisionTable>
  <input id="orderSum" label="Order sum">
   <inputExpression typeRef="double">
      <text>sum</text>
   </inputExpression>
  </input>
  <!-- ... -->
 </decisionTable>
</decision>
```

11.4.3　设置输出的数据类型

决策表输出的类型由 output 元素上的 typcRcf 属性指定，示例代码如下：

```
<decision>
 <decisionTable>
   <!-- ... -->
   <output id="result" label="Check Result" name="result" typeRef="string" />
   <!-- ... -->
 </decisionTable>
</decision>
```

11.4.5　设置变量的数据类型

决策字面表达式结果的类型由 variable 元素上的 typeRef 属性指定，示例代码如下：

```
<decision>
 <variable name="result" typeRef="string" />
 <!-- ... -->
</decision>
```

11.4.5　实现自定义数据类型

DMN 引擎的默认数据类型可以扩展或由定制类型替换。例如，可以为时间添加一个新类型，或者进行转换以支持不同的日期格式或本地化的布尔常量。

为此，需要实现一个新的 DmnDataTypeTransformer。转换在 transform() 方法中处理，并返回一个类型化值。如果不能成功转换值，那么必须抛出 IllegalArgumentException 异常。

要在 DMN 引擎中使用此数据类型转换器，需要将其添加到 DMN 引擎配置中，示例代码如下：

```
public class CustomDataTypeTransformer implements DmnDataTypeTransformer {

 public TypedValue transform(Object value) throws IllegalArgumentException {
   // transform the value into a typed value
   return typedValue;
 }
}
```

11.5　使用 DMN 引擎测试决策

为了在 JUnit 测试中方便地测试 DMN 决策，DMN 引擎提供了一个 JUnit 规则。DmnEngineRule 创建一个新的默认 DMN 引擎。DMN 引擎可以在测试案例中用于解析和评估决策。

【例 11-8】 测试决策。

DMN 引擎测试决策的示例，代码如下：

```java
public class DecisionTest {

  @Rule
  public DmnEngineRule dmnEngineRule = new DmnEngineRule();

  @Test
  public void test() {
    DmnEngine dmnEngine = dmnEngineRule.getDmnEngine();
    // load DMN file
    InputStream inputStream = ...;
    //create and add variables
    VariableMap variables = Variables.createVariables();

    DmnDecision decision = dmnEngine.parseDecision("decision", inputStream);
    DmnDecisionResult result = dmnEngine.evaluateDecision(decision,
variables);

    // assert the result
    // ...
  }
}
```

如果希望创建并自定义配置 DMN 引擎，可以将其传递给 DMN 引擎规则，示例代码如下：

```java
public class DecisionTest {

  @Rule
  public DmnEngineRule dmnEngineRule = new
DmnEngineRule(createCustomConfiguration());

  public DmnEngineConfiguration createCustomConfiguration() {
    // create and return custom configuration
    return ...;
  }

  @Test
  public void test() {
    DmnEngine customDmnEngine = dmnEngineRule.getDmnEngine();
    // ...
  }
}
```

DmnDecisionResult 实现了 List<DmnDecisionResultEntries>接口，DmnDecisionResultEntries 实现了 Map<String, Object>接口，因此可以使用通用的 List 或 Map 断言。

第12章 决 策

Camunda BPM 平台集成了 Camunda DMN 引擎以评估业务决策。DMN 决策可以与其他资源一起部署到 Camunda BPM 平台的存储库中。部署的决策可以使用服务 API 进行评估，也可以在 BPMN 流程和 CMMN 案例中引用。评估后的决策被保存在历史记录中，以用于审计和报告的目的。

12.1 配置 DMN 引擎

DMN 引擎的配置是流程引擎配置的一部分。具体方式取决于使用的是应用程序管理的流程引擎还是共享的、容器管理的流程引擎。有关详细内容请参阅本书第 7 章 7.2 节。

可以通过 Java API 编程和 Spring XML 文件配置声明两种方式配置 DMN 引擎。

12.1.1 使用 Java API 配置 DMN 引擎

首先，需要为流程引擎创建 ProcessEngineConfiguration 对象，为 DMN 引擎创建 DmnEngineConfiguration 对象。其次，使用 DmnEngineConfiguration 对象配置 DMN 引擎。最后，在 ProcessEngineConfiguration 上设置对象，并调用 buildProcessEngine()方法来创建流程引擎。

【例 12-1】 配置 DMN 引擎。

配置 DMN 引擎的示例，代码如下：

```
// create the process engine configuration
ProcessEngineConfigurationImpl processEngineConfiguration = // ...

// create the DMN engine configuration
DefaultDmnEngineConfiguration dmnEngineConfiguration = (DefaultDmnEngine
  Configuration)
  DmnEngineConfiguration.createDefaultDmnEngineConfiguration();

// configure the DMN engine ...
// e.g. set the default expression language for input expressions to 'groovy'
dmnEngineConfiguration.setDefaultInputExpressionExpressionLanguage("groovy");

// set the DMN engine configuration on the process engine configuration
processEngineConfiguration.setDmnEngineConfiguration(dmnEngineConfiguration);
```

```
// build the process engine which includes the DMN engine
processEngineConfiguration.buildProcessEngine();
```

12.1.2 使用 Spring XML 文件配置 DMN 引擎

首先为流程引擎创建一个基本的 camunda.cfg.xml 配置文件。

接着，添加一个新的配置 Bean，其类为 org.camunda.bpm.dmn.engine.impl. DefaultDmnEngineConfiguration。然后使用该 Bean 来配置 DMN 引擎，并将其设置为 processEngineConfiguration Bean 上 dmnEngineConfiguration 属性的值。

【例 12-2】 通过 Spring 配置 DMN 引擎。

通过 Spring 配置 DMN 引擎的示例，代码如下：

```
<beans xmlns="http://www.springframework.org/schema/beans"
       xmlns:xsi="http://www.w3.org/2001/XMLSchema-instance"
       xsi:schemaLocation="http://www.springframework.org/schema/beans
http://www.springframework.org/schema/beans/spring-beans.xsd">

  <bean id="processEngineConfiguration"
class="org.camunda.bpm.engine.impl.cfg.StandaloneProcessEngineConfiguration">
    <property name="dmnEngineConfiguration">
      <bean
class="org.camunda.bpm.dmn.engine.impl.DefaultDmnEngineConfiguration">
        <!-- configure the DMN engine ... -->
        <!-- e.g. set the default expression language for input expressions to
`groovy` -->
        <property name="defaultInputExpressionExpressionLanguage"
value="groovy" />
      </bean>
    </property>

  </bean>
</beans>
```

12.2 流程引擎库中的决策

要评估 Camunda BPM 平台中的 DMN 决策，它必须是部署的一部分。部署决策之后，可以通过其键和版本来引用它。该平台支持 DMN 1.1 版本的 XML 文件。

12.2.1 部署一个决策

要部署 DMN 决策，可以使用存储库服务，也可以将其添加到流程应用程序中。平台将识别所有带.DMN 或.dmn11.xml 扩展名的文件作为 DMN 资源。

12.2.2 使用存储库服务部署决策

可以使用存储库服务创建一个新的部署并将 DMN 资源添加到其中。

【例 12-3】 使用存储库服务创建 DMN 部署。

为类路径中的 DMN 文件创建一个新的部署的示例，代码如下：

```
String resourceName = "MyDecision.dmn11.xml";
Deploymnet deployment = processEngine
```

```
.getRepositoryService()
.createDeployment()
.addClasspathResource(resourceName)
.deploy();
```

12.2.3 使用流程应用程序部署决策

在部署流程应用程序时，也可以将 DMN 文件作为其他资源（如 BPMN 流程）添加进去。DMN 文件必须有 .DMN 或 .dmn11.xml 文件扩展名才能被识别为 DMN 资源。

如果将流程归档设置为扫描流程定义，那么它也将自动部署 DMN 定义。这是默认行为。

【例 12-4】 在流程中部署决策。

在流程中部署决策的示例，代码如下：

```
<process-archive name="loan-approval">
  <properties>
    <property name="isScanForProcessDefinitions">true</property>
  </properties>
</process-archive>
```

否则，必须在流程归档中显式指定 DMN 资源，示例代码如下：

```
<process-archive name="loan-approval">
  <resource>bpmn/invoice.bpmn</resource>
  <resource>dmn/assign-approver.dmn</resource>
  <properties>
    <property name="isScanForProcessDefinitions">false</property>
  </properties>
</process-archive>
```

12.2.4 查询决策存储库

存储库服务 API 可以查询所有已部署的决策定义和决策需求定义。

1. 查询决策定义

下面通过具体的例子来说明怎样查询决策定义。

【例 12-5】 查询决策定义。

获取一个 ID 为 decisionDefinitionId 的决策定义，代码如下：

```
DecisionDefinition decisionDefinition = processEngine
.getRepositoryService()
.getDecisionDefinition("decisionDefinitionId");
```

查询 Key 为 decisionDefinitionKey 的最新决策定义，代码如下：

```
DecisionDefinition decisionDefinition = processEngine
.getRepositoryService()
.createDecisionDefinitionQuery()
.decisionDefinitionKey("decisionDefinitionKey")
.latestVersion()
.singleResult();
```

此外，存储库服务还可用于获取 DMN XML 文件、DMN 模型实例或已部署的关系图，代码如下：

```
RepositoryService repositoryService = processEngine.getRepositoryService();
```

```
DmnModelInstance dmnModelInstance = repositoryService
 .getDmnModelInstance("decisionDefinitionId");

InputStream modelInputStream = repositoryService
 .getDecisionModel("decisionDefinitionId");

InputStream diagramInputStream = repositoryService
 .getDecisionDiagram("decisionDefinitionId");
```

2. 查询决策需求定义

可以用类似于查询决策定义的方式查询决策需求定义。

【例 12-6】 查询决策需求定义。

查询决策需求定义的示例，代码如下：

```
// query for the latest version of a decision requirements definition by key
DecisionRequirementsDefinition decisionRequirementsDefinition =
 processEngine
 .getRepositoryService()
 .createDecisionRequirementsDefinitionQuery()
 .decisionRequirementsDefinitionKey(key)
 .latestVersion()
 .singleResult();

// query for all versions of decision requirements definitions by name
List<DecisionRequirementsDefinition> decisionRequirementsDefinitions =
 processEngine
 .getRepositoryService()
 .createDecisionRequirementsDefinitionQuery()
 .decisionRequirementsDefinitionName(name)
 .list();
```

12.2.5　查询决策存储库的授权

要查询决策定义，用户需要对 DECISION_DEFINITION 资源拥有 READ 权限。从存储库中检索决策定义、决策模型和决策图也需要此权限。授权的资源 ID 是决策定义键。

要查询决策需求定义，用户需要对 DECISION_REQUIREMENTS_DEFINITION 资源拥有 READ 权限。授权的资源 ID 是决策需求定义键。

有关授权的更多内容请参阅本书第 7 章 7.24 节。

12.3　流程引擎中的决策服务

决策服务是流程引擎服务 API 的一部分。它允许独立于 BPMN 和 CMMN 来评估已部署的决策定义。

12.3.1　评估一个决策

要评估已部署的决策，可以通过 ID 或键和版本的组合来引用它。如果使用了键，但是没有指定版本，那么其结果是指定键的决策定义的最新版本。

【例 12-7】 评估决策。

评估决策的示例，代码如下：

```
DecisionService decisionService = processEngine.getDecisionService();

VariableMap variables = Variables.createVariables()
 .putValue("status", "bronze")
 .putValue("sum", 1000);

DmnDecisionResult decisionResult = decisionService
 .evaluateDecisionByKey("decision-key")
 .variables(variables)
 .evaluate();

// alternatively for decision tables only
DmnDecisionTableResult decisionResult = decisionService
 .evaluateDecisionTableByKey("decision-key")
 .variables(variables)
 .evaluate();
```

1. 决策键

决策定义的键由 DMN XML 中 decision 元素的 ID 属性指定。一个键可以引用一个决策定义的多个版本，但 ID 只指定一个版本。

2. 传递数据

一个决策可以引用一个或多个变量。例如，一个变量可以在一个输入表达式或一个决策表的输入条目中被引用。变量以键值对的形式传递给决策服务。每个键值对都指定了一个变量的名称和值。

12.3.2　评估决策的授权

用户需要 DECISION_DEFINITION 资源上的 CREATE_INSTANCE 权限来评估决策。授权的资源 ID 是决策定义的键。

有关授权的内容请参阅 7.24 节。

12.3.3　处理决策结果

评估的结果称为决策结果。决策结果是一个 DmnDecisionResult 类型的复杂对象。可以将它看作是一个键值对列表。

如果决策是以决策表的形式实现的，那么列表中的每个条目表示一条匹配的规则。此规则的输出条目由键值对表示。其中的键由输出的名称指定。

相反，如果决策是以决策字面表达式的形式实现的，那么列表中只包含一个条目。这个条目表示表达式值，并由变量名映射。

该决策结果提供了来自接口 List<Map<String, Object>>中的方法和一些辅助方法。

【例 12-8】　处理决策结果。

处理决策结果的示例，代码如下：

```
DmnDecisionResult decisionResult = ...;

// get the value of the single entry of the only matched rule
String singleEntry = decisionResult.getSingleResult().getSingleEntry();

// get the value of the result entry with name 'result' of the only matched
```

```
  rule
String result = decisionResult.getSingleResult().getEntry("result");

// get the value of the first entry of the second matched rule
String firstValue = decisionResult.get(1).getFirstEntry();

// get a list of all entries with the output name 'result' of all matched rules
List<String> results = decisionResult.collectEntries("result");

// shortcut to get the single output entry of the single rule result
// - combine getSingleResult() and getSingleEntry()
String result = decisionResult.getSingleEntry();
```

注意，决策结果还提供了获取类型化输出条目的方法。可以在 Java 文档中找到所有方法的完整列表。

如果决策是以决策表的形式实现的，那么也可以使用 evaluateDecisionTable 方法对其进行评估。在这种情况下，评估返回一个 DmnDecisionTableResult，它与 DmnDecisionResult 在语义上是等价的，并提供了相同的方法。

12.3.4 评估决策的历史

在评估决策时，将创建一个新的 HistoricDecisionInstance 类型的历史记录条目，其中包含决策的输入和输出。历史记录可以通过历史服务查询到。

【例 12-9】 查询决策评估的历史记录。

查询决策评估的历史记录的示例，代码如下：

```
List<HistoricDecisionInstance> historicDecisions = processEngine
 .getHistoryService()
 .createHistoricDecisionInstanceQuery()
 .decisionDefinitionKey("decision-key")
 .includeInputs()
 .includeOutputs()
 .list();
```

12.4 从流程中调用决策

12.4.1 与 BPMN 集成

BPMN 业务规则任务可以引用已部署的决策定义。在执行任务时，决策定义会被评估。

【例 12-10】 决策与 BPMN 集成。

在 BPMN 中集成决策的示例，代码如下：

```
<definitions id="taskAssigneeExample"
 xmlns="http://www.omg.org/spec/BPMN/20100524/MODEL"
 xmlns:camunda="http://camunda.org/schema/1.0/bpmn"
 targetNamespace="Examples">

 <process id="process">

  <!-- ... -->

  <businessRuleTask id="businessRuleTask"
```

```
      camunda:decisionRef="myDecision"
      camunda:mapDecisionResult="singleEntry"
      camunda:resultVariable="result" />

  <!-- ... -->

  </process>
</definitions>
```

12.4.2 决策结果

决策的输出也称为决策结果,是 DmnDecisionResult 类型的复杂对象。通常,它是一个键值对列表。

DmnDecisionResult 提供了来自 List 接口的方法和一些辅助方法,如 getSingleResult()或 getFirstResult(),以获取匹配规则的结果。规则结果提供了来自 Map 接口中的方法,也提供了 getSingleEntry()或 getFirstEntry()等辅助方法。

如果决策结果只包含一个输出值(例如,评估一个决策字面表达式),那么可以使用 getSingleEntry()方法从结果中检索该值,该方法结合了 getSingleResult()和 getSingleEntry()。

【例 12-11】 访问决策结果。

返回唯一匹配规则的名为 result 的输出条目示例,代码如下:

```
DmnDecisionResult decisionResult = ...;

Object value = decisionResult
  .getSingleResult()
  .getEntry("result");
```

它还提供了获取类型化输出条目的方法,比如 getSingleEntryTyped()。

决策结果在执行任务的局部作用域内存在于一个名为 decisionResult 的瞬态变量中。如果需要,可以使用预订义的或自定义的决策结果映射将其传递给其他变量。

1. 预定义的决策结果映射

DMN 引擎包含一些预订义的决策结果映射,类似于输出变量映射。它从保存在流程变量中的决策结果中提取一个值。决策结果的预定义映射如表 12-1 所示。

表 12-1 决策结果的预定义映射

映射器	结 果	适 用 于
singleEntry	TypedValue	决策字面表达式,和不超过一条匹配规则且只有一个输出的决策表
singleResult	Map<String, Object>	不超过一条匹配规则的决策表
collectEntries	List<Object>	有多条匹配规则且只有一个输出的决策表
resultList	List<Map<String,Object>>	有多条匹配规则和多个输出的决策表

只有 singleEntry 映射器返回一个类型化的值,该值包装了输出条目值和其他类型信息。其他映射器返回的是包含输出条目值的集合,作为普通的 Java 对象,它不包含额外的类型信息。

注意,如果决策结果不合适,映射器将抛出一个异常。例如,如果决策结果包含多个匹配的规则,那么 singleEntry 映射器将抛出异常。

要指定存储映射结果的流程变量的名称，可以使用 camunda:resultVariable 属性。

【例 12-12】 决策结果映射。

决策结果映射的示例，代码如下：

```
<businessRuleTask id="businessRuleTask"
            camunda:decisionRef="myDecision"
            camunda:mapDecisionResult="singleEntry"
            camunda:resultVariable="result" />
```

结果变量不能使用 decisionResult 这个名称，因为决策结果本身保存在这个变量中；否则，在保存结果变量时将引发异常。

2. 自定义决策结果映射

如果业务规则任务用于在 BPMN 流程中调用决策，那么可以通过使用输出变量映射将决策结果传递给流程变量。

例如，如果决策结果有多个输出值，而这些值应该保存在不同的流程变量中，那么可以通过在业务规则任务上定义输出映射来实现。

【例 12-13】 自定义决策结果映射。

自定义决策输出结果映射的示例，代码如下：

```
<businessRuleTask id="businessRuleTask" camunda:decisionRef="myDecision">
  <extensionElements>
    <camunda:inputOutput>
      <camunda:outputParameter name="result">
        ${decisionResult.getSingleResult().result}
      </camunda:outputParameter>
      <camunda:outputParameter name="reason">
        ${decisionResult.getSingleResult().reason}
      </camunda:outputParameter>
    </camunda:inputOutput>
  </extensionElements>
</businessRuleTask>
```

除了输出变量映射之外，决策结果还可以由附加到业务规则任务的执行监听器处理，代码如下：

```
<businessRuleTask id="businessRuleTask" camunda:decisionRef="myDecision">
  <extensionElements>
    <camunda:executionListener event="end"
      delegateExpression="${myDecisionResultListener}" />
  </extensionElements>
</businessRuleTask>
```

myDecisionResultListener 的示例实现，代码如下：

```
public class MyDecisionResultListener implements CaseExecutionListener {
  @Override
  public void notify(DelegateCaseExecution caseExecution) throws Exception;
    DmnDecisionResult decisionResult = (DmnDecisionResult)
caseExecution.getVariable("decisionResult");
    String result = decisionResult.getSingleResult().get("result");
    String reason = decisionResult.getSingleResult().get("reason");
```

```
  // ...
  caseExecution.setVariable("result", result);
  // ...
  }
}
```

3. 映射结果的序列化限制

预定义的 singleResult、collectEntries 和 resultList 映射将决策结果映射到 Java 集合。集合的实现依赖于使用的 JDK，它还包含作为对象的非类型化值。当一个集合被保存为流程变量时，它将被序列化为对象值，因为没有合适的基本值类型。根据使用的对象值序列化，这可能会导致反序列化问题。

如果使用默认的内置对象序列化，当 JDK 更新或更改了，并且包含了不兼容集合类的版本时，则无法反序列化该变量。反之，如果使用其他序列化（如 JSON）方法，则应确保非类型化值是可反序列化的。例如，一个日期值的集合不能使用 JSON 来反序列化，因为在默认情况下 JSON 没有为日期注册映射器。

使用自定义输出变量映射也会出现相同的问题，因为 DmnDecisionRcsult 的方法可以返回与预定义映射器相同的集合。此外，不建议将 DmnDecisionResult 或 DmnDecisionResultEntries 保存为流程变量，因为在 Camunda BPM 的新版本中，底层实现可能会发生变化。

为了避免这些问题，推荐只使用基本变量；或者可以使用全部由自己控制的自定义对象进行序列化。

12.4.3　在决策中访问变量

DMN 决策表和决策字面表达式包含多个将由 DMN 引擎评估的表达式。这些表达式可以访问在调用任务作用域内所有可用的流程变量。变量是通过一个只读变量上下文提供的。

为了方便，流程变量可以通过表达式的名称直接引用。

【例 12-14】　在决策中访问变量。

如果存在一个流程变量 foo，那么这个变量就可以在决策表的输入表达式、输入条目和输出条目中用它的名字来表示。其代码如下：

```xml
<input id="input">
  <!--
    this input expression will return the value
    of the process/case variable 'foo'
  -->
  <inputExpression>
    <text>foo</text>
  </inputExpression>
</input>
```

表达式中流程变量的返回值是一个普通对象，而不是一个类型化值。如果要在表达式中使用类型化值，则必须从变量上下文中获取变量。下面的代码与上面的示例一样，也是从变量上下文中获取变量 foo 并返回其解封后的值，代码如下：

```xml
<input id="input">
  <!--
    this input expression uses the variable context to
    get the typed value of the process/case variable 'foo'
```

```
-->
<inputExpression>
  <text>
    variableContext.resolve("foo").getValue()
  </text>
</inputExpression>
</input>
```

12.4.4　表达式语言集成

在默认情况下，DMN 引擎使用 JUEL 作为输入表达式、输出条目和字面表达式的表达语言。它使用 FEEL 作为输入项的表达语言。

注意，在新版中，默认表达式语言是 FEEL。

有关表达式语言的更多详细内容，请参阅官网中的 DMN 引擎指南。

12.5　DMN 决策的历史记录

在从 BPMN 流程或决策服务评估决策定义之后，输入和输出将保存在平台的历史记录中。历史记录实体的类型为 HistoricDecisionInstance，其事件类型为 evaluate。

注意，历史记录级别必须是 FULL；否则，将不会创建决策的历史记录。

12.5.1　查询已评估的决策

History 服务可用于查询 HistoricDecisionInstances。

【例 12-15】　查询已评估决策的历史。

可以使用下面的查询来获取键为 checkOrder 的决策定义的所有历史记录条目，其结果按决策的评估时间排序，代码如下：

```
List<HistoricDecisionInstance> historicDecisions = processEngine
  .getHistoryService()
  .createHistoricDecisionInstanceQuery()
  .decisionDefinitionKey("checkOrder")
  .orderByEvaluationTime()
  .asc()
  .list();
```

从 BPMN 业务规则任务评估的决策可以使用流程定义 ID 或键和流程实例 ID 进行过滤，代码如下：

```
HistoryService historyService = processEngine.getHistoryService();

List<HistoricDecisionInstance> historicDecisionInstances = historyService
  .createHistoricDecisionInstanceQuery()
  .processDefinitionId("processDefinitionId")
  .list();

historicDecisionInstances = historyService
  .createHistoricDecisionInstanceQuery()
  .processDefinitionKey("processDefinitionKey")
  .list();

historicDecisionInstances = historyService
```

```
.createHistoricDecisionInstanceQuery()
.processInstanceId("processInstanceId")
.list();
```

注意，在默认情况下，决策的输入和输出不包括在查询结果中。可以在查询中调用 includeInputs()和 includeOutputs()方法，并从查询结果中获取输入和输出，代码如下：

```
List<HistoricDecisionInstance> historicDecisions = processEngine
.getHistoryService()
.createHistoricDecisionInstanceQuery()
.decisionDefinitionKey("checkOrder")
.includeInputs()
.includeOutputs()
.list();
```

12.5.2　历史决策实例

历史决策实例（HistoricDecisionInstance）包含关于单个决策评估的信息。

【例 12-16】　查询历史决策实例。

查询决策评估历史记录的示例，代码如下：

```
HistoricDecisionInstance historicDecision = ...;

// id of the decision definition
String decisionDefinitionId = historicDecision.getDecisionDefinitionId();

// key of the decision definition
String decisionDefinitionKey = historicDecision.getDecisionDefinitionKey();

// name of the decision
String decisionDefinitionName =
historicDecision.getDecisionDefinitionName();

// time when the decision was evaluated
Date evaluationTime = historicDecision.getEvaluationTime();

// inputs of the decision (if includeInputs was specified in the query)
List<HistoricDecisionInputInstance> inputs = historicDecision.getInputs();

// outputs of the decision (if includeOutputs was specified in the query)
List<HistoricDecisionOutputInstance> outputs = historicDecision.
getOutputs();
```

如果在流程中评估决策，则流程定义、流程实例和活动的信息被设置在 HistoricDecisionInstance 中。

此外，如果决策是一个命中策略为 collect 并使用 aggregator 函数的决策表，则可以使用 getCollectResultValue()方法检索聚合的结果。

1. 历史决策的输入实例

历史决策的输入实例（HistoricDecisionInputInstance）表示一个已评估决策的一个输入。

【例 12-17】　查询决策的输入示例。

查询决策表的输入子句示例，代码如下：

```
HistoricDecisionInputInstance input = ...;
```

```
// id of the input clause
String clauseId = input.getClauseId();

// label of the input clause
String clauseName = input.getClauseName();

// evaluated value of the input expression
Object value = input.getValue();

// evaluated value of the input expression as typed value
// which contains type information
TypedValue typedValue = input.getTypedValue();
```

注意，如果输入指定了类型，则该值也可能是类型转换的结果。

2. 历史决策的输出实例

历史决策的输出实例（HistoricDecisionOutputInstance）表示一个已评估决策的一个输出条目。如果决策是以决策表的形式实现的，那么 HistoricDecisionInstance 为每个输出子句和匹配的规则都包含了一个 HistoricDecisionOutputInstance。

【例 12-18】 查询决策的输出。

查询决策的输出示例，代码如下：

```
HistoricDecisionOutputInstance output = ...;

// id of the output clause
String clauseId = output.getClauseId();

// label of the output clause
String clauseName = output.getClauseName();

// evaluated value of the output entry
Object value = output.getValue();

// evaluated value of the output entry as typed value
// which contains type information
TypedValue typedValue = output.getTypedValue();

// id of matched rule the output belongs to
String ruleId = output.getRuleId();

// the position of the rule in the list of matched rules
Integer ruleOrder = output.getRuleOrder();

// name of the output clause used as output variable identifier
String variableName = output.getVariableName();
```

注意，如果输出指定了类型，那么该值也可能是类型转换的结果。

第 13 章　日　志　记　录

由于大多数 Camunda 模块都包括 Camunda 引擎，且均使用 SLF4J 作为日志的门面（Facade），因此可以将日志输出直接指向选择的日志"后端"，如 Logback 或 LOG4J。

13.1　使用共享流程引擎的预配置日志

当将 Camunda 作为共享流程引擎安装到应用程序服务器中时，Camunda 日志是预先配置好的。

在除 JBoss 和 Wildfly 之外的所有应用服务器上，日志都是使用 SLF4J-JDK14 桥接器来预配置的。这意味着 Camunda 有效地将其所有日志重定向到 Java Util 日志中。SLF4J API 和 SLF4J-JDK14 都可以在共享类路径中使用，这意味着它们可以在这些服务器上部署的所有应用程序的类路径中使用。

在 JBoss/Wildfly 上，日志被指向 JBoss 日志基础设施。在默认情况下，自定义应用程序的类路径中没有 SLF4J API。

13.2　为嵌入式流程引擎使用添加日志后端

在自定义应用程序中使用 Camunda Maven 模块时，只有 SLF4J API 被临时拉入了。如果不提供任何后端，就不会实际记录任何内容。

13.2.1　使用 Java Util 日志

如果不关心特定的日志后端，最简单的方式是通过添加以下 Maven 依赖，将日志记录直接发送到 Java Util 日志中。

```
<dependency>
  <groupId>org.slf4j</groupId>
  <artifactId>slf4j-jdk14</artifactId>
  <version>1.7.13</version>
</dependency>
```

13.2.2 使用 Logback

对于较复杂的日志记录设置，建议使用 Logback。为此，必须执行以下步骤。

（1）添加 Logback 依赖，其代码如下：

```
<dependency>
  <groupId>ch.qos.logback</groupId>
  <artifactId>logback-classic</artifactId>
  <version>1.1.2</version>
</dependency>
```

（2）添加一个名为 log-back.xml 的文件。示例文件的代码如下：

```
<configuration>
  <appender name="STDOUT" class="ch.qos.logback.core.ConsoleAppender">
    <!-- encoders are assigned the type
         ch.qos.logback.classic.encoder.PatternLayoutEncoder by default -->
    <encoder>
      <pattern>%d{HH:mm:ss.SSS} [%thread] %-5level %logger{36} - %msg%n</pattern>
    </encoder>
  </appender>

  <!-- camunda -->
  <logger name="org.camunda" level="info" />

  <!-- common dependencies -->
  <logger name="org.apache.ibatis" level="info" />
  <logger name="javax.activation" level="info" />
  <logger name="org.springframework" level="info" />

  <root level="debug">
    <appender-ref ref="STDOUT" />
  </root>
</configuration>
```

（3）确保 mybatis 使用 SLF4J 作为日志记录器。方法是在代码中添加以下语句：

```
LogFactory.useSlf4jLogging();
```

第 14 章　测　试

测试 BPMN 流程和 DMN 决策与测试代码同样重要。本章讲解如何使用 Camunda 编写单元测试和集成测试，并提供一些最佳实践和指南。

14.1　单元测试

Camunda 同时支持 JUnit 3 和 JUnit 4 版本风格的单元测试。

14.1.1　JUnit 4

编写 JUnit 4 风格的单元测试，必须使用 ProcessEngineRule。通过这个规则，流程引擎和服务可以通过 getter 得到。与 ProcessEngineTestCase 一样，包括这个规则在内，将在类路径上查找默认的配置文件。当使用相同的配置资源时，流程引擎会在多个单元测试上被静态缓存起来。

【例 14-1】 JUnit 4 测试。

使用 JUnit 4 风格的测试和 ProcessEngineRule 的用法示例，代码如下：

```
public class MyBusinessProcessTest {

  @Rule
  public ProcessEngineRule processEngineRule = new ProcessEngineRule();

  @Test
  @Deployment
  public void ruleUsageExample() {
    RuntimeService runtimeService = processEngineRule.getRuntimeService();
    runtimeService.startProcessInstanceByKey("ruleUsage");

    TaskService taskService = processEngineRule.getTaskService();
    Task task = taskService.createTaskQuery().singleResult();
    assertEquals("My Task", task.getName());

    taskService.complete(task.getId());
    assertEquals(0, runtimeService.createProcessInstanceQuery().count());
  }
}
```

14.1.2　JUnit 3

在 JUnit 3 风格中，必须扩展 ProcessEngineTestCase，它通过受保护的成员字段来使用

ProcessEngine 和服务。在测试的 setup()中，ProcessEngine 将默认使用类路径上的 camunda.
cfg.xml 资源进行初始化。要指定一个不同的配置文件，需要覆盖 getConfigurationResource()
方法。当配置资源相同时，流程引擎会在多个单元测试上被静态缓存起来。

【例 14-2】 JUnit 3 测试。

JUnit 3 风格的测试示例，代码如下：

```
public class MyBusinessProcessTest extends ProcessEngineTestCase {

  @Deployment
  public void testSimpleProcess() {
  runtimeService.startProcessInstanceByKey("simpleProcess");

  Task task = taskService.createTaskQuery().singleResult();
  assertEquals("My Task", task.getName());

  taskService.complete(task.getId());
  assertEquals(0, runtimeService.createProcessInstanceQuery().count());
  }
}
```

14.1.3 部署测试资源

可以使用@Deployment 注解测试类和方法。在运行测试之前，一个名为 TestClassName.
bpmn20.xml（用于类级注解）或 TestClassName.testMethod.bpmn20.xml（用于方法级注解）的
资源文件将被部署在与测试类相同的包中。在测试结束时，部署将被删除，包括所有相关的
流程实例、任务等。@Deployment 注解还支持显式配置资源位置，示例代码如下：

```
@Deployment(resources = {"myProcess.bpmn", "mySubprocess.bpmn"})
```

上述代码将直接从类路径中选择 myProcess.bpmn 和 mySubProcess.bpmn 文件。

方法级注解会覆盖类级注解。

该注解支持 JUnit 3 和 JUnit 4 风格的测试。

14.2 测试的社区扩展

若有一些文档较完善且被广泛使用的社区扩展，则可以使测试变得更加高效和有趣。

14.2.1 Camunda BPM Assert Scenario

通常情况下，当流程模型改变时，其单元测试也需要跟着改变。对于大型流程模型，这
是一个相当繁重的工作。而 Camunda BPM Assert Scenario 的出现大大缓解了这一状况。它消
除了为大型可执行流程模型调整单元测试套件的需要，使得流程开发更高效。当使用它时，
就会发现只有那些想要打破的测试需要被打破，也就是当改变了被测流程的"业务相关"方
面时，或者流程实现了什么时。然而如果仅仅重构了模型的内部逻辑，或者改变了如何实现
所需的业务语义时，这些测试套件就不会被打破。

此外，Camunda BPM Assert Scenario 支持通过 UT 来测试与时间关联的流程行为：通过"快速
移动"将操作和测试场景推迟到它们的"未来流程"中，还可以检查多个流程和调用活动是如何在
一起工作的。Camunda BPM Assert Scenario 工作在一个单步、易于模拟和控制的单元测试环境中。

Camunda BPM 的这个社区扩展使开发者能够为流程模型编写健壮的测试套件。流程模型

越大，更改它们的频率就越高，开发者能从中获取到的价值就越大。示例代码如下：

```
@Test
public void testHappyPath() {
  // "given" part of the test
  when(process.waitsAtUserTask("CompleteWork")).thenReturn(
    (task) -> task.complete()
  );
  // "when" part of the test
  run(process).startByKey("ReadmeProcess").execute();
  // "then" part of the test
  verify(process).hasFinished("WorkFinished");
}
```

该测试代码遵循 GivenWhenThen 风格来表示测试。

given 部分描述了测试的前置条件。它通过编码动作定义了一个流程场景，当流程到达等待状态时（例如用户任务、接收任务、基于事件的网关等），这些动作就会发生。

when 部分执行指定的场景。开始运行直到结束。

then 部分描述预期的结束状态。例如，可以验证流程实例是否达到了结束事件。

【例 14-3】 测试流程。

举一个流程的例子以便更好地理解。测试流程示例如图 14-1 所示。

在上述代码中，除了 HappyPath，还可以添加一个提醒任务，以每天提醒负责这项工作的同事去完成这项任务。为了测试与时间相关的流程行为，这个库允许在指定的时间段"推迟"操作。下面的测试代码片段验证了这个用例：如果同事需要两天半的时间来完成工作，那么需要提醒他两次。测试代码如下：

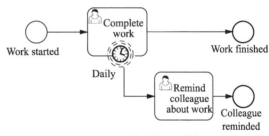

图 14-1 测试流程示例

```
@Test
public void testSlowPath() {
  when(process.waitsAtUserTask("CompleteWork")).thenReturn(
    (task) -> task.defer("P2DT12H", () -> task.complete())
  );
  when(process.waitsAtUserTask("RemindColleague")).thenReturn(
    (task) -> task.complete()
  );
  run(process).startByKey("ReadmeProcess").execute();
  verify(process).hasFinished("WorkFinished");
  verify(process, times(2)).hasFinished("ColleagueReminded");
}
```

注意，这种时间相关的场景可以跨交互的流程实例和整个调用活动树进行工作。

14.2.2 Camunda BPM Process Test Coverage

Camunda BPM 的这个社区扩展可以可视化测试流程的执行路径，并检查流程模型的覆盖率。现在，运行典型的 JUnit 测试会在构建输出中留下 HTML 文件，可以打开它们并检查测试结果。覆盖率测试结果示例如图 14-2 所示。

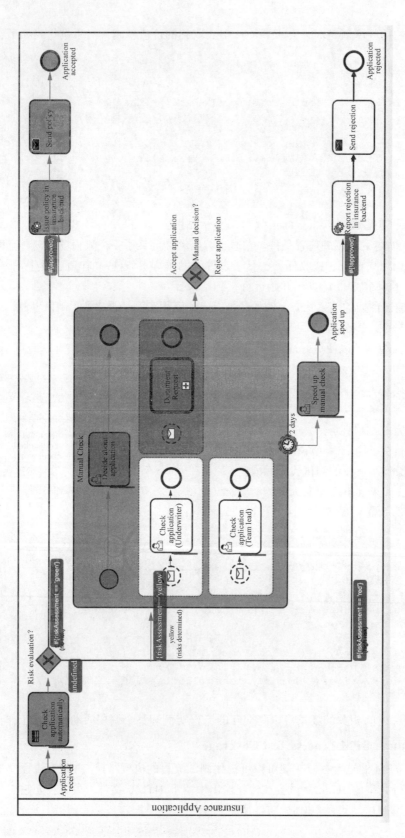

图14-2　覆盖率测试结果示例

14.3 最佳实践

14.3.1 编写针对性测试

在一组活动中启动流程实例的特性使得无须进行太多设置就可以创建一个非常具体的场景。同样，通过流程实例修改可以跳过某些活动。因此可以只测试需要关注的部分。

14.3.2 测试范围

BPMN 流程和 DMN 决策并不是孤立存在的。下面是关于 BPMN 流程的例子：

首先，流程本身由 Camunda 引擎执行，该引擎需要一个数据库。其次，流程"不仅仅"是流程，它可以包含表达式、脚本，并且常常调用自定义的 Java 类，而这些类又可能调用本地或远程服务。要测试流程，所有这些东西都需要存在，否则测试无法正常工作。

仅仅为了运行一个单元测试就设置所有这些东西是昂贵的。这就是为什么在实践中，应用测试范围的概念是有意义的。确定测试范围意味着限制运行测试所需的基础设施数量。超出测试范围的内容将被模拟。

【例 14-4】 界定 JavaEE 应用程序的测试范围。

假设正在构建一个包含 BPMN 流程的典型 JavaEE 应用程序，该流程使用 Java 表达式语言（EL）作为条件，它将 Java 委托调用实现为 CDI Beans，这些 Beans 反过来可能调用 EJB 实现的实际业务逻辑。业务逻辑通过 JPA 在二级数据库中维护额外的业务对象。它还使用 JMS 发送消息来与外部系统交互，并有一个漂亮的 Web UI。该应用程序运行在 Wildfly 的 JavaEE 应用服务器中。

要测试这个应用程序，需要所有组件（包括应用程序服务器）都存在，并且外部系统还需要处理 JMS 消息。这使得编写针对性测试非常困难。然而通过查看流程，可以发现在没有完整基础设施的情况下，也可以测试流程的许多方面。例如，如果存在流程数据，通常可以在不使用任何附加基础设施的情况下测试表达式语言的条件。这就已经可以断言流程的网关在指定输入数据时是否正确地"走对了路"。接下来，如果对 EJB 进行模拟，那么委托逻辑也可以包含在这样的测试中。这样就可以断言委托逻辑的连接是正确的，它执行了正确的数据转换和映射，并使用了正确的参数来调用业务逻辑。由于 Camunda 引擎可以与内存数据库一起工作，所以可以"隔离"测试 BPMN 流程，将其作为单元测试并断言其局部功能的正确性。同样的原则可以应用于系统的下一个"外层"，包括业务逻辑和外部系统。

JavaEE 应用程序测试范围示例如图 14-3 所示。

图 14-3 定义了以下 3 个测试范围。

范围 1：局部的，偏重于流程模型的功能正确性，包含数据、条件和委托代码，通常作为单元测试来实现。

范围 2：与运行时容器内的业务逻辑集成，对于 JavaEE 应用程序，通常作为基于 Arquillian 的集成测试来实现。

范围 3：与外部系统和 UI 集成。

注意，图 14-3 所示的只是针对 JavaEE 应用程序的一个例子，其他应用程序可能需要不同的测试范围。不过基本原则还是一样的。

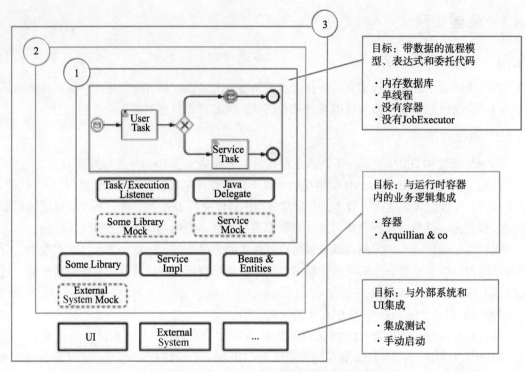

图 14-3　JavaEE 应用程序测试范围示例

第三部分

Camunda实战入门

　　前面已经介绍了 BPMN 中常用的元素图形符号，以及 Camunda 的相关知识。有了这些知识，就可以进入实战了。

　　在正式使用 Camunda BPM 之前，需要先下载并安装 Camunda BPM 平台和 Camunda Modeler。

第 15 章 快 速 入 门

本章介绍如何使用 Camunda BPM 平台建模并实现第一个工作流。

15.1 使用 Camunda BPM 平台建模并实现工作流

15.1.1 新建一个 BPMN 流程图

打开 Camunda Modeler，创建一个新的 BPMN 流程图。单击 File | New File | BPMN Diagram。新建 BPMN 流程图如图 15-1 所示。

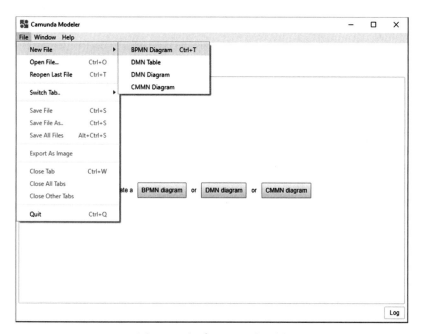

图 15-1 新建 BPMN 流程图

15.1.2 开始一个简单的流程

现在，可以开始对流程建模。建模开始事件如图 15-2 所示。

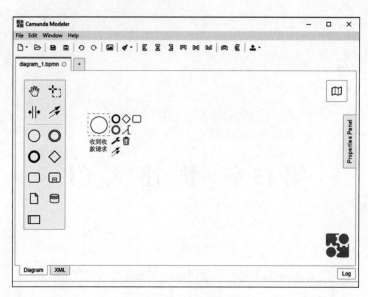

图 15-2　建模开始事件

（1）双击开始事件，弹出一个文本输入框，在该文本输入框中输入"收到收款请求"。如果需要换行，就可以使用 Shift+Enter 组合键。

（2）单击开始事件，在弹出的菜单中选择活动形状（圆角矩形框），它会被自动放置到画布当中。也可以把它拖动到合适的位置，并将其命名为"信用卡收款"。然后单击活动形状，选择扳手图标，在弹出的菜单中选择 Service Task，以将活动类型更改为服务任务。建模服务任务如图 15-3 所示。

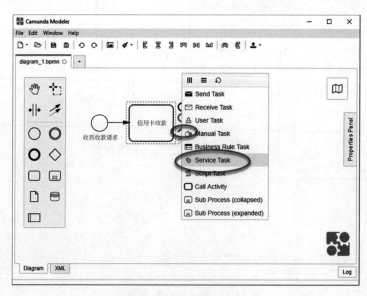

图 15-3　建模服务任务

（3）加入一个结束事件。通过单击服务任务，选择结束事件（粗框圆形图标）来实现。把它命名为"收到付款"。建模结束事件如图 15-4 所示。

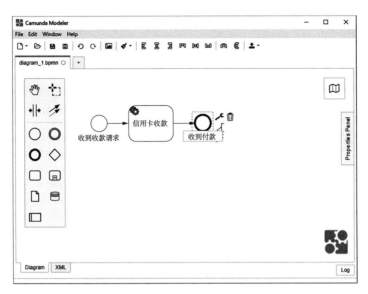

图 15-4　建模结束事件

这样，一个简单的流程就建模完成了。接下来，可以进行相应的配置。

15.1.3　配置服务任务

使用 Camunda BPM 执行服务任务有多种不同的方法。在本节中，将使用外部任务模式。单击上述创建的服务任务和 Camunda Modeler 右侧的属性面板（Properties Panel）以显示其属性。将实现（Implementation）更改为 External，并在 Topic 输入框中输入 charge-card 作为订阅的主题。配置外部任务如图 15-5 所示。

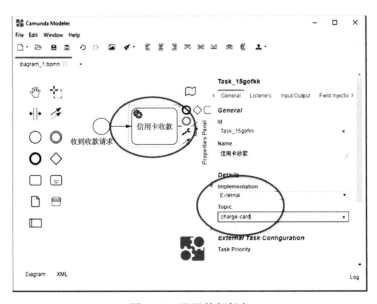

图 15-5　配置外部任务

15.1.4　配置执行属性

由于正在建模的是一个可执行的流程，所以需要给它一个 ID，并将其设置为可执行的。

单击画布上的空白区域，这样画布右侧的属性面板上将显示流程本身的属性。

首先，为流程配置一个 ID。在 Id 属性字段中输入 payment-retrieval 。Id 属性被流程引擎用作可执行流程的标识符，最好将其设置为可读的名称。

其次，配置流程的名称。在 Name 属性字段中输入"收款"。

最后，选中 Executable 属性。如果不选中此项，流程定义将被流程引擎忽略。配置流程属性如图 15-6 所示。

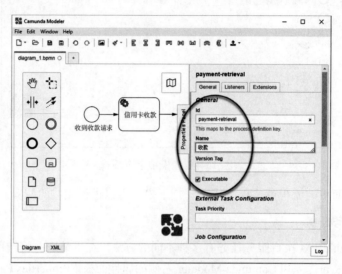

图 15-6　配置流程属性

这样，一个基本的流程就配置完成了。

15.1.5　保存 BPMN 流程图

在完成上述操作后，单击 File→Save File As..来保存流程图，也可以使用 Save 菜单。导航到需要的文件夹，并将图表保存为 payment.bpmn。保存流程如图 15-7 所示。

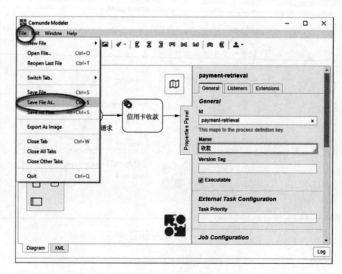

图 15-7　保存流程

15.2　实现外部任务工作者

在对流程建模之后，可以通过流程来执行业务逻辑。

通过 Camunda BPM，可以使用不同的语言来实现业务逻辑，也可以根据需要选择最适合自己项目的语言。

本书将使用 Java 任务客户端来实现业务逻辑。如果希望使用 Java 和 JavaScript 之外的语言，可以考虑使用 Camunda 的 REST API。

15.2.1　先决条件

实现外部任务工作者的先决条件是需要确保安装了 JDK 1.8 和用于 Java 项目的 IDE（例如 Eclipse，Intellij IDEA 等）工具。

15.2.2　新建一个 Maven 项目

由于本章使用 Eclipse 作为项目的 IDE，因此，须在 Eclipse 中创建一个新的 Maven 项目，并出现在 Package Explorer 视图中。Maven 信息如下所示：

（1）Group Id: org.camunda.bpm.getstarted；

（2）Artifact Id: charge-card-worker；

（3）Version:0.0.1-SNAPSHOT；

（4）Packageing: jar。

新建 Maven 项目的具体步骤，请参阅附录 B.2。

15.2.3　添加 Camunda 外部任务客户端依赖

为新流程应用程序配置完外部任务客户端的 Maven 依赖后，项目的 pom.xml 文件内容如下所示：

```xml
<project xmlns="http://maven.apache.org/POM/4.0.0"
xmlns:xsi="http://www.w3.org/2001/XMLSchema-instance"
xsi:schemaLocation="http://maven.apache.org/POM/4.0.0
http://maven.apache.org/xsd/maven-4.0.0.xsd">
   <modelVersion>4.0.0</modelVersion>
   <groupId>org.camunda.bpm.getstarted</groupId>
   <artifactId>charge-card-worker</artifactId>
   <version>0.0.1-SNAPSHOT</version>

   <dependencies>
      <dependency>
         <groupId>org.camunda.bpm</groupId>
         <artifactId>camunda-external-task-client</artifactId>
         <version>1.2.0</version>
      </dependency>
      <dependency>
         <groupId>org.slf4j</groupId>
         <artifactId>slf4j-simple</artifactId>
         <version>1.6.1</version>
      </dependency>
      <dependency>
         <groupId>javax.xml.bind</groupId>
         <artifactId>jaxb-api</artifactId>
         <version>2.3.1</version>
```

```
    </dependency>
  </dependencies>

</project>
```

15.2.4 添加 Java 类

首先，需要创建一个新的订阅 charge-card 主题的外部任务客户端（ExternalTaskClient）。

当流程引擎遇到配置为由外部处理的服务任务时，它将创建一个外部任务实例，处理程序将对该实例做出反应。外部任务客户端使用长轮询（Long Polling）来提高通信效率。

其次，需要创建一个名为 org.camunda.bpm.getstarted.chargecard 的包。

最后，在包里添加一个名为 ChargeCardWorker 的 Java 类。其代码如下：

```java
package org.camunda.bpm.getstarted.chargecard;

import java.util.logging.Logger;

import org.camunda.bpm.client.ExternalTaskClient;

public class ChargeCardWorker {
    private final static Logger LOGGER =
Logger.getLogger(ChargeCardWorker.class.getName());

    public static void main(String[] args) {
        ExternalTaskClient client =
ExternalTaskClient.create().baseUrl("http://localhost:8080/engine-rest")
                .asyncResponseTimeout(10000)                // 长轮询超时
                .build();

        // 订阅流程中指定的外部任务主题
        client.subscribe("charge-card").lockDuration(1000)
        // 默认的锁定持续时间是 20 s，可以覆盖它
                .handler((externalTask, externalTaskService) -> {
        // 把业务逻辑放在这里

        // 获取流程变量
        String item = (String) externalTask.getVariable("item");
        Long amount = (Long) externalTask.getVariable("amount");
        LOGGER.info(
                "Charging credit card with an amount of '" + amount + "'€ for
the item '" + item + "'...");

        // 完成任务
                externalTaskService.complete(externalTask);
        }).open();
    }
}
```

15.2.5 运行 Worker

可以通过右击 ChargeCardWorker 类并选择 Run As | JavaApplication 来运行 Java 应用程序。

注意，在本流程实例运行的整个过程中，ChargeCardWorker 都需要保持在运行状态。同时需要确保 Camunda BPM 也处于运行状态，否则会报连接失败的异常。错误日志代码如下：

```
3900 [TopicSubscriptionManager] ERROR org.camunda.bpm.client -
TASK/CLIENT-03001 Exception while fetch and lock task.
org.camunda.bpm.client.impl.EngineClientException: TASK/CLIENT-02002
Exception while establishing connection for request 'POST
http://localhost:8080/engine-rest/external-task/fetchAndLock HTTP/1.1'
    …
Caused by: org.apache.http.conn.HttpHostConnectException: Connect to
localhost:8080 [localhost/127.0.0.1, localhost/0:0:0:0:0:0:0:1] failed:
Connection refused: connect
```

15.3　部署流程

接下来将部署该流程并启动一个新的流程实例，以查看这个流程是否正常工作。

15.3.1　使用 Camunda Modeler 部署流程

为了部署流程，可以单击 Camunda Modeler 中的部署（Deploy Current Diagram）按钮。使用 Modeler 部署流程如图 15-8 所示。

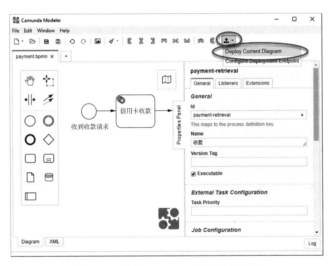

图 15-8　使用 Modeler 部署流程示意

在弹出的对话框中的 Deployment Name 后的文本框中输入"收款"，然后单击 Deploy 按钮，如图 15-9 所示。

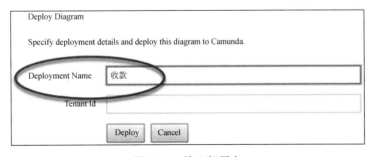

图 15-9　输入部署名

操作完成后，可以看到部署成功的提示。部署成功提示如图 15-10 所示。

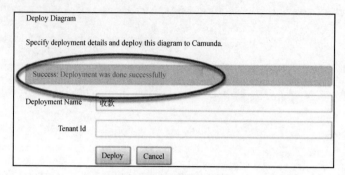

图 15-10　部署成功提示

15.3.2　使用 Cockpit 确认部署

使用 Cockpit 可以查看流程是否部署成功。操作方法：首先，在浏览器中打开网址 http://localhost:8080/camunda/app/cockpit/default/，然后使用 demo / demo 账户登录。Camunda Cockpit 登录界面如图 15-11 所示。

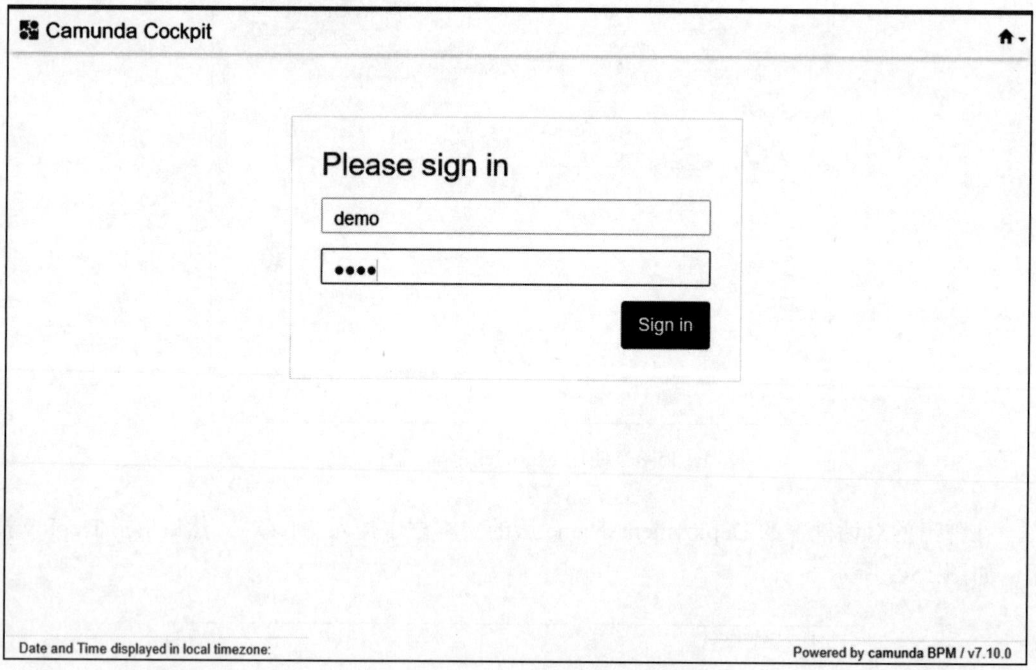

图 15-11　Camunda Cockpit 登录界面

在登录后的 Camunda Cockpit 界面上可以看到所有已部署流程的概要信息，如图 15-12 所示。

图 15-12 所示中，流程定义（Process Definitions）下面的数字 2 表示已经成功部署了两个流程。单击 Process Definitions，在 Processes 界面就会显示刚才部署的"收款"流程。Processes 界面如图 15-13 所示。

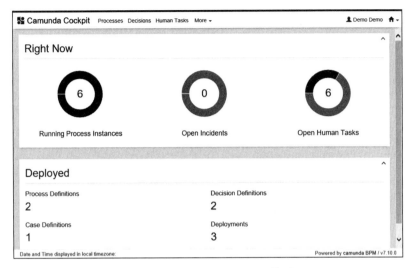

图 15-12　Camunda Cockpit 界面

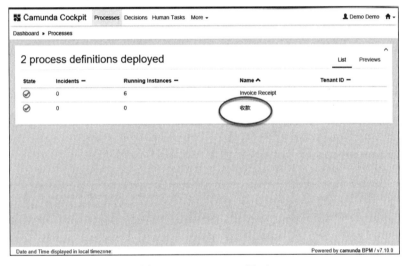

图 15-13　Processes 界面

15.3.3　启动流程实例

在 Camunda 中，可以使用以下两种方法来启动一个新的流程实例。

1. 通过 REST 命令启动流程实例

使用 Camunda REST API 发送 POST 请求来启动一个新的流程实例，例如在 Linux 系统上使用 Curl 命令。其代码如下：

```
curl -H "Content-Type: application/json" -X POST -d '{"variables": {"amount":
{"value":555,"type":"long"}, "item": {"value":"item-xyz"} } }'
http://localhost:8080/engine-rest/process-definition/key/payment-retrieval
/start
```

同样，也可以使用 Postman 等 REST 客户端来完成与 Curl 命令同样的工作。这里不再赘述。

2. 通过 Camunda 界面启动流程实例

在 Camunda 界面启动流程实例的操作步骤如下所述。

（1）打开 Camunda 任务列表，弹出其界面如图 15-14 所示。

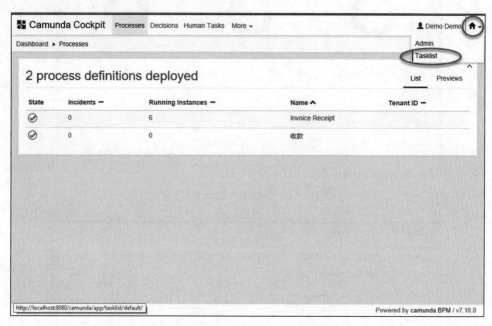

图 15-14　Camunda 任务列表界面

（2）单击 Start process 即可启动流程实例，如图 15-15 所示。

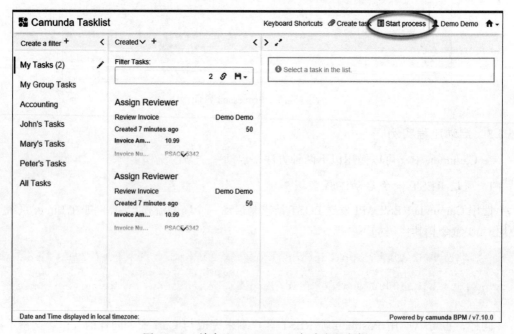

图 15-15　单击 Start process 启动流程实例

（3）在弹出的对话框中选择上述部署的"收款"流程，如图 15-16 所示。

（4）在弹出的对话框中选择 Add a varia... +选项，然后输入变量信息。添加流程变量如图 15-17 所示。

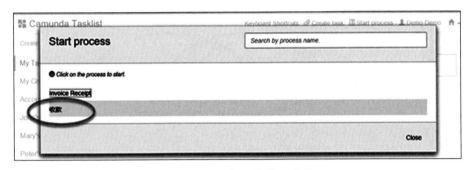

图 15-16　选择"收款"流程

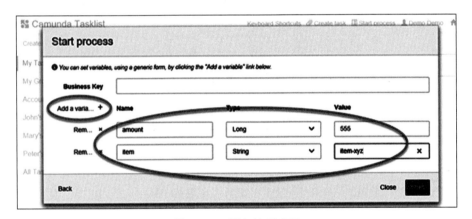

图 15-17　添加流程变量

（5）单击右下角的 Start 按钮即可启动流程。在控制台中显示如下所示的输出：

```
org.camunda.bpm.getstarted.chargecard.ChargeCardWorker lambda$0
INFO: Charging credit card with an amount of '555'€ for the item 'item-xyz'...
```

这意味着已经启动并成功执行了第一个简单的流程。

15.4　引入人工干预

本节介绍在使用 BPMN 2.0 用户任务时如何让人参与到流程中来。

15.4.1　添加用户任务

通过修改流程，可以让人参与到流程中来。其操作步骤如下所述。

（1）在 Modeler 左侧菜单中，选择套索工具图标，用鼠标左键圈选 "信用卡收款"和"收到付款"两个元素，并把它们拖曳到合适的位置。拖曳流程元素如图 15-18 所示。

（2）在左侧菜单中选择活动图标，并将其拖曳到"收到收款请求"开始事件和"信用卡收款"服务任务之间的位置上，如图 15-19 所示。

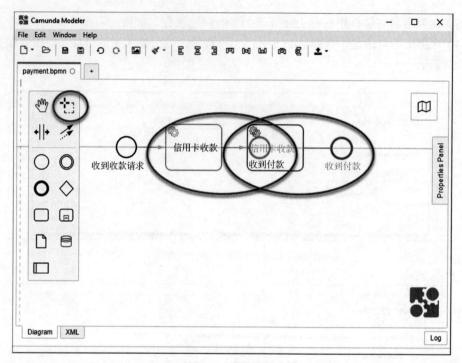

图 15-18　拖曳流程元素

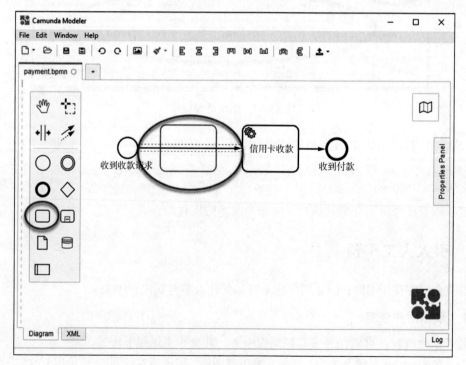

图 15-19　添加活动

（3）将其命名为"批准收款"。单击"批准收款"，然后单击扳手图标并将活动类型更改为用户任务，如图 15-20 所示。

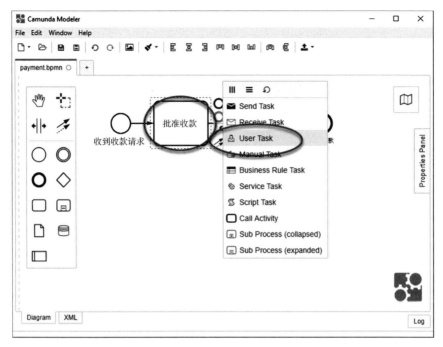

图 15-20　活动类型修改为用户任务

15.4.2　配置用户任务

打开 Modeler 右侧的属性面板。单击"批准收款"用户任务，更新属性面板中显示的内容。在 Assignee 属性文本框中输入 demo，如图 15-21 所示。

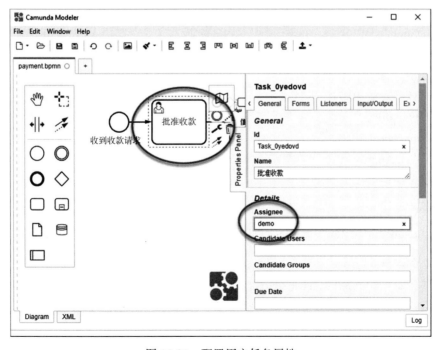

图 15-21　配置用户任务属性

15.4.3 在用户任务中配置基本表单

单击属性面板中的 Forms 选项卡。单击加号（+）按钮以添加新的表单字段，然后在 ID、Type 和 Label 字段文本框中输入 amount、long 和 Amount。

配置用户任务表单如图 15-22 所示。

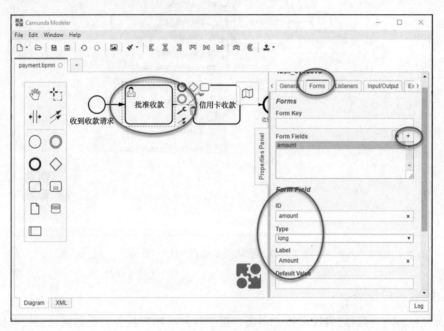

图 15-22　配置用户任务表单

用同样的方法添加另外两个字段 item 和 approved。其中，item 字段的内容如下：

（1）ID: item。

（2）Type: string。

（3）Label: Item。

approved 字段的内容如下：

（1）ID: approved。

（2）Type: boolean。

（3）Label: Approved。

完成后，保存修改后的流程图。

15.4.4 部署流程

单击 Camunda Modeler 中的部署按钮可将更新后的流程部署到 Camunda 中。

15.4.5 完成任务

进入任务列表（http://localhost:8080/camunda/app/tasklist/）（如果提示登录，就使用 demo / demo 账号登录），单击 Start process 按钮启动流程实例，并在弹出窗口中选择"收款"流程。

接着，可以使用通用表单为流程实例设置变量。

单击 Add a variable... +按钮创建新行（新变量），并输入如下所示的表单内容：

（1）Name: amount。

（2）Type: Long。

（3）Value: 555。

重复上一步并输入如下内容：

（1）Name: item。

（2）Type: String。

（3）Value: item-xyz。

使用通用表单添加流程变量如图 15-23 所示。

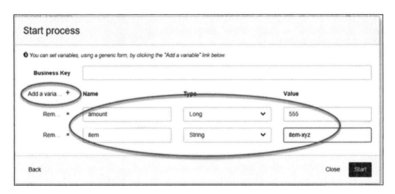

图 15-23　添加流程变量

完成上述操作后，单击 Start。

在刷新任务列表界面后，在任务列表中即可显示新出现的"批准收款"任务，如图 15-24 所示。

图 15-24　批准收款任务

单击"批准收款"任务，在右侧视图中弹出 Form 选项卡，它展示了需要处理的任务的内容，也就是刚才输入的表单内容，如图 15-25 所示。

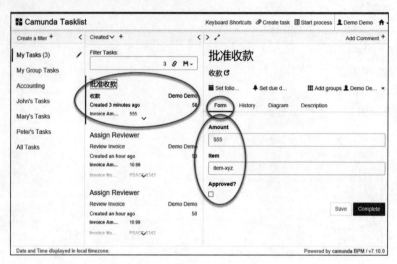

图 15-25　显示表单内容

单击 Diagram 选项卡，显示流程图，并高亮显示等待处理的用户任务，如图 15-26 所示。

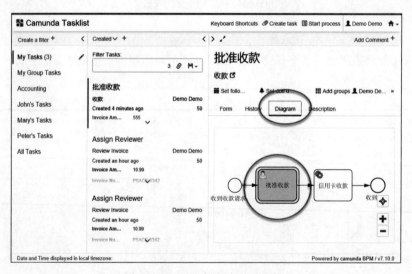

图 15-26　显示任务中的流程图

要处理用户任务，需要返回到 Form 选项卡中进行操作。如果选中了 Approved?复选框，就表明同意收款。如果没有选中它（默认行为），就表明是拒绝收款。最后，可以单击右下角的 Complete 按钮来完成任务。

15.5　流程动态化

本节介绍如何使用 BPMN 2.0 异或网关来使流程更加动态化。

15.5.1　添加两个网关

首先，在 Modeler 的左侧菜单中选择网关图标（菱形），并将其拖动到开始事件和 "信用卡收款"服务任务之间的位置。将用户任务向下移动并在其后添加另一个网关。然后，调整序列流的位置以使其更美观。添加网关如图 15-27 所示。

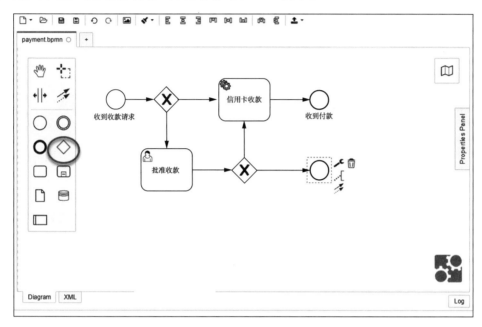

图 15-27　添加网关

接下来命名相应的新元素，如图 15-28 所示。

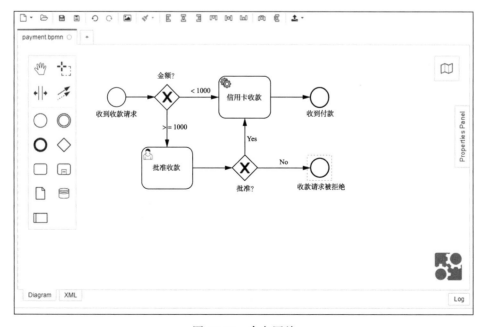

图 15-28　命名网关

15.5.2 配置网关

打开属性面板，选择"金额？"网关之后的"<1000"分支路径。这将同步更新属性面板中的内容。将 Condition Type 属性更改为 Expression。然后输入${amount<1000}作为表达式内容。配置"金额？"网关分支如图 15-29 所示。

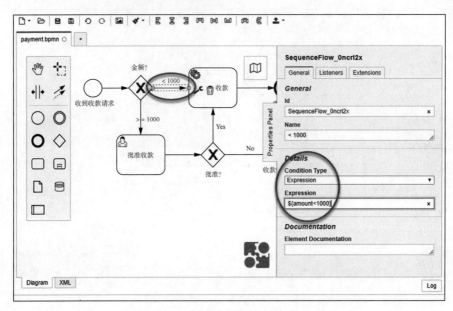

图 15-29 配置"金额？"网关分支

注意，在默认情况下，使用 Java 统一表达式语言（JUEL）来评估网关。

接下来，对其他序列流的表达式进行更改：对于>=1000 序列流，表达式为 ${amount>=1000}；对于"批准？"网关的 Yes 序列流，表达式为${approved}；对于 No 序列流，表达式为${!approved}。

15.5.3 部署流程

配置完成后，单击 Camunda Modeler 中的部署按钮可将更新后的流程部署到 Camunda 中。

15.5.4 完成任务

进入任务列表（http://localhost:8080/camunda/app/tasklist/），使用 demo / demo 账户登录。单击 Start process 按钮启动"收款"流程的流程实例。接下来，使用通用表单为流程实例设置变量。

在表单中输入变量信息，并确保使用大于或等于 1000 的金额，以便查看用户任务是否批准支付。填写表单如图 15-30 所示。

完成后，单击 Start 按钮即可启动流程。

在刷新任务列表后就会看到"批准收款"任务。在这个流程中，当以管理员的身份登录到任务列表时，可以看到与之关联的所有任务。还可以在任务列表中创建过滤器，根据用户权限和其他条件确定哪些用户可以查看哪些任务。

要处理此任务，需要选择 Form 选项卡并选中 Approved?复选框，以便收款请求获得批准。

处理任务如图 15-31 所示。

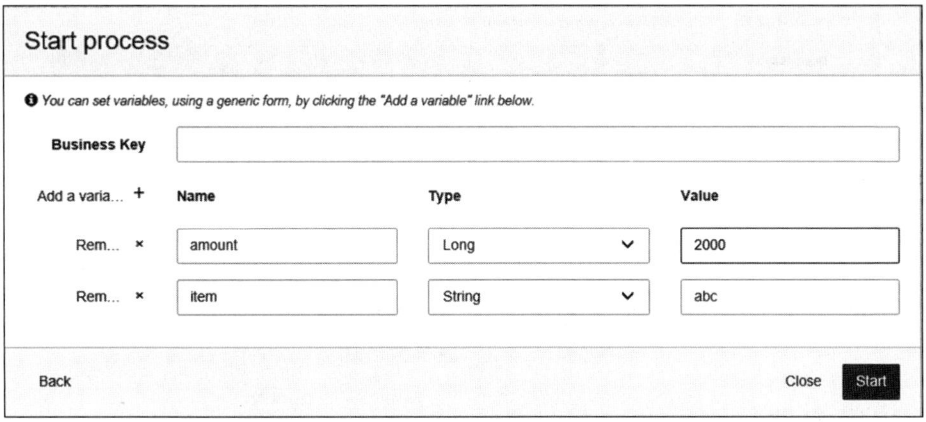

图 15-30　填写表单

图 15-31　处理任务

此时，可以在控制台中看到打印了如下所示的日志：

```
org.camunda.bpm.getstarted.chargecard.ChargeCardWorker lambda$0
INFO: Charging credit card with an amount of '2000'€ for the item 'abc'...
```

如果重复上述步骤，但是这次选择拒绝付款，那么在控制台中将看不到任何日志。

接下来创建一个 amount 小于 1000 的实例，以确认第一个网关工作正常。填写如图 15-32 所示的表单内容。

单击 Start 按钮启动流程。此时可以在控制台中看到如下所示的日志：

```
org.camunda.bpm.getstarted.chargecard.ChargeCardWorker lambda$0
INFO: Charging credit card with an amount of '200'€ for the item 'xyz'...
```

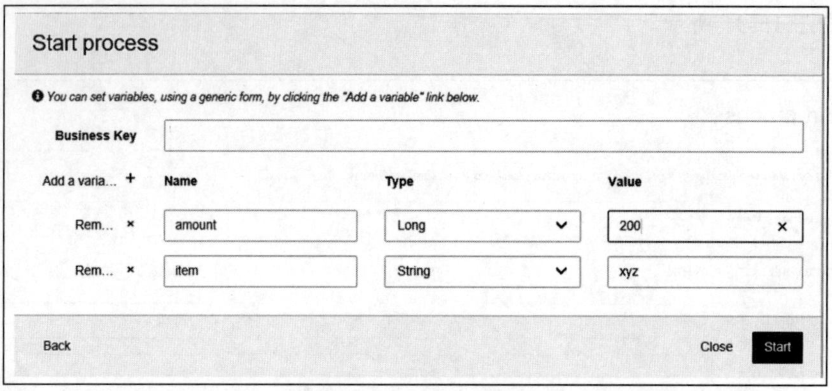

图 15-32　填写表单内容

15.6　决策自动化

本节介绍如何使用BPMN 2.0业务规则任务和DMN 1.1决策表来为流程添加决策自动化。

15.6.1　向流程添加业务规则任务

使用 Camunda Modeler 打开"收款"流程，在弹出的选项中选择"批准收款"任务。通过扳手按钮将活动类型更改为业务规则任务。业务规则任务如图 15-33 所示。

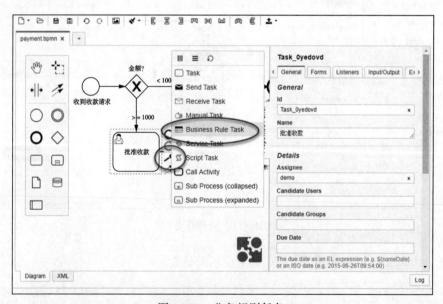

图 15-33　业务规则任务

接下来，在属性面板中将实现改为 DMN， 在 Decision Ref 下面文本框内输入 approve-payment，以把业务规则任务链接到 DMN 表。为了检索评估结果并将其自动保存为流程实例变量，还需要将结果变量改为 approved，并在属性面板中使用 singleEntry 来映射决策结果。配置业务规则任务如图 15-34 所示。

对以上更改进行保存并使用 Camunda Modeler 中的部署按钮部署更新后的流程。

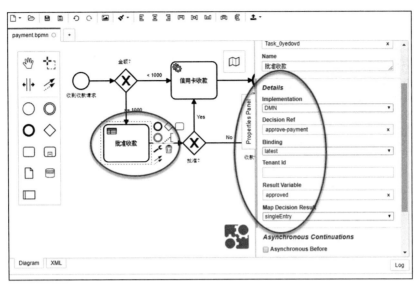

图 15-34　配置业务规则任务

15.6.2　使用 Camunda Modeler 创建 DMN 表

可以通过选择 File | New File | DMN Table 选项来创建一个新的 DMN 表。新建 DMN 表如图 15-35 所示。

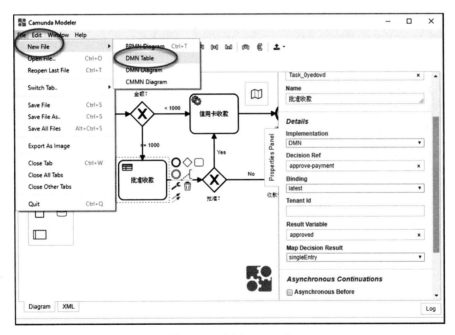

图 15-35　新建 DMN 表

15.6.3　指定 DMN 表

（1）将 DMN 表命名为"批准付款"，将其 ID 命名为 approve-payment。DMN 表的 ID 必须匹配 BPMN 流程中的 Decision Ref。配置 DMN 表如图 15-36 所示。

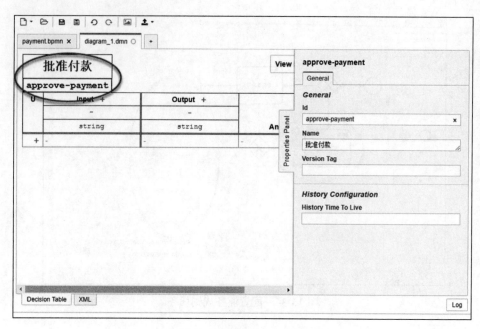

图 15-36　配置 DMN 表

（2）指定 DMN 表的输入表达式。在本例中，将根据 item 名称决定是否批准付款。其规则还可以使用 FEEL 表达式语言、JUEL 或脚本。

对于输入列，item 表示输入表达式；"商品" 表示输入标签。配置输入项如图 15-37 所示。

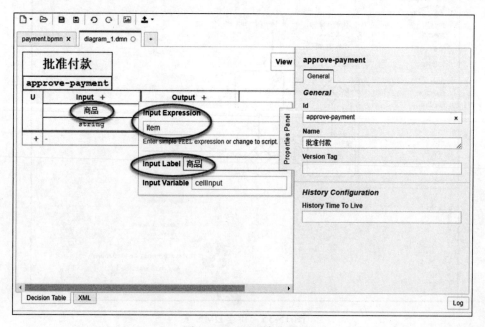

图 15-37　配置输入项

（3）配置输出列，如图 15-38 所示。其中，approved 表示输出名称；"批准" 表示输出列的输出标签。

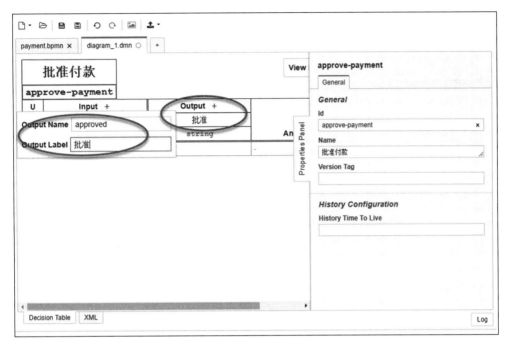

图 15-38 配置输出项

（4）将输出列的数据类型更改为 boolean，如图 15-39 所示。

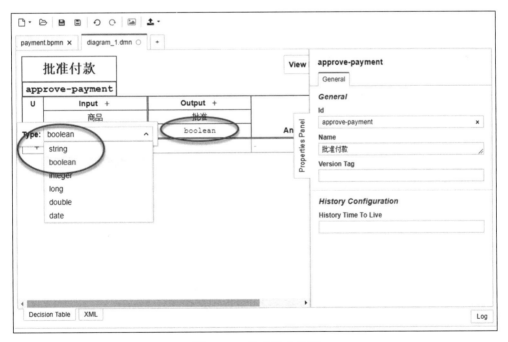

图 15-39 修改输出类型

（5）通过单击 DMN 表左侧的+图标来创建一些规则。在设置完成后的 DMN 表如图 15-40 所示。

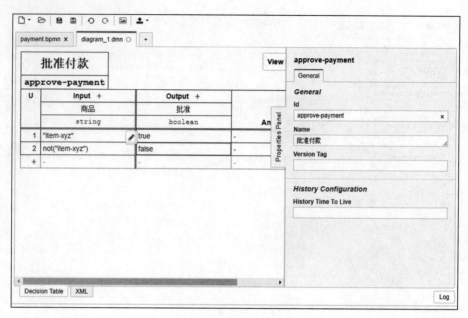

图 15-40　完整 DMN 表

（6）保存此决策表。

15.6.4　部署 DMN 表

单击 Camunda Modeler 中的部署按钮可以部署决策表。部署决策表如图 15-41 所示。

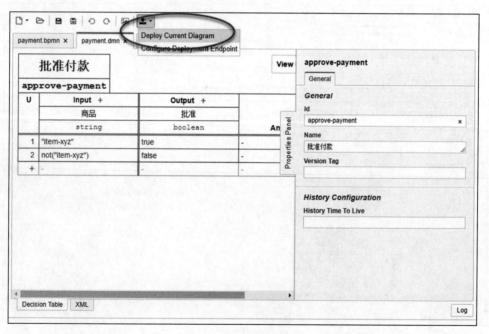

图 15-41　部署决策表

在弹出的对话框中，将部署名称设置为"收款决策"，然后单击 Deploy 按钮，如图 15-42 所示。

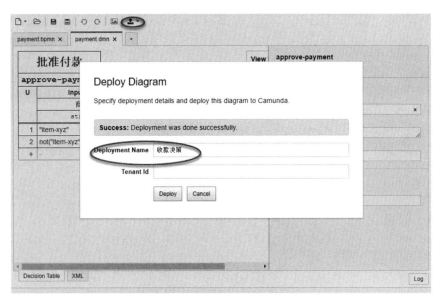

图 15-42　设置 DMN 部署名

15.6.5　使用 Cockpit 确认部署

使用 Cockpit 查看决策表是否部署成功。首先，在浏览器中打开网址 http://localhost:8080/camunda/app/cockpit/default/；然后使用 demo / demo 账户登录；成功登录后弹出 Camunda Cockpit 界面，如图 15-43 所示。

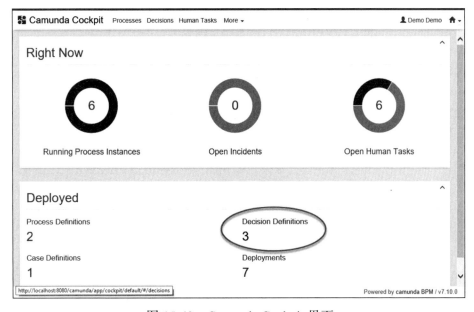

图 15-43　Camunda Cockpit 界面

由图 15-43 所示可以看到，已部署的决策定义中已经列出了"批准付款"决策表，如图 15-44 所示。

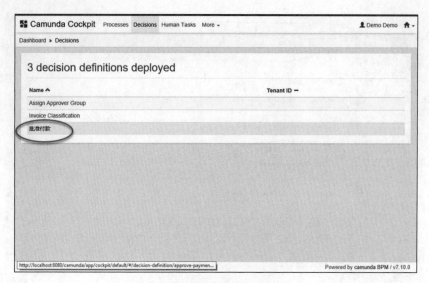

图 15-44　已部署决策定义

15.6.6　使用 Cockpit 和任务列表进行检查

使用任务列表启动两个新的流程实例，并验证根据输入的不同，流程实例会以不同的方式进行路由。为此，需要访问 http://localhost"8080/camunda/app/tasklist/default/，并使用 demo / demo 账号登录。

单击 Start process 按钮启动"付款"流程的流程实例，使用通用表单添加变量，然后单击 Start 按钮。添加表单变量 1 如图 15-45 所示。

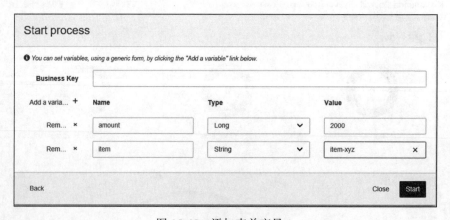

图 15-45　添加表单变量 1

再次单击 Start process 按钮启动"支付"流程的流程实例。使用通用表单添加变量。添加表单变量 2 如图 15-46 所示。

通过以上操作可以看到，根据输入的不同，Worker 会对信用卡进行收费或不收费。使用 Camunda Cockpit 验证，表明它是通过 DMN 表进行评估的。切换到 Cockpit，跳转到 Decisions Definitions 部分并单击"批准付款"。通过单击表中的决策实例 ID 可以检查不同的决策实例，如图 15-47 所示。

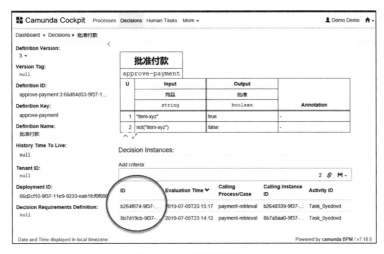

图 15-46　添加表单变量 2

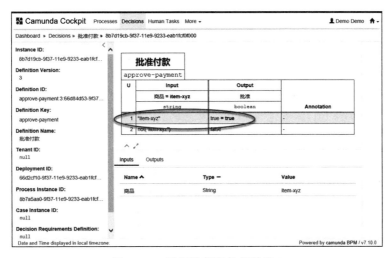

图 15-47　决策实例 ID

单击图 15-47 圈出的两个决策 ID 中的第一行，可以看到在 Camunda Cockpit 中执行决策的结果。验证决策的执行结果 1 如图 15-48 所示。

图 15-48　验证决策的执行结果 1

同样可以单击图 15-47 圈出的第二行决策 ID，以验证其决策结果。验证决策的执行结果 2 如 15-49 所示。

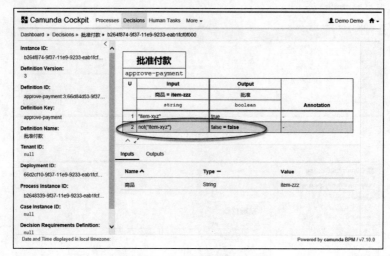

图 15-49　验证决策的执行结果 2

这说明决策表已经根据不同的输入成功地执行了相应的决策。

第 16 章　Java 流程应用程序入门

本章介绍怎样在 IDE（这里是 Eclipse）中设置一个 Java 流程应用程序项目。

16.1　新建一个 Java 流程项目

本节介绍如何新建一个 Java 流程项目。其操作步骤如下所述。

16.1.1　新建一个 Maven 项目

首先在 Eclipse 中新建一个 WAR 项目，其输入的 Maven 信息内容如下所述。

（1）Group Id: org.camunda.bpm.getstarted；

（2）Artifact Id: loan-approval；

（3）Version: 0.0.1-SNAPSHOT；

（4）Packaging: war。

完成后，单击 Finish 按钮，即为 Eclipse 创建了一个新的 Maven 项目，并出现在 Package Explorer 视图中。

16.1.2　添加 Camunda Maven 依赖

若为新的流程应用程序配置 Maven 依赖，则需要将以下依赖添加到项目的 pom.xml 文件中，代码如下：

```
<project xmlns="http://maven.apache.org/POM/4.0.0"
xmlns:xsi="http://www.w3.org/2001/XMLSchema-instance"
        xsi:schemaLocation="http://maven.apache.org/POM/4.0.0 http://maven.
            apache.org/xsd/maven-4.0.0.xsd">
 <modelVersion>4.0.0</modelVersion>
 <groupId>org.camunda.bpm.getstarted</groupId>
 <artifactId>loan-approval</artifactId>
 <version>0.0.1-SNAPSHOT</version>
 <packaging>war</packaging>

 <dependencyManagement>
   <dependencies>
     <dependency>
       <groupId>org.camunda.bpm</groupId>
       <artifactId>camunda-bom</artifactId>
```

```xml
      <version>7.10.0</version>
      <scope>import</scope>
      <type>pom</type>
    </dependency>
  </dependencies>
</dependencyManagement>

<dependencies>
  <dependency>
    <groupId>org.camunda.bpm</groupId>
    <artifactId>camunda-engine</artifactId>
    <scope>provided</scope>
  </dependency>

  <dependency>
    <groupId>javax.servlet</groupId>
    <artifactId>javax.servlet-api</artifactId>
    <version>3.0.1</version>
    <scope>provided</scope>
  </dependency>
</dependencies>

<build>
  <plugins>
    <plugin>
      <groupId>org.apache.maven.plugins</groupId>
      <artifactId>maven-war-plugin</artifactId>
      <version>2.3</version>
      <configuration>
        <failOnMissingWebXml>false</failOnMissingWebXml>
      </configuration>
    </plugin>
  </plugins>
</build>

</project>
```

添加完毕就可以开始编译程序了。

16.1.3　添加流程应用程序类

首先在 src/main/resources 目录下创建一个 org.camunda.bpm.getstarted.loanapproval 包，然后向其添加一个名为 LoanApprovalApplication 的流程应用程序类。流程应用程序类是应用程序和流程引擎之间的接口。其代码如下：

```java
package org.camunda.bpm.getstarted.loanapproval;

import org.camunda.bpm.application.ProcessApplication;
import org.camunda.bpm.application.impl.ServletProcessApplication;

@ProcessApplication("Loan Approval App")
public class LoanApprovalApplication extends ServletProcessApplication {
  // empty implementation
}
```

16.1.4　添加部署描述符

设置流程应用程序的最后一步是添加 META-INF/processes.xml 部署描述符文件。该文件提供了此流程应用程序对流程引擎进行部署的声明性配置。

首先，需要在 src/main/resources 目录下创建一个 META-INF 文件夹，然后在其中创建一个 processes.xml 文件。其代码如下：

```xml
<?xml version="1.0" encoding="UTF-8" ?>

<process-application
   xmlns="http://www.camunda.org/schema/1.0/ProcessApplication"
   xmlns:xsi="http://www.w3.org/2001/XMLSchema-instance">

  <process-archive name="loan-approval">
   <process-engine>default</process-engine>
   <properties>
     <property name="isDeleteUponUndeploy">false</property>
     <property name="isScanForProcessDefinitions">true</property>
   </properties>
  </process-archive>

</process-application>
```

注意，上述文件内容也可以为空，这将使用默认配置。

至此，已经成功地配置了 Java 流程应用程序，接下来就可以对流程进行建模了。

16.2　建模流程

本节介绍如何使用 Camunda Modeler 创建一个 BPMN 2.0 流程。其操作步骤如下所述。

16.2.1　新建一个 BPMN 流程图

首先，启动 Camunda Modeler，选择 File | New File | BPMN Diagram 选项来新建一个 BPMN 流程图。然后添加一个名为"收到贷款申请"的开始事件。

单击开始事件。从其上下文菜单中选择活动图标并将其拖动到合适的位置。将其命名为"批准贷款"，并将其类型更改为 User Task，如图 16-1 所示。

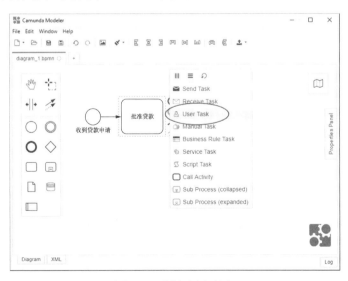

图 16-1　添加用户任务

最后，添加一个名为"贷款请求批准"的结束事件，如图 16-2 所示。

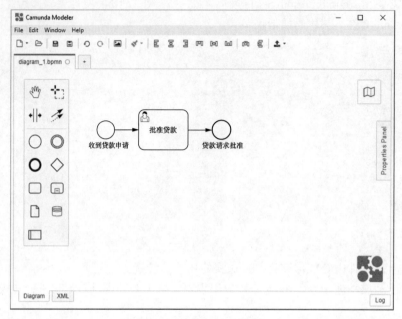

图 16-2　添加结束事件

16.2.2　配置用户任务

打开属性面板（如果它不可见，那么可以通过单击画布右侧的 Properties Panel 标签使其可见），在画布上选择用户任务。这将更新属性面板中的内容。滚动到 Assignee 属性，输入 john，如图 16-3 所示。

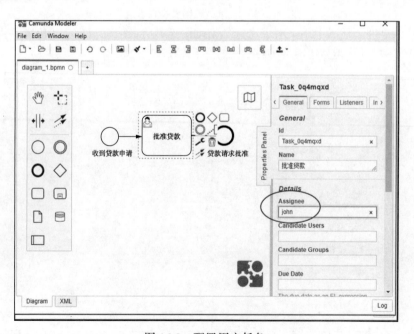

图 16-3　配置用户任务

16.2.3　配置执行属性

单击画布的空白区域以显示流程自身的属性。

首先，为流程配置一个 ID：在 Id 属性文本框中输入 approve-loan。

其次，配置流程的名称：在 Name 属性文本框中输入"贷款审批"。

最后，选中 Executable 属性的复选框。如果不选中此框，流程引擎将忽略此流程定义。

配置流程属性如图 16-4 所示。

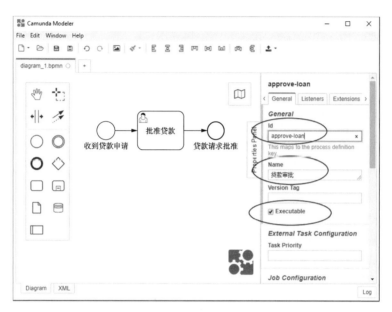

图 16-4　配置流程属性

16.2.4　保存流程图

完成后，单击 File | Save File As...，在弹出的对话框中，导航到项目所在的目录，并将模型放入 src/main/resources 目录中。

回到 Eclipse。右击项目文件夹并单击 Refresh，将同步新的 BPMN 文件与工程。

16.3　部署和测试流程

部署和测试流程包括构建、部署和测试流程。其操作步骤如下所述。

16.3.1　使用 Maven 构建 Web 应用程序

在 Package Explorer 中选择 pom.xml，右击并选择 Run As | Maven Install，将在 target 目录中生成一个名为 loan-approval-0.0.1-SNAPSHOT.war 的 WAR 文件。

因为在 src/main/resources 中保存了 BPMN 文件，所以 WAR 文件中也包含此文件。

16.3.2　部署到 Apache Tomcat

为了部署流程应用程序，需要将 loan-approval-0.0.1-SNAPSHOT.war 文件复制并粘贴到 $CAMUNDA_HOME/server/apache-tomcat-9.0.12/webapps 文件夹中。

然后检查$CAMUNDA_HOME/server/apache-tomcat-9.0.12/logs 文件夹中 Apache Tomcat 服务器的日志文件。选择名为 catalina.<date>.out 的日志文件，滚动到文件末尾，如果看到类似如下代码中的日志记录，表示部署成功了。其代码如下：

```
org.camunda.commons.logging.BaseLogger.logInfo ENGINE-07015 Detected
@ProcessApplication class 'org.camunda.bpm.getstarted.LoanApproval Application'
org.apache.jasper.servlet.TldScanner.scanJars At least one JAR was scanned for
TLDs yet contained no TLDs. Enable debug logging for this logger for a complete
list of JARs that were scanned but no TLDs were found in them. Skipping unneeded
JARs during scanning can improve startup time and JSP compilation time.
org.camunda.commons.logging.BaseLogger.logInfo ENGINE-08024 Found processes.xml
file at file:../webapps/loan-approval-0.0.1-SNAPSHOT/WEB-INF/classes/META-INF/
processes.xml
org.camunda.commons.logging.BaseLogger.logInfo ENGINE-08023 Deployment summary
for process archive 'loan-approval':

    loanApproval.bpmn

org.camunda.commons.logging.BaseLogger.logInfo ENGINE-07021 ProcessApplication
'Loan Approval App' registered for DB deployments [6d63e1a3-a0c3-11e9-aec4-
eab1fcf0f000]. Will execute process definitions

    approve-loan[version: 1, id: approve-loan:1:6d9292c5-a0c3-11e9-aec4
        -eab1fcf0f000]
Deployment does not provide any case definitions.
...
org.camunda.commons.logging.BaseLogger.logInfo ENGINE-08050 Process application
Loan Approval App successfully deployed
org.apache.catalina.startup.HostConfig.deployWAR Deployment of web application
archive [..\webapps\loan-approval-0.0.1-SNAPSHOT.war] has finished in [2,935] ms
```

16.3.3　用 Cockpit 确认部署

使用 Cockpit 可检查流程是否部署成功。在浏览器中打开 http://localhost:8080/camunda/app/cockpit/default/，并使用 demo / demo 账户登录，在仪表板上可以看到"贷款审批"流程。Cockpit 中已部署的流程如图 16-5 所示。

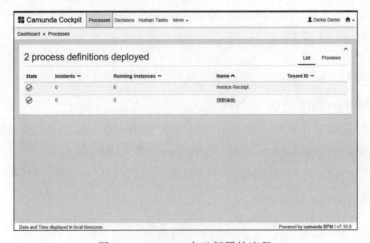

图 16-5　Cockpit 中已部署的流程

16.3.4　启动流程实例

在 Camunda 任务列表（http://localhost:8080/camunda/app/tasklist/default/ ）中单击 Start process 按钮以启动流程实例，如图 16-6 所示。

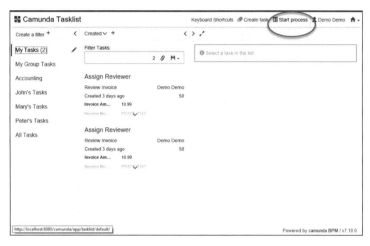

图 16-6　在任务列表中启动流程实例

在弹出的 Start process 对话框的列表中选择"贷款审批"，如图 16-7 所示。

图 16-7　Start process 对话框

使用通用表单为流程实例设置变量。方法是单击 Add a varia… +按钮创建新行，并输入相应内容。设置启动流程变量如图 16-8 所示。

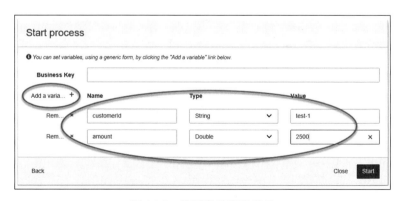

图 16-8　设置启动流程变量

完成后，单击 Start 按钮以启动流程实例。

16.3.5　配置流程启动授权

要允许用户 john 看到"贷款审批"流程定义，必须访问 Camunda Admin（http://localhost: 8080/camunda/app/admin/default/#/authorization?resource=6）并进行相应的配置。

单击 Create new authorization 按钮，在流程定义（Process Definition）资源上添加一个新的授权：授予 john 用户在 approve-loan 流程定义上的所有权限。完成后，提交新的授权。创建用户访问流程的权限如图 16-9 所示。

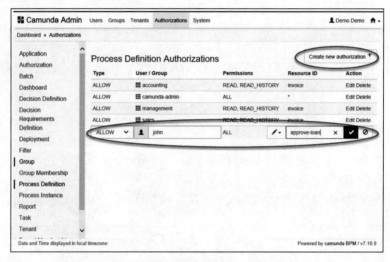

图 16-9　创建用户访问流程的权限

现在为流程实例（Process Instance）创建授权（http://localhost:8080/camunda/app/admin/default/#/authorization?resource=8）：授予 CREATE 权限。创建用户 CREATE 资源的权限如图 16-10 所示。

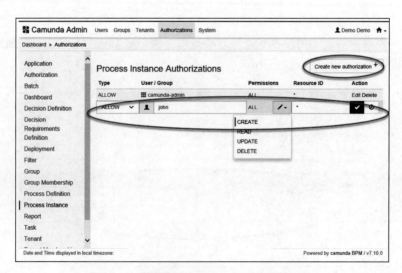

图 16-10　创建用户 CREATE 资源的权限

有关授权和如何管理授权的详细信息，请参阅官网。

16.3.6　完成任务

退出 demo 用户登录，并使用账号 john / john 重新登录。现在可以在任务列表中看到"批准贷款"任务。选择该任务并单击 Diagram 选项卡，这将显示流程图，并高亮显示等待处理的用户任务。查看用户任务所在流程图如图 16-11 所示。

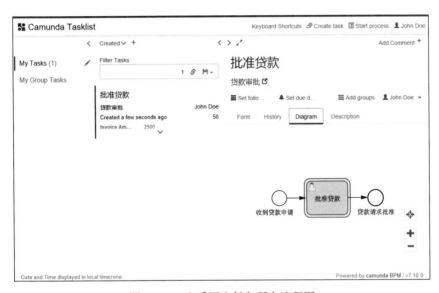

图 16-11　查看用户任务所在流程图

要处理该任务，需要选择 Form 选项卡。同样，在默认情况下，没有与流程相关联的任务表单。单击 Load Variables 以载入流程变量，它将显示在启动流程实例时输入的变量。查看用户任务表单如图 16-12 所示。

图 16-12　查看用户任务表单

16.4 添加 HTML 表单

本节介绍怎样向应用程序添加一个基于 HTML 的任务表单。其操作步骤如下所述。

16.4.1 添加开始表单

回到 Eclipse 并添加一个名为 src/main/webapp/forms 的文件夹。在这个文件夹中，添加一个名为 request-loan.html 的文件。其代码如下：

```html
<form name="requestLoan">
  <div class="form-group">
    <label for="customerId">Customer ID</label>
    <input class="form-control"
        cam-variable-type="String"
        cam-variable-name="customerId"
        name="customerId" />
  </div>
  <div class="form-group">
    <label for="amount">Amount</label>
    <input class="form-control"
        cam-variable-type="Double"
        cam-variable-name="amount"
        name="amount" />
  </div>
</form>
```

使用 Modeler 打开流程。单击开始事件。在属性面板中，单击 Forms 选项卡，并将 embedded:app:forms/request-loan.html 填入到 Form Key 属性文本框中。配置开始任务表单属性如图 16-13 所示。

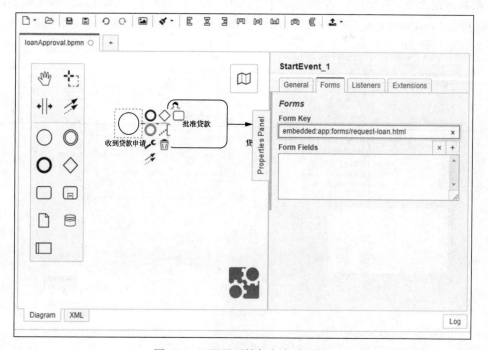

图 16-13　配置开始任务表单属性

　　这在任务列表中使用嵌入式表单,并且表单应从应用程序加载。保存流程图并刷新 Eclipse 项目。

16.4.2　添加任务表单

　　可以用与添加开始表单相同的方式添加和配置任务表单,并将一个名为 approve-loan.html 的文件添加到 src/main/webapp/forms 目录中, 其代码如下:

```
<form name="approveLoan">
 <div class="form-group">
  <label for="customerId">Customer ID</label>
  <input class="form-control"
         cam-variable-type="String"
         cam-variable-name="customerId"
         name="customerId"
         readonly="true" />
 </div>
 <div class="form-group">
  <label for="amount">Amount</label>
  <input class="form-control"
         cam-variable-type="Double"
         cam-variable-name="amount"
         name ="amount" />
 </div>
</form>
```

　　然后回到流程, 单击 "批准贷款" 用户任务。在属性面板中, 单击 Forms 选项卡, 并将 embedded:app:forms/approve-loan.html 输入到 Form Key 属性文本框中。配置用户任务表单属性如图 16-14 所示。

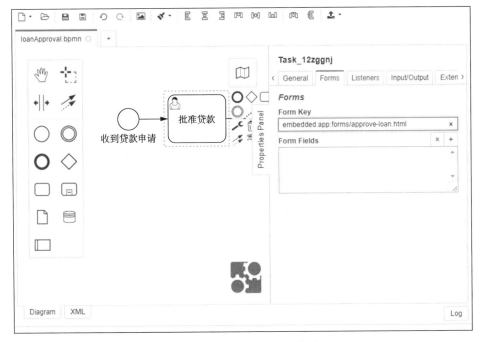

图 16-14　配置用户任务表单属性

16.4.3　重建和部署

保存所有资源，执行 Maven 构建并重新部署流程应用程序。

转到任务列表，并启动"贷款审批"流程的一个新的流程实例。可以看到，这次显示的是自定义表单。启动流程实例的表单如图 16-15 所示。

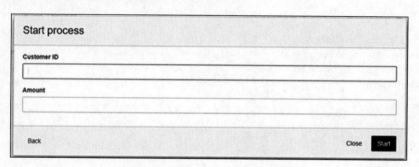

图 16-15　启动流程实例的表单

在启动新的流程实例之后，一个新的任务"批准贷款"被分配给 John。若要处理任务，则需要在任务列表中选择此任务。可以看到，这次显示的是自定义表单。自定义用户任务表单如图 16-16 所示。

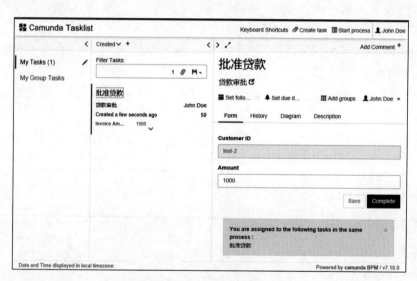

图 16-16　自定义用户任务表单

16.5　从服务任务调用 Java 类

本节介绍如何从 BPMN 2.0 服务任务中调用 Java 类。其操作步骤如下所述。

16.5.1　向流程添加服务任务

使用 Camunda Modeler 在用户任务之后添加服务任务。为此，选择活动图标并将其拖动到序列流上，如图 16-17 所示。

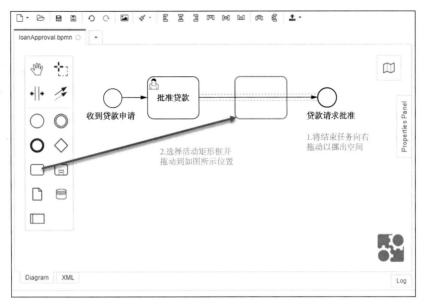

图 16-17　添加活动

将其命名为"处理请求"，然后将其类型更改为 Service Task，如图 16-18 所示。

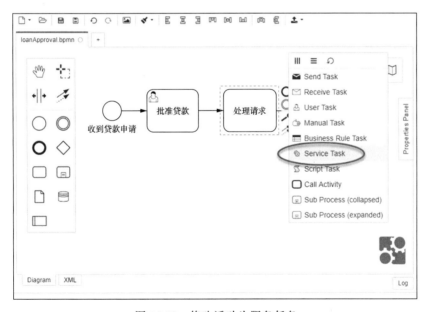

图 16-18　修改活动为服务任务

16.5.2　添加 JavaDelegate 实现

现在需要添加服务任务的业务逻辑实现。在 Eclipse 项目的 org.camunda.bpm.getstarted.
loanapproval 包中添加一个名为 ProcessRequestDelegate 的类，它实现了 JavaDelegate 接口。代
码如下：

```
package org.camunda.bpm.getstarted.loanapproval;
```

```
import java.util.logging.Logger;
import org.camunda.bpm.engine.delegate.DelegateExecution;
import org.camunda.bpm.engine.delegate.JavaDelegate;

public class ProcessRequestDelegate implements JavaDelegate {
  private final static Logger LOGGER = Logger.getLogger("LOAN-REQUESTS");

  public void execute(DelegateExecution execution) throws Exception {
    LOGGER.info("Processing request by '" + execution.getVariable("customerId")
+ "'...");
  }
}
```

16.5.3 在流程中配置类

可以通过属性配置在流程中引用服务任务。这就需要在 Java Class 属性文本框中提供完全限定的类名：org.camunda.bpm.getstarted.loanapproval.ProcessRequestDelegate。配置服务任务调用的 Java 类如图 16-19 所示。

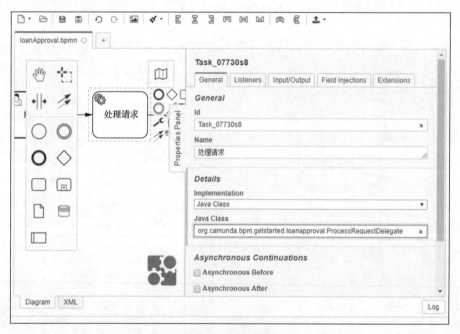

图 16-19　配置服务任务调用的 Java 类

保存流程模型并在 Eclipse 中刷新它，然后重新构建、部署和执行流程应用程序。完成"批准贷款"步骤后，检查 Apache Tomcat 服务器的日志文件，它将包含如下所示的代码内容：

```
org.camunda.bpm.getstarted.loanapproval.ProcessRequestDelegate.execute
Processing request by 'test-3'...
```

这表明流程已经顺利执行了，并且成功地调用了新建的服务任务。

第 17 章　Spring Boot 流程应用程序入门

本章介绍怎样在 Spring Boot 应用程序中使用 Camunda BPM。

17.1　新建 Spring Boot 流程应用程序项目

首先在 Eclipse 中将 Spring Boot 应用程序配置为 Apache Maven 项目，包括以下 4 个步骤。

（1）在 Eclipse 中新建一个 Maven 项目。

（2）添加 Camunda 和 Spring Boot 依赖。

（3）将主类添加到 Spring Boot 应用程序中。

（4）构建和运行。

17.1.1　新建一个 Maven 项目

首先，配置一个基于 Apache Maven 的新项目，其 Maven 信息如下：

（1）Group Id: org.camunda.bpm.getstarted；

（2）Artifact Id: loan-approval-spring-boot；

（3）Version: 0.0.1-SNAPSHOT；

（4）Packaging: war。

完成后，单击 Finish 按钮，Eclipse 将创建一个新的 Maven 项目，并出现在 Package Explorer 视图中。

17.1.2　添加 Camunda BPM 和 Spring Boot 依赖

若为新项目配置 Maven 依赖，则需要将 Maven 依赖添加到项目的 pom.xml 文件中。可以在 "依赖管理" 部分添加 Spring Boot BOM 和 Camunda 的 Webapps 的 Spring Boot Starter，该启动程序将自动包含 Camunda 引擎和 Webapps。这里还使用了 spring-boot-maven-plugin，它可以将 Spring Boot 应用的内容打包在一起，完成所有的事情。完成后，pom.xml 文件内容的代码如下所示：

```
<project xmlns="http://maven.apache.org/POM/4.0.0"
xmlns:xsi="http://www.w3.org/2001/XMLSchema-instance"
xsi:schemaLocation="http://maven.apache.org/POM/4.0.0
http://maven.apache.org/xsd/maven-4.0.0.xsd">
```

```xml
<modelVersion>4.0.0</modelVersion>
<groupId>org.camunda.bpm.getstarted</groupId>
<artifactId>loan-approval-spring-boot</artifactId>
<version>0.0.1-SNAPSHOT</version>

<dependencyManagement>
  <dependencies>
    <dependency>
      <groupId>org.springframework.boot</groupId>
      <artifactId>spring-boot-dependencies</artifactId>
      <version>2.2.1.RELEASE</version>
      <type>pom</type>
      <scope>import</scope>
    </dependency>
  </dependencies>
</dependencyManagement>

<dependencies>
  <dependency>
    <groupId>org.camunda.bpm.springboot</groupId>
    <artifactId>camunda-bpm-spring-boot-starter-webapp</artifactId>
    <version>3.4.0</version>
  </dependency>
  <dependency>
    <groupId>com.h2database</groupId>
    <artifactId>h2</artifactId>
  </dependency>
</dependencies>

 <build>
  <plugins>
    <plugin>
      <groupId>org.springframework.boot</groupId>
      <artifactId>spring-boot-maven-plugin</artifactId>
      <configuration>
        <layout>ZIP</layout>
      </configuration>
      <executions>
        <execution>
          <goals>
            <goal>repackage</goal>
          </goals>
        </execution>
      </executions>
    </plugin>
  </plugins>
</build>

</project>
```

17.1.3 将主类添加到 Spring Boot 应用程序中

添加一个带有 main 方法的应用程序类，该方法将作为启动 Spring Boot 应用程序的入口点。该类上有 @SpringBootApplication 注解，它隐式地添加了几个便捷的功能（如自动配置、组件扫描等。详细内容请参见 Spring Boot 文档）。该类被添加到 org.camunda.bpm.getstarted.

loanapproval 包中的 src/main/java 文件夹中。其代码如下：

```java
package org.camunda.bpm.getstarted.loanapproval;

import org.springframework.boot.SpringApplication;
import org.springframework.boot.autoconfigure.SpringBootApplication;

@SpringBootApplication
public class WebappExampleProcessApplication {
    public static void main(String[] args) {
        SpringApplication.run(WebappExampleProcessApplication.class, args);
    }
}
```

17.1.4　构建和运行

在 Package Explorer 中选择 pom.xml，右击，在弹出的菜单中选择 Run As | Maven Install 选项，即可在 target 目录下看到生成了一个 JAR 文件。这个 JAR 是一个 Spring Boot 应用程序，它作为 Web 容器、Camunda 引擎和 Camunda Web 应用程序资源嵌入到 Tomcat 中。启动时，它将使用内存中的 H2 数据库来满足 Camunda 引擎的需要。

可以通过右击 WebappExampleProcessApplication 类，在弹出的菜单中选择 Run as | Java application 来运行此应用程序。完成后，可以在控制台中看到类似如下的代码输出：

```
Started WebappExampleProcessApplication in 23.592 seconds (JVM running for
24.796)
```

然后在浏览器中访问 http://localhost:8080/，这样就可以使用 Camunda Webapps 了。

由于是第一次使用 Camunda Webapps，需要手动配置管理员账户。配置管理员账户如图 17-1 所示。

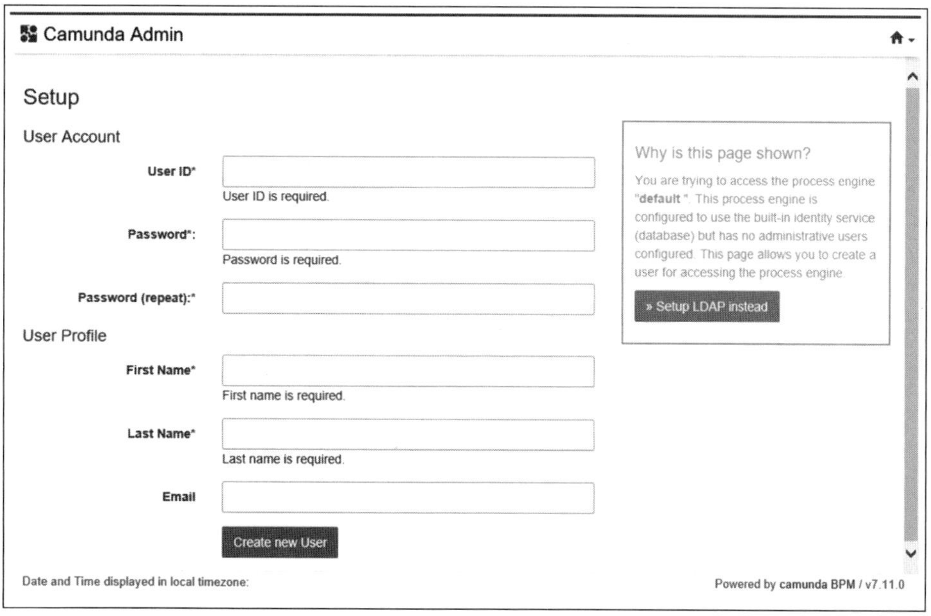

图 17-1　配置管理员账户

在后续步骤中将配置一个内置的账户，即可不需要执行此手动配置了。

运行应用程序的另一种方法是使用 java-jar 命令。

17.2　配置 Spring Boot 项目

前面创建的 Camunda Spring Boot 应用程序使用的是嵌入到启动程序中的默认的最佳实践配置。有多种不同方法可以自定义或覆盖配置，其中最简单的方法是在 application.yaml 或 application.properties 文件中提供一组参数。

17.2.1　自定义配置

在 src/main/resources 文件夹中创建一个 application.yaml 文件。其代码如下：

```
camunda.bpm:
 admin-user:
  id: kermit
  password: superSecret
  firstName: Kermit
 filter:
  create: All tasks
```

此配置的结果如下：

（1）创建了一个名为 kermit 的管理员用户，并且提供了相应的密码和名字。

（2）为任务列表创建了一个名为 All tasks 的默认过滤器。

17.2.2　构建和运行

现在可以重新构建并运行应用程序。在再次调用 mvn install 之前，只有调用了 mvn clean，当在浏览器中打开 http://localhost:8080/时，它才不会再要求创建管理员用户，而是要求输入登录名和密码。可以使用之前配置的 kermit / superSecret 来访问 Camunda Webapp。

登录后，进入任务列表，可以看到存在一个名为 All tasks 的过滤器，不过到目前为止还没有包含任何任务。

17.3　建模 BPMN 流程

前面介绍了如何在 Spring Boot 应用程序中引导流程引擎,接下来可以添加一个 BPMN 2.0 流程模型，并从 Spring Bean 内部与流程进行交互。在本节中，将：

（1）建模一个可执行的 BPMN 2.0 流程并部署。

（2）创建流程应用程序。

（3）在部署流程应用程序之后启动流程实例。

（4）重建和测试。

17.3.1　建模一个可执行的 BPMN 2.0 流程并部署

首先使用 Camunda Modeler 建模一个名为 loanApproval 的可执行流程。建模 loanApproval 流程如图 17-2 所示。

关于怎样使用 Camunda Modeler 建模，请参考本书第 15 章的 15.1 节。

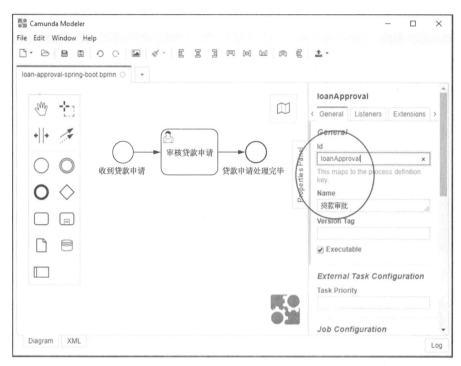

图 17-2　建模 loanApproval 流程

完成之后，将流程模型保存在 Eclipse 项目的 src/main/resources 目录中，并确保稍后刷新 Eclipse 项目。

将流程模型保存在应用程序的类路径中的好处是，它在流程引擎启动时会自动部署。

17.3.2　创建流程应用程序

建议在 Camunda Spring Boot 应用程序中声明流程应用程序，因为它提供了额外的配置可能性，并会捕获 post-deploy 事件，以便在此时启动流程实例。

要声明流程应用程序，只需在 WebappExampleProcessApplication 类上添加 @EnableProcessApplication 注解，并将一个空的 processes.xml 文件放入 src/main/resources/ META-INF 文件夹中。对每个流程应用程序，Camunda 引擎都需要该文件，但在本示例中，它将保持为空（意味着使用默认配置）。

17.3.3　在部署流程应用程序之后启动流程实例

若要从流程应用程序类启动流程实例，则需要处理 PostDeployEvent，一旦流程应用程序被部署到 Camunda 引擎中，就会触发 PostDeployEvent。代码如下：

```
package org.camunda.bpm.getstarted.loanapproval;

import org.camunda.bpm.engine.RuntimeService;
import
org.camunda.bpm.spring.boot.starter.annotation.EnableProcessApplication;
import org.camunda.bpm.spring.boot.starter.event.PostDeployEvent;
import org.springframework.beans.factory.annotation.Autowired;
import org.springframework.boot.SpringApplication;
import org.springframework.boot.autoconfigure.SpringBootApplication;
```

```java
import org.springframework.context.event.EventListener;

@SpringBootApplication
@EnableProcessApplication
public class WebappExampleProcessApplication {
    @Autowired
    private RuntimeService runtimeService;

    @EventListener
    private void processPostDeploy(PostDeployEvent event) {
        runtimeService.startProcessInstanceByKey("loanApproval");
    }

    public static void main(String[] args) {
        SpringApplication.run(WebappExampleProcessApplication.class, args);
    }
}
```

注意，可以通过@Autowired 注解轻松注入 Camunda 引擎服务。

17.3.4 重建和测试

如果重新构建并重启应用程序，就会在 All tasks 过滤器下的任务列表中看到"审核贷款申请"任务，如图 17-3 所示。

图 17-3 "审核贷款申请"任务

这表明流程已经成功启动。

第 18 章　Spring Framework 流程应用程序入门

本章介绍如何在 Spring Web 应用程序中使用 Camunda BPM。

18.1　新建 Spring Web 应用程序项目

下面介绍在 Eclipse 这个 IDE 中创建一个新的流程应用程序项目。

在 Eclipse 中将 Spring Web 应用程序配置为 Apache Maven 项目。这包括以下 4 个步骤。

（1）在 Eclipse 中新建一个 Maven 项目；

（2）添加 Camunda BPM 和 Spring Framework 依赖；

（3）添加用于引导 Spring 容器的 web.xml 文件；

（4）添加 Spring 应用程序上下文 XML 配置文件。

18.1.1　新建一个 Maven 项目

首先，在 Eclipse 中创建一个新的基于 Apache Maven 的项目，其 Maven 配置如下：

（1）Group Id: org.camunda.bpm.getstarted；

（2）Artifact Id: loan-approval-spring；

（3）Version: 0.0.1-SNAPSHOT；

（4）Packaging: war。

完成后，单击 Finish 按钮，Eclipse 即创建了一个新的 Maven 项目，并出现在 Package Explorer 视图中。

18.1.2　添加 Camunda BPM 和 Spring Framework 依赖

若要为新项目配置 Maven 依赖，则需要将 Maven 依赖添加到项目的 pom.xml 文件中。为了保证 Camunda BPM 和 Spring 框架版本的兼容性，可以把它们的 BOM 加入到依赖中。pom.xml 文件代码如下：

```
<project xmlns="http://maven.apache.org/POM/4.0.0"
xmlns:xsi="http://www.w3.org/2001/XMLSchema-instance"
xsi:schemaLocation="http://maven.apache.org/POM/4.0.0
http://maven.apache.org/xsd/maven-4.0.0.xsd">
```

```xml
<modelVersion>4.0.0</modelVersion>
<groupId>org.camunda.bpm.getstarted</groupId>
<artifactId>loanapproval-spring</artifactId>
<version>0.0.1-SNAPSHOT</version>
<packaging>war</packaging>

<properties>
  <camunda.version>7.10.0</camunda.version>
  <spring.version>4.3.24.RELEASE</spring.version>
  <maven.compiler.source>1.8</maven.compiler.source>
  <maven.compiler.target>1.8</maven.compiler.target>
</properties>

<dependencyManagement>
  <dependencies>
    <dependency>
      <groupId>org.camunda.bpm</groupId>
      <artifactId>camunda-bom</artifactId>
      <version>${camunda.version}</version>
      <scope>import</scope>
      <type>pom</type>
    </dependency>
    <dependency>
      <groupId>org.springframework</groupId>
      <artifactId>spring-framework-bom</artifactId>
      <version>${spring.version}</version>
      <scope>import</scope>
      <type>pom</type>
    </dependency>
  </dependencies>
</dependencyManagement>

<dependencies>
  <dependency>
    <groupId>org.camunda.bpm</groupId>
    <artifactId>camunda-engine</artifactId>
  </dependency>
  <dependency>
    <groupId>org.camunda.bpm</groupId>
    <artifactId>camunda-engine-spring</artifactId>
  </dependency>
  <dependency>
    <groupId>org.springframework</groupId>
    <artifactId>spring-context</artifactId>
  </dependency>
  <dependency>
    <groupId>org.springframework</groupId>
    <artifactId>spring-jdbc</artifactId>
  </dependency>
  <dependency>
    <groupId>org.springframework</groupId>
    <artifactId>spring-tx</artifactId>
  </dependency>
  <dependency>
    <groupId>org.springframework</groupId>
    <artifactId>spring-orm</artifactId>
  </dependency>
```

```xml
    <dependency>
      <groupId>org.springframework</groupId>
      <artifactId>spring-web</artifactId>
    </dependency>
    <dependency>
      <groupId>com.h2database</groupId>
      <artifactId>h2</artifactId>
      <version>1.4.190</version>
    </dependency>
    <dependency>
      <groupId>org.slf4j</groupId>
      <artifactId>slf4j-jdk14</artifactId>
      <version>1.7.26</version>
    </dependency>
  </dependencies>

</project>
```

18.1.3　添加用于引导 Spring 容器的 web.xml 文件

添加一个 web.xml 文件来引导 Spring 容器，首先须将一个名为 WEB-INF 的文件夹添加到 Maven 项目的 src/main/webapp 文件夹中。接着，在 src/main/webapp/WEB-INF 文件夹中，添加一个名为 web.xml 的文件。其代码如下：

```xml
<web-app xmlns="http://java.sun.com/xml/ns/javaee"
xmlns:xsi="http://www.w3.org/2001/XMLSchema-instance"
        xsi:schemaLocation="http://java.sun.com/xml/ns/javaee
                http://java.sun.com/xml/ns/javaee/web-app_3_0.xsd"
version="3.0">

  <context-param>
    <param-name>contextClass</param-name>

<param-value>org.springframework.web.context.support.AnnotationConfigWebAp
plicationContext</param-value>
  </context-param>
  <context-param>
    <param-name>contextConfigLocation</param-name>

<param-value>org.camunda.bpm.getstarted.loanapproval.LoanApplicationContext
</param-value>
  </context-param>

  <listener>
    <listener-class>org.springframework.web.context.ContextLoaderListener
</listener-class>
  </listener>

</web-app>
```

接下来执行第一个构建。在 Package Explorer 中选择 pom.xml，右击，在弹出的菜单中选择 Run As | Maven Install 选项。

18.1.4　添加 Spring 应用程序上下文 XML 配置文件

向项目添加一个 Spring ApplicationContext 配置类，首先创建一个 org.camunda.bpm.

getstarted.loanapproval 包，然后在包中创建一个名为 LoanApplicationContext 的 Java 类。这里从一个空类开始，代码如下：

```
package org.camunda.bpm.getstarted.loanapproval;

import org.springframework.context.annotation.Configuration;

@Configuration
public class LoanApplicationContext {

}
```

接下来执行一个完整的 Maven 构建并将项目生成的 WAR 包部署到 Apache Tomcat 服务器上。完成后可以看到如下所示的代码：

```
INFO [main] org.apache.catalina.startup.HostConfig.deployWAR Deployment of
web application archive [..\webapps\loan-approval-spring-0.0.1-SNAPSHOT.war]
has finished in [8,901] ms
```

上述代码表明已经正确地配置了 Spring Web 应用程序。

18.2　嵌入式流程引擎配置

已使用正确的 Maven 依赖配置了项目，接下来可以开始配置流程引擎了。

首先需要将以下 Spring Beans 添加到 LoanApplication 类中，代码如下：

```
package org.camunda.bpm.getstarted.loanapproval;

import javax.sql.DataSource;

import org.camunda.bpm.engine.HistoryService;
import org.camunda.bpm.engine.ManagementService;
import org.camunda.bpm.engine.ProcessEngine;
import org.camunda.bpm.engine.RepositoryService;
import org.camunda.bpm.engine.RuntimeService;
import org.camunda.bpm.engine.TaskService;
import org.camunda.bpm.engine.spring.ProcessEngineFactoryBean;
import org.camunda.bpm.engine.spring.SpringProcessEngineConfiguration;
import org.springframework.context.annotation.Bean;
import org.springframework.context.annotation.Configuration;
import org.springframework.jdbc.datasource.DataSourceTransactionManager;
import org.springframework.jdbc.datasource.DriverManagerDataSource;
import org.springframework.transaction.PlatformTransactionManager;

@Configuration
public class LoanApplicationContext {

  @Bean
  public DataSource dataSource() {
    DriverManagerDataSource dataSource = new DriverManagerDataSource();
    dataSource.setDriverClassName("org.h2.Driver");

dataSource.setUrl("jdbc:H2:mem:process-engine;DB_CLOSE_DELAY=-1;DB_CLOSE_O
N_EXIT=FALSE");
    dataSource.setUsername("sa");
```

```
    dataSource.setPassword("");
    return dataSource;
}

@Bean
public PlatformTransactionManager transactionManager(DataSource dataSource) {
    return new DataSourceTransactionManager(dataSource);
}

@Bean
public SpringProcessEngineConfiguration engineConfiguration(DataSource
dataSource, PlatformTransactionManager transactionManager) {
    SpringProcessEngineConfiguration configuration = new SpringProcessEngine-
        Configuration();

    configuration.setProcessEngineName("engine");
    configuration.setDataSource(dataSource);
    configuration.setTransactionManager(transactionManager);
    configuration.setDatabaseSchemaUpdate("true");
    configuration.setJobExecutorActivate(false);

    return configuration;
}

@Bean
public ProcessEngineFactoryBean
    engineFactory(SpringProcessEngineConfiguration engineConfiguration) {
  ProcessEngineFactoryBean factoryBean = new ProcessEngineFactoryBean();
    factoryBean.setProcessEngineConfiguration(engineConfiguration);
    return factoryBean;
}

@Bean
public ProcessEngine processEngine(ProcessEngineFactoryBean factoryBean)
throws Exception {
    return factoryBean.getObject();
}

@Bean
public RepositoryService repositoryService(ProcessEngine processEngine) {
    return processEngine.getRepositoryService();
}

@Bean
public RuntimeService runtimeService(ProcessEngine processEngine) {
    return processEngine.getRuntimeService();
}

@Bean
public TaskService taskService(ProcessEngine processEngine) {
    return processEngine.getTaskService();
}

@Bean
public HistoryService historyService(ProcessEngine processEngine) {
    return processEngine.getHistoryService();
}
```

```
@Bean
public ManagementService managementService(ProcessEngine processEngine) {
  return processEngine.getManagementService();
}
}
```

它将引导一个使用内存 H2 数据库的流程引擎,并使该引擎及其 API 服务作为 Spring Bean 被暴露出来并可用。

将 Bean 添加到应用程序上下文后,执行完整的 Maven 构建并重新部署应用程序。在 Apache Tomcat 服务器的日志文件中,可以看到流程引擎的初始化过程,代码如下:

```
org.springframework.jdbc.datasource.DriverManagerDataSource.setDriverClass
Name Loaded JDBC driver: org.h2.Driver
org.camunda.commons.logging.BaseLogger.logInfo ENGINE-03016 Performing
database operation 'create' on component 'engine' with resource
'org/camunda/bpm/engine/db/create/activiti.h2.create.engine.sql'
org.camunda.commons.logging.BaseLogger.logInfo ENGINE-03016 Performing
database operation 'create' on component 'history' with resource
'org/camunda/bpm/engine/db/create/activiti.h2.create.history.sql'
org.camunda.commons.logging.BaseLogger.logInfo ENGINE-03016 Performing
database operation 'create' on component 'identity' with resource
'org/camunda/bpm/engine/db/create/activiti.h2.create.identity.sql'
org.camunda.commons.logging.BaseLogger.logInfo ENGINE-03016 Performing
database operation 'create' on component 'case.engine' with resource
'org/camunda/bpm/engine/db/create/activiti.h2.create.case.engine.sql'
org.camunda.commons.logging.BaseLogger.logInfo ENGINE-03016 Performing
database operation 'create' on component 'case.history' with resource
'org/camunda/bpm/engine/db/create/activiti.h2.create.case.history.sql'
org.camunda.commons.logging.BaseLogger.logInfo ENGINE-03016 Performing
database operation 'create' on component 'decision.engine' with resource
'org/camunda/bpm/engine/db/create/activiti.h2.create.decision.engine.sql'
org.camunda.commons.logging.BaseLogger.logInfo ENGINE-03016 Performing
database operation 'create' on component 'decision.history' with resource
'org/camunda/bpm/engine/db/create/activiti.h2.create.decision.history.sql'
org.camunda.commons.logging.BaseLogger.logInfo ENGINE-03067 No history level
property found in database
org.camunda.commons.logging.BaseLogger.logInfo ENGINE-03065 Creating
historyLevel property in database for level: HistoryLevelAudit(name=audit,
id=2)
org.camunda.commons.logging.BaseLogger.logInfo ENGINE-00001 Process Engine
engine created.
org.springframework.web.context.ContextLoader.initWebApplicationContext
Root WebApplicationContext: initialization completed in 13827 ms
org.apache.catalina.startup.HostConfig.deployWAR Deployment of web
application archive [..\webapps\loan-approval-spring-0.0.1-SNAPSHOT.war] has
finished in [20,955] ms
```

18.3 从服务任务调用 Spring Bean

由上述内容已经知道了如何在 Spring 应用程序上下文中引导流程引擎,接下来可以添加一个 BPMN 2.0 流程模型,并与 Spring Bean 中的表单进行交互。本节将介绍以下 4 个内容。

(1)建模一个可执行的 BPMN 2.0 流程。

（2）使用 Spring 自动部署 BPMN 2.0 流程。

（3）从 Spring Bean 启动流程实例。

（4）从 BPMN 2.0 服务任务调用 Spring Bean。

18.3.1　建模一个可执行的 BPMN 2.0 流程

首先使用 Camunda Modeler 建模一个可执行流程。建模 loanApproval 流程如图 18-1 所示。

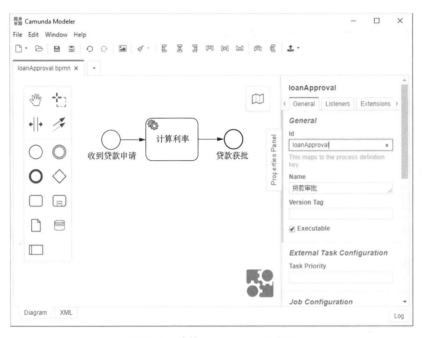

图 18-1　建模 loanApproval 流程

关于怎样使用 Camunda Modeler 建模，请参考本书第 15 章 15.1 节。

完成之后，将流程模型保存在 Eclipse 项目的 src/main/resources 件夹中，并确保稍后刷新 Eclipse 项目。

18.3.2　使用 Spring 自动部署 BPMN 2.0 流程

可以使用 Camunda 引擎中 Spring 集成提供的自动部署特性来部署流程。为了使用这个特性，需要修改 LoanApplicationContext 中 SpringProcessEngineConfiguration Bean 的定义代码如下：

```java
@Bean
public SpringProcessEngineConfiguration engineConfiguration(
    DataSource dataSource,
    PlatformTransactionManager transactionManager,
    @Value("classpath*:*.bpmn") Resource[] deploymentResources) {
  SpringProcessEngineConfiguration configuration = new
SpringProcessEngineConfiguration();

  configuration.setProcessEngineName("engine");
  configuration.setDataSource(dataSource);
  configuration.setTransactionManager(transactionManager);
  configuration.setDatabaseSchemaUpdate("true");
  configuration.setJobExecutorActivate(false);
```

```
    configuration.setDeploymentResources(deploymentResources);

    return configuration;
}
```

同时，还需要导入以下包：

```
import org.springframework.beans.factory.annotation.Value;
import org.springframework.core.io.Resource;
```

18.3.3 从 Spring Bean 启动流程实例

若要从 Spring Bean 启动流程实例则需要在 org.camunda.bpm.getstarted.loanapproval 包中添加相应的 Starter 类。代码如下：

```
package org.camunda.bpm.getstarted.loanapproval;

import org.camunda.bpm.engine.RuntimeService;
import org.springframework.beans.factory.InitializingBean;
import org.springframework.beans.factory.annotation.Autowired;

public class Starter implements InitializingBean {

  @Autowired
  private RuntimeService runtimeService;

  public void afterPropertiesSet() throws Exception {
    runtimeService.startProcessInstanceByKey("loanApproval");
  }

  public void setRuntimeService(RuntimeService runtimeService) {
    this.runtimeService = runtimeService;
  }
}
```

这将简单地向应用程序上下文添加一个 Spring Bean，并注入到流程引擎，从 afterProperties Set()方法启动一个单一的流程实例。

还需要将 Spring Bean 添加到 LoanApplicationContext 类中，代码如下：

```
@Configuration
public class LoanApplicationContext {

  ...

  @Bean
  public Starter starter() {
    return new Starter();
  }
}
```

18.3.4 从 BPMN 2.0 服务任务调用 Spring Bean

从 BPMN 2.0 服务任务引用 Spring Bean 很简单。其操作步骤如下。

（1）必须在 Camunda Modeler 中选择服务任务并提供一个表达式，将实现类型设置为 Delegate Expression，并在委托表达式文本框中输入${calculateInterestService}。配置委托表达式如图 18-2 所示。

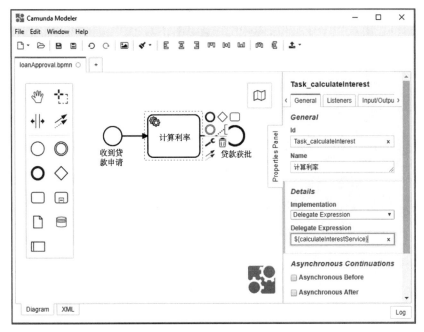

图 18-2　配置委托表达式

（2）保存模型并刷新 Eclipse 项目。

（3）添加实现了 JavaDelegate 接口的 Java 类。代码如下：

```java
package org.camunda.bpm.getstarted.loanapproval;

import org.camunda.bpm.engine.delegate.DelegateExecution;
import org.camunda.bpm.engine.delegate.JavaDelegate;

public class CalculateInterestService implements JavaDelegate {

  public void execute(DelegateExecution delegate) throws Exception {

    System.out.println("Spring Bean invoked.");

  }
}
```

并在应用程序上下文中将其注册为 Spring Bean，代码如下：

```java
@Configuration
public class LoanApplicationContext {

  ...

  @Bean
  public Starter starter() {
    return new Starter();
  }
```

```
@Bean
public CalculateInterestService calculateInterestService() {
  return new CalculateInterestService();
}
}
```

（4）重新编译并部署应用程序。这样会在日志文件中看到以下消息，它意味着成功地执行了服务任务。其代码如下：

```
INFO [ContainerBackgroundProcessor[StandardEngine[Catalina]]]
org.camunda.commons.logging.BaseLogger.logInfo ENGINE-00001 Process Engine
engine created.
Spring Bean invoked.
INFO [ContainerBackgroundProcessor[StandardEngine[Catalina]]]
org.springframework.web.context.ContextLoader.initWebApplicationContext
Root WebApplicationContext: initialization completed in 15184 ms
INFO [ContainerBackgroundProcessor[StandardEngine[Catalina]]]
org.apache.catalina.startup.HostConfig.deployWAR Deployment of web
application archive
[..\server\apache-tomcat-9.0.12\webapps\loanapproval-spring-0.0.1-SNAPSHOT
.war] has finished in [26,033] ms
```

18.4　使用共享流程引擎

不仅可以使用 Spring 框架在 Web 应用程序中配置嵌入式流程引擎，还可以使用 Spring 框架来开发使用共享流程引擎的应用程序。与嵌入式流程引擎相反，共享流程引擎独立于应用程序进行控制，并由运行时容器（如 Apache Tomcat）启动/停止。这就使得单个或者多个应用程序不仅可以使用相同的流程引擎，还可以独立于流程引擎重新部署单个应用程序。

为了将 loan-approval-spring 示例配置为使用共享流程引擎，必须修改以下 3 处。

（1）将 camunda-engine 的 Maven 依赖的范围设置为 provided。在 Camunda BPM 平台上，流程引擎库作为共享库提供，不需要与应用程序捆绑在一起。Maven 依赖的代码如下：

```
<dependency>
  <groupId>org.camunda.bpm</groupId>
  <artifactId>camunda-engine</artifactId>
  <scope>provided</scope>
</dependency>
```

此外，还可以删除 org.springframework:spring-jdbc、com.h2database:h2 和 org.slf4j:slf4j-jdk14 依赖。

（2）在 src/main/resources 文件夹中创建一个 META-INF 文件夹，然后在其中创建一个 processes.xml 文件。其代码如下：

```
<?xml version="1.0" encoding="UTF-8" ?>

<process-application
    xmlns="http://www.camunda.org/schema/1.0/ProcessApplication"
    xmlns:xsi="http://www.w3.org/2001/XMLSchema-instance">

  <process-archive name="loan-approval">
    <process-engine>default</process-engine>
```

```
  <properties>
    <property name="isDeleteUponUndeploy">false</property>
    <property name="isScanForProcessDefinitions">true</property>
  </properties>
</process-archive>

</process-application>
```

（3）调整 LoanApplicationContext 类，以便查找共享流程引擎，并引导一个 SpringServlet-ProcessApplication，代码如下：

```
package org.camunda.bpm.getstarted.loanapproval;

import org.camunda.bpm.BpmPlatform;
import org.camunda.bpm.ProcessEngineService;
import org.camunda.bpm.engine.HistoryService;
import org.camunda.bpm.engine.ManagementService;
import org.camunda.bpm.engine.ProcessEngine;
import org.camunda.bpm.engine.RepositoryService;
import org.camunda.bpm.engine.RuntimeService;
import org.camunda.bpm.engine.TaskService;
import org.camunda.bpm.engine.spring.application.SpringProcessApplication;
import org.springframework.context.annotation.Bean;
import org.springframework.context.annotation.Configuration;

@Configuration
public class LoanApplicationContext {

  @Bean
  public ProcessEngineService processEngineService() {
    return BpmPlatform.getProcessEngineService();
  }

  @Bean(destroyMethod = "")
  public ProcessEngine processEngine(){
    return BpmPlatform.getDefaultProcessEngine();
  }

  @Bean
  public SpringProcessApplication processApplication()
  {
    return new SpringProcessApplication();
  }

  @Bean
  public RepositoryService repositoryService(ProcessEngine processEngine) {
    return processEngine.getRepositoryService();
  }

  @Bean
  public RuntimeService runtimeService(ProcessEngine processEngine) {
    return processEngine.getRuntimeService();
  }

  @Bean
  public TaskService taskService(ProcessEngine processEngine) {
    return processEngine.getTaskService();
```

```
}

@Bean
public HistoryService historyService(ProcessEngine processEngine) {
  return processEngine.getHistoryService();
}

@Bean
public ManagementService managementService(ProcessEngine processEngine) {
  return processEngine.getManagementService();
}

@Bean
public CalculateInterestService calculateInterestService()
{
  return new CalculateInterestService();
}
}
```

上述代码还删除了 Starter Bean 的声明，因为将使用任务列表来手动启动流程。当然，还可以删除类本身，因为它不再使用了。

执行 Maven 构建并重新部署之后，流程定义会被自动部署。进入任务列表（ http://localhost: 8080/camunda/app/tasklist ），使用 demo/demo 账号登录，单击 Start process 并启动"贷款审批"流程。然后会在 Tomcat 日志文件中看到如下代码：

```
Spring Bean invoked
```

这表示流程已经在共享流程引擎中执行成功了。

第 19 章 DMN 入门

本章介绍怎样建立第一个 DMN 1.1 决策表的模型,并使用 Camunda BPM 平台执行它。

19.1 新建 DMN Java 项目

在开始之前,需要先澄清两个术语——流程与决策:DMN 是用于决策的建模语言,而 BPMN 是用于流程的语言。本章是关于决策的。由于 Camunda 以 BPMN 为中心的传统,它的 Java 项目中也包含了名为 ProcessApplication 和 processes.xml 的类和文件。事实上,这些类和文件是普遍适用的,既可以用于流程,也可以用于决策。

下面将详细讲述在 Eclipse 中创建第一个 DMN 应用程序项目操作步骤。

19.1.1 新建一个 Maven 项目

在 Eclipse 中,新建一个 Maven 项目,其信息如下:

(1) Group Id: org.camunda.bpm.getstarted;

(2) Artifact Id: dinner-dmn;

(3) Version: 0.0.1-SNAPSHOT;

(4) Packaging: war。

完成后,单击 Finish 按钮,Eclipse 即可创建一个新的 Maven 项目,并出现在 Package Explorer 视图中。

19.1.2 添加 Camunda Maven 依赖

(1) 为新流程应用程序配置 Maven 依赖。将以下依赖添加到项目的 pom.xml 文件中,代码如下:

```
<project xmlns="http://maven.apache.org/POM/4.0.0"
xmlns:xsi="http://www.w3.org/2001/XMLSchema-instance"
xsi:schemaLocation="http://maven.apache.org/POM/4.0.0
http://maven.apache.org/xsd/maven-4.0.0.xsd">

  <modelVersion>4.0.0</modelVersion>
```

```
<groupId>org.camunda.bpm.getstarted</groupId>
<artifactId>dinner-dmn</artifactId>
<version>0.1.0-SNAPSHOT</version>
<packaging>war</packaging>

<dependencyManagement>
  <dependencies>
    <dependency>
      <groupId>org.camunda.bpm</groupId>
      <artifactId>camunda-bom</artifactId>
      <version>7.10.0</version>
      <scope>import</scope>
      <type>pom</type>
    </dependency>
  </dependencies>
</dependencyManagement>

<dependencies>
  <dependency>
    <groupId>org.camunda.bpm</groupId>
    <artifactId>camunda-engine</artifactId>
    <scope>provided</scope>
  </dependency>

  <dependency>
    <groupId>javax.servlet</groupId>
    <artifactId>javax.servlet-api</artifactId>
    <version>3.0.1</version>
    <scope>provided</scope>
  </dependency>
</dependencies>

<build>
  <plugins>
    <plugin>
      <groupId>org.apache.maven.plugins</groupId>
      <artifactId>maven-war-plugin</artifactId>
      <version>2.3</version>
      <configuration>
        <failOnMissingWebXml>false</failOnMissingWebXml>
      </configuration>
    </plugin>
  </plugins>
</build>

</project>
```

（2）执行第一次构建。在 Package Explorer 中选择 pom.xml，右击，在弹出的菜单中选择
Run As | Maven Install 选项。

19.1.3　添加流程应用程序类

创建一个名为 org.camunda.bpm.getstarted.dmn 的包，并向其添加一个流程应用程序

类：DinnerApplication。流程应用程序类构成应用程序和流程引擎之间的接口。其代码
如下：

```
package org.camunda.bpm.getstarted.dmn;

import org.camunda.bpm.application.ProcessApplication;
import org.camunda.bpm.application.impl.ServletProcessApplication;

@ProcessApplication("Dinner App DMN")
public class DinnerApplication extends ServletProcessApplication
{
  //empty implementation
}
```

19.1.4　添加 META-INF/processes.xml 部署描述符

配置流程应用程序的最后一步是添加 META-INF/processes.xml 部署描述符文件。该文件
提供了流程应用程序对流程引擎进行部署的声明性配置。

这个文件需要添加到 Maven 项目的 src/main/resources/META-INF 文件夹中。其代码
如下：

```
<?xml version="1.0" encoding="UTF-8" ?>

<process-application
   xmlns="http://www.camunda.org/schema/1.0/ProcessApplication"
   xmlns:xsi="http://www.w3.org/2001/XMLSchema-instance">

 <process-archive name="dinner-dmn">

  <process-engine>default</process-engine>
  <properties>
    <property name="isDeleteUponUndeploy">false</property>
    <property name="isScanForProcessDefinitions">true</property>
  </properties>
 </process-archive>

</process-application>
```

至此，已经成功地设置了流程应用程序，接下来可以对第一个决策表建模。

19.2　创建 DMN 决策表

启动 Camunda Modeler 来创建一个新的决策表。

19.2.1　新建一个 DMN 决策表

通过选择 File | New File | DMN Table 选项来创建一个新的 DMN 表。新建 DMN 表
如图 19-1 所示。

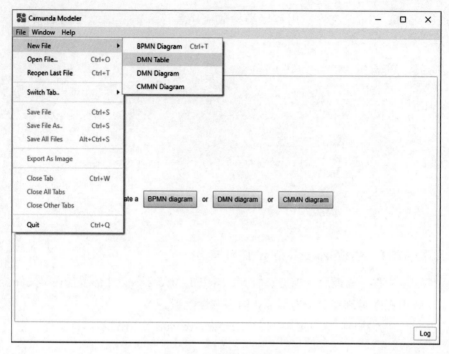

图 19-1 新建 DMN 表

19.2.2 从表头开始

（1）配置决策名称。单击左上角的文本框，并输入 Dish 作为决策的名称。

（2）配置决策的 ID。在左上角第二个文本框中输入 dish，用于引用流程应用程序中的决策。配置决策表头如图 19-2 所示。

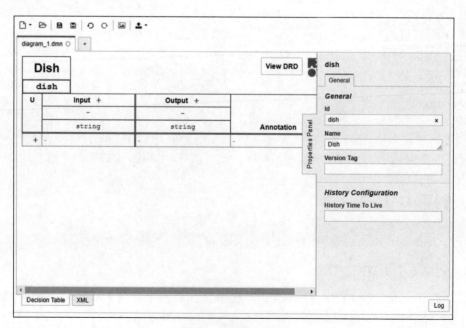

图 19-2 配置决策表头

（3）配置决策表的输入标签。单击 Input 下面的文本框，在弹出的对话框的 Input Label 文本框中输入 Season。配置决策表输入标签如图 19-3 所示。

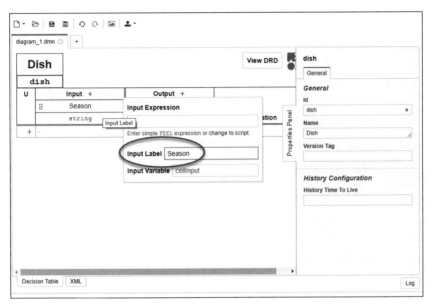

图 19-3　配置决策表输入标签

（4）配置决策表的输出标签。单击 Output 下面的文本框，在弹出的对话框的 Ouput Label 文本框中输入 Dish。配置决策表输出标签如图 19-4 所示。

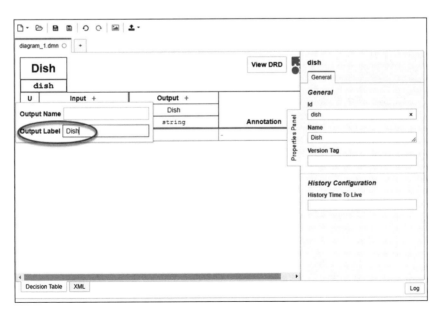

图 19-4　配置决策表输出标签

19.2.3　配置输入表达式和输出名

如果 Season 的输入值由名为 season 的变量提供，那么输入表达式应该是 season。

单击 Season 字段。在弹出的对话框中，将输入表达式的内容配置为 season，然后关闭它。配置输入表达式如图 19-5 所示。

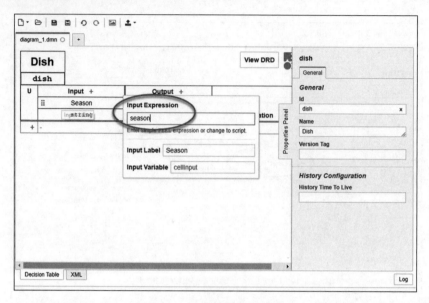

图 19-5　配置输入表达式

单击 Dish 字段，在弹出的对话框中将输出名配置为 desiredDish。配置输出名如图 19-6 所示。

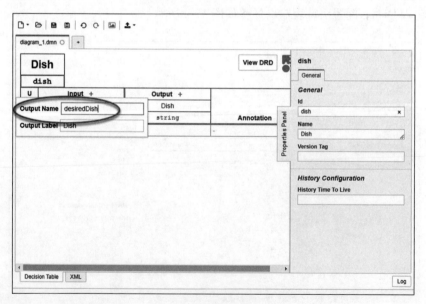

图 19-6　配置输出名

19.2.4　配置输入和输出的类型

如果 Season 的输入值以字符串的形式提供，那么输入值的类型应该是 string。

单击 Season 字段下面的文本框。打开组合框，在弹出的对话框中选择 string 类型。配置输入类型如图 19-7 所示。

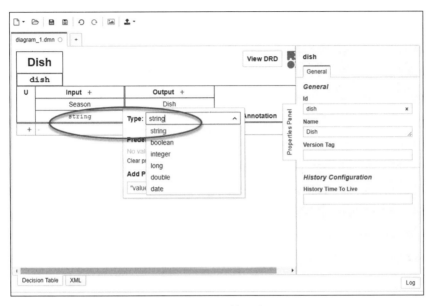

图 19-7　配置输入类型

输出类型与此相同，单击 Dish 字段下面的字段，选择 string 作为类型。

19.2.5　添加规则

首先添加第一个规则，指定"Fall"所需的 Dish 是"Spareribs"。

单击表格底部的+按钮，或者单击最后一行的任何位置。在新添加的行的输入列中输入"Fall"，在输出列中输入"Spareribs"。 添加规则如图 19-8 所示。

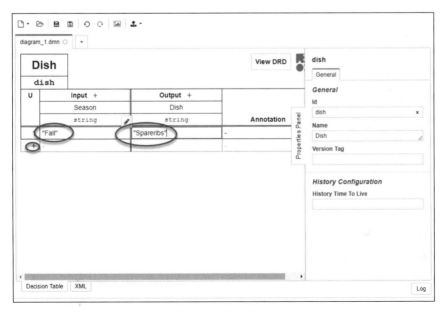

图 19-8　添加规则

"Fall"是规则的条件（也就是输入条目）。它是一个 FEEL 表达式，用于检查输入值（即变量"season"）等于"Fall"。

"Spareribs"是规则的结论（也就是输出条目）。它是 JUEL 的一个简单表达式，返回字符串"Spareribs"。

其次，添加第二个输入项"How many guests"，它的输入表达式是"guestCount"。添加第二个输入项如图 19-9 所示。

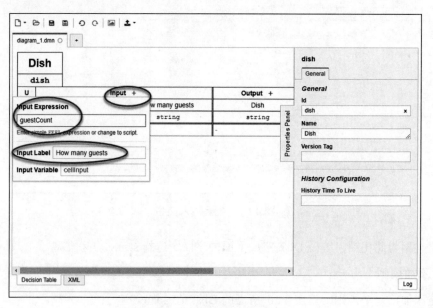

图 19-9　添加第二个输入项

其类型为 integer。配置输入类型如图 19-10 所示。

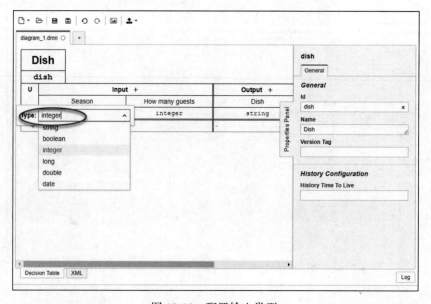

图 19-10　配置输入类型

在表格中填满其他规则，如图 19-11 所示。

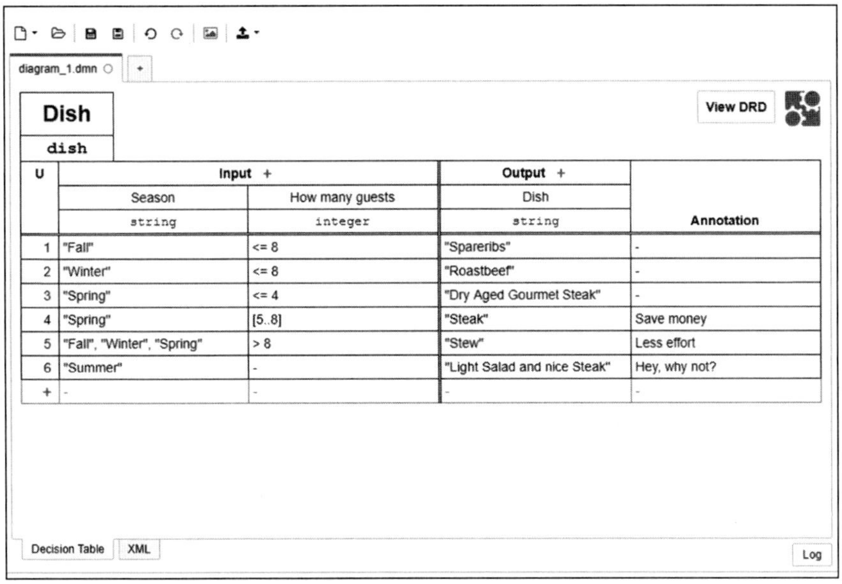

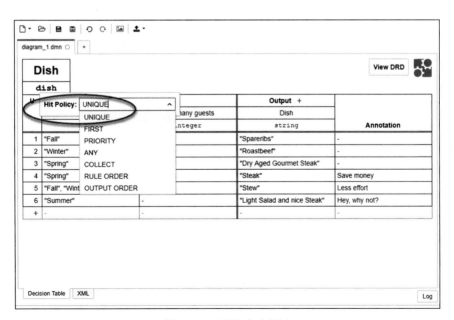

图 19-11　配置其他规则

19.2.6　配置命中策略

将命中策略设置为 UNIQUE。它表明只有一条规则可以匹配，以验证决策表是否只包含一条可以与输入匹配的规则。

单击决策 ID 下面的文本框，在弹出的对话框中，打开组合框并选择命中策略 UNIQUE。配置命中策略如图 19-12 所示。

图 19-12　配置命中策略

19.2.7　保存决策表

完成上述操作后，选择 File | Save File As...选项，在弹出的对话框中，导航到项目所在的目录，并将决策表放在 src/main/resources 文件夹中。

然后回到 Eclipse。右击项目文件夹并单击 Refresh，这将与 Eclipse 同步新的 DMN 文件。如果想要让 Eclipse 自动同步工作区和文件系统，需要在 Eclipse 中配置自动同步。

19.3　评估、部署和测试决策表

先使用 Java 代码来评估决策表；然后将 Web 应用程序部署到 Apache Tomcat 中，并在 Cockpit 中验证结果。

19.3.1　评估决策表

要在部署后直接评估决策表，需要将以下方法添加到 Application 类中，代码如下：

```java
package org.camunda.bpm.getstarted.dmn;

import org.camunda.bpm.application.PostDeploy;
import org.camunda.bpm.application.ProcessApplication;
import org.camunda.bpm.application.impl.ServletProcessApplication;
import org.camunda.bpm.dmn.engine.DmnDecisionTableResult;
import org.camunda.bpm.engine.DecisionService;
import org.camunda.bpm.engine.ProcessEngine;
import org.camunda.bpm.engine.variable.VariableMap;
import org.camunda.bpm.engine.variable.Variables;

@ProcessApplication("Dinner App DMN")
public class DinnerApplication extends ServletProcessApplication {

  @PostDeploy
  public void evaluateDecisionTable(ProcessEngine processEngine) {

    DecisionService decisionService = processEngine.getDecisionService();

    VariableMap variables = Variables.createVariables()
      .putValue("season", "Spring")
      .putValue("guestCount", 10);

    DmnDecisionTableResult dishDecisionResult =
decisionService.evaluateDecisionTableByKey("dish", variables);
    String desiredDish = dishDecisionResult.getSingleEntry();

    System.out.println("Desired dish: " + desiredDish);
  }

}
```

19.3.2　使用 Maven 构建 Web 应用程序

在 Package Explorer 中选择 pom.xml，右击，在弹出的菜单中选择 Run As | Maven Install 选项，将在 target 目录中生成一个名为 dinner-dmn-0.0.1-SNAPSHOT.war 的 WAR 文件。

19.3.3　部署到 Apache Tomcat

为了部署流程应用程序，需要从 Maven 项目复制 dinner-dmn-0.0.1-SNAPSHOT.war 文件并粘贴到$CAMUNDA_HOME/server/apache-tomcat-9.0.12/webapps 文件夹中。

检查 Apache Tomcat 服务器的日志文件。如果看到如下所示的日志，表示部署成功，代码如下：

```
org.camunda.commons.logging.BaseLogger.logInfo ENGINE-08024 Found
processes.xml file at
file:/../webapps/dinner-dmn-0.0.1-SNAPSHOT/WEB-INF/classes/META-INF/proces
ses.xml
org.camunda.commons.logging.BaseLogger.logInfo    ENGINE-08023    Deployment
summary for process archive 'dinner-dmn':

    dinner.dmn

org.camunda.commons.logging.BaseLogger.logInfo ENGINE-08050 Process
application Dinner App DMN successfully deployed
org.apache.catalina.startup.HostConfig.deployWAR Deployment of web application
archive [..\webapps\dinner-dmn-0.0.1-SNAPSHOT.war] has finished in [8,097] ms
```

19.3.4　从 Cockpit 确认部署

下面使用 Cockpit 检查决策表是否部署成功。打开 http://localhost:8080/camunda/app/cockpit/，使用 demo / demo 登录，跳转到 Decisions 部分，已部署的决策定义中会列出刚部署的决策表 Dish。使用 Cockpit 查看部署的 DMN 决策表如图 19-13 所示。

图 19-13　使用 Cockpit 查看部署的 DMN 决策表

19.3.5　从 Cockpit 核实评估结果

单击 Dish 决策，打开一个对话框，其中可以看到决策表是何时被评估的。查看 Dish 决策表如图 19-14 所示。

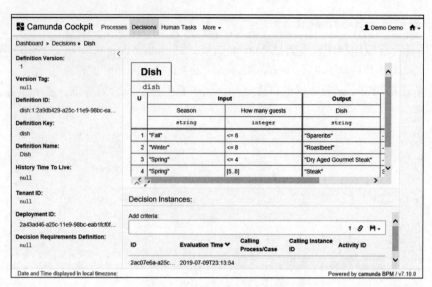

图 19-14　查看 Dish 决策表

　　如果单击决策实例 ID，可以看到评估的历史数据。图中将高亮显示匹配到的规则，并在下表中列出输入值和输出值。查看匹配的决策规则如图 19-15 所示。

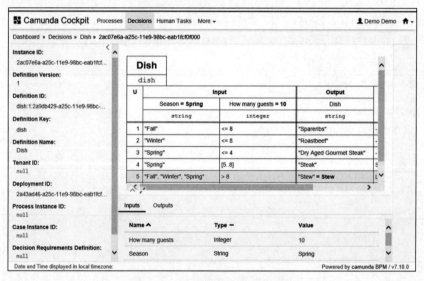

图 19-15　查看匹配的决策规则

　　这样，可以验证是否匹配了第 5 条规则，即所需的 Dish 的输出值为"Stew"。

19.4　建模、评估和部署决策需求图

　　下面通过使用 Dish 决策表作为第二个 Beverages 决策的输入来扩展上一个例子。首先使用 Camunda Modeler 对决策需求图（Decision Requirement Graph）中的决策之间的依赖关系建模；然后，调整 Application 类来评估 Beverages 决策，将 Web 应用程序部署到 Apache Tomcat

中，并在 Cockpit 中验证结果。

19.4.1　从决策表切换到 DRD

打开上述介绍的 Dish 决策表。单击右上角的 View DRD 按钮，查看决策需求图（Decision Requirements Diagram，DRD）。它包含一个名为 Dish 的决策。切换到决策需求图如图 19-16 所示。

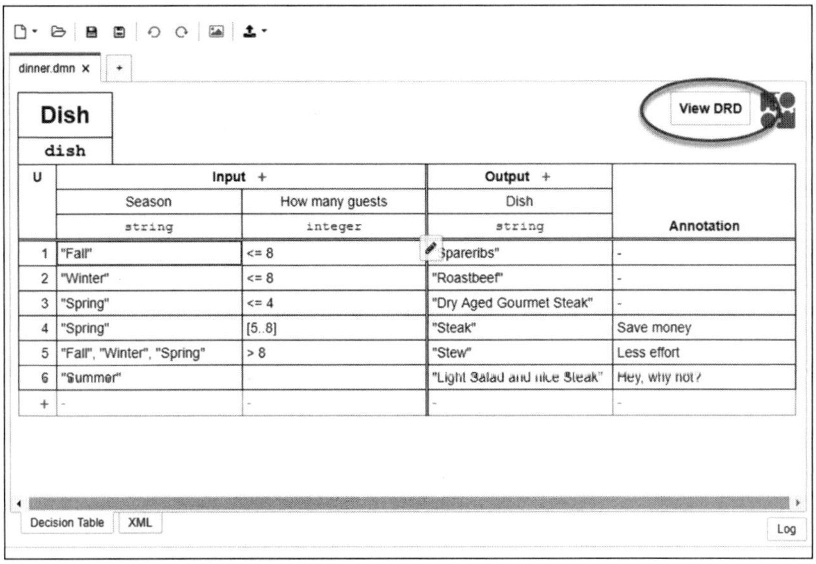

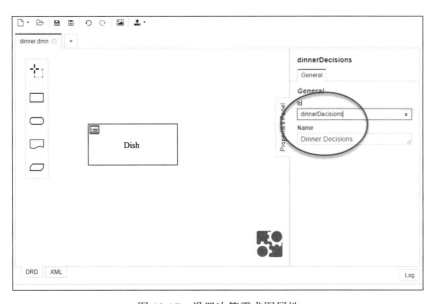

图 19-16　切换到决策需求图

19.4.2　设置 DRD 的名称和 Id

单击图形中的空白位置，并单击 Properties Panel 以显示 DRD 的属性，将其 Id 改为 dinnerDecisions，将其名称改为 Dinner Decisions。设置决策需求图属性如图 19-17 所示。

图 19-17　设置决策需求图属性

19.4.3 在 DRD 中创建一个新的决策

单击画布左侧的决策图标来创建一个新的决策。在创建成功后，双击决策并输入 Beverages 作为名称，输入 beverages 作为 Id。单击 Beverages 决策旁边的扳手图标，选择 Decision Table，以将决策类型更改为决策表。添加新的决策表如图 19-18 所示。

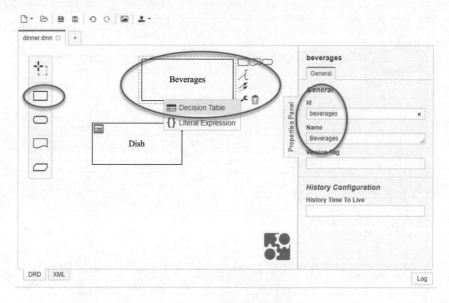

图 19-18　添加新的决策表

接下来，将 Dish 决策连接到 Beverages 决策，以表明 Dish 决策是 Beverages 决策的一个必须决策。也就是说，它被用作决策的输入，并且可以在那里访问输出值 desiredDish。连接决策如图 19-19 所示。

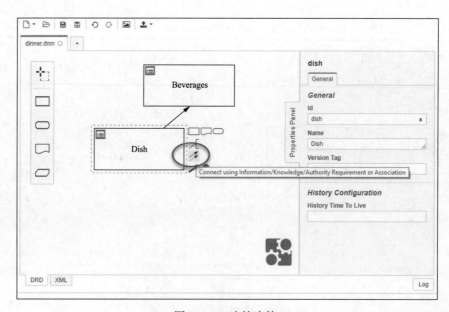

图 19-19　连接决策

19.4.4　配置决策表并添加规则

单击 Beverages 决策的左上角的绿色图标，打开决策表。配置 Beverages 决策表，输入如下值：

（1）Id：beverages。

（2）第一个 Input。输入标签为 Dish，输入表达式为 desiredDish，类型为 string。配置决策表标签 1 如图 19-20 所示。

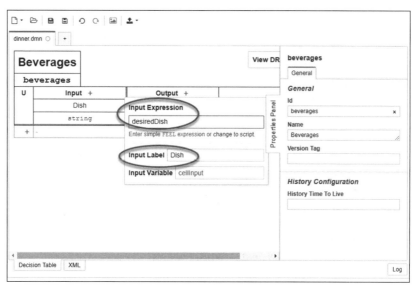

图 19-20　配置决策表标签 1

（3）第二个 Input。输入标签为 Guests with children，输入表达式为 guestsWithChildren，类型为 boolean。配置决策表标签 2 如图 19-21 所示。

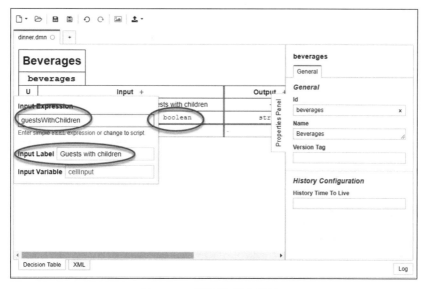

图 19-21　配置决策表标签 2

（4）第一个 Output。输出标签为 Beverages，输出名为 beverages，类型为 string。配置决策表输出如图 19-22 所示。

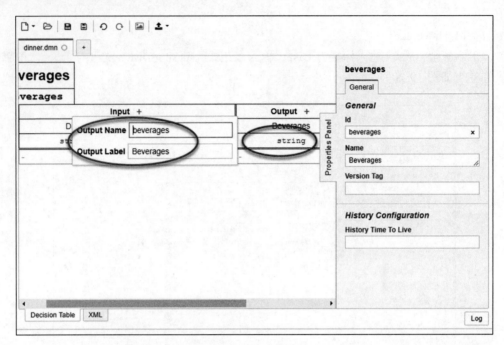

图 19-22　配置决策表输出

（5）Hit Policy。COLLECT（带有 collect 操作符 LIST）。配置命中策略如图 19-23 所示。

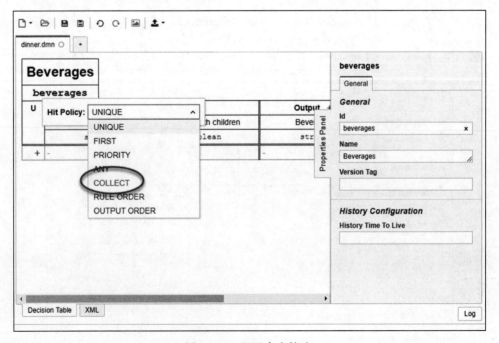

图 19-23　配置命中策略

然后，用其他规则填满表格。配置决策规则如图 19-24 所示。

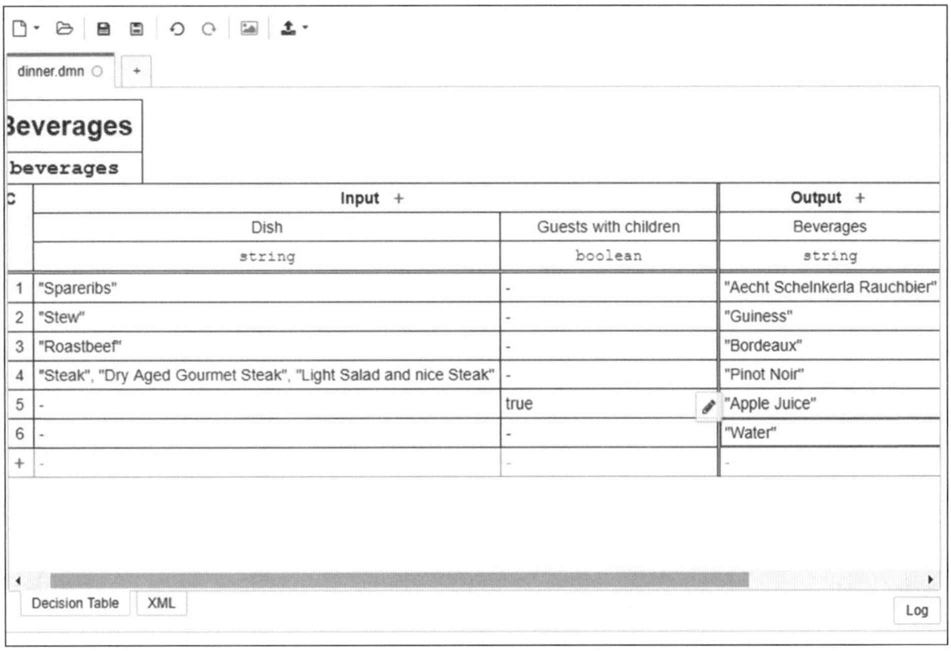

图 19-24　配置决策规则

保存更改并替换 src/main/resources 文件夹中现有的 DMN 文件。

19.4.5　评估决策

为了评估 Beverages 决策，可以扩展 Application 类中的现有方法，并添加一个新的 guestsWithChildren 变量。代码如下：

```java
package org.camunda.bpm.getstarted.dmn;

import java.util.List;

import org.camunda.bpm.application.PostDeploy;
import org.camunda.bpm.application.ProcessApplication;
import org.camunda.bpm.application.impl.ServletProcessApplication;
import org.camunda.bpm.dmn.engine.DmnDecisionTableResult;
import org.camunda.bpm.engine.DecisionService;
import org.camunda.bpm.engine.ProcessEngine;
import org.camunda.bpm.engine.variable.VariableMap;
import org.camunda.bpm.engine.variable.Variables;

@ProcessApplication("Dinner App DMN")
public class DinnerApplication extends ServletProcessApplication {
  @PostDeploy
  public void evaluateDecisionTable(ProcessEngine processEngine) {
    DecisionService decisionService = processEngine.getDecisionService();

    VariableMap variables = Variables.createVariables()
```

```
        .putValue("season", "Spring")
        .putValue("guestCount", 10)
        .putValue("guestsWithChildren", false);

    DmnDecisionTableResult dishDecisionResult =
decisionService.evaluateDecisionTableByKey("dish", variables);
    String desiredDish = dishDecisionResult.getSingleEntry();

    System.out.println("Desired dish: " + desiredDish);

    DmnDecisionTableResult beveragesDecisionResult =
decisionService.evaluateDecisionTableByKey("beverages", variables);
    List<Object> beverages =
beveragesDecisionResult.collectEntries("beverages");

    System.out.println("Desired beverages: " + beverages);
  }
}
```

19.4.6　构建和部署 Web 应用程序

使用 Maven 构建 Web 应用程序，并替换 Tomcat 文件夹中 dinner-dmn-0.0.1-SNAPSHOT.war 文件。

完成后，检查 Apache Tomcat 服务器的日志文件。如果显示如下所示的日志代码，则表示部署成功：

```
org.camunda.commons.logging.BaseLogger.logInfo ENGINE-08024 Found
processes.xml file at
file::../webapps/dinner-dmn-0.0.1-SNAPSHOT/WEB-INF/classes/META-INF/process
es.xml
org.camunda.commons.logging.BaseLogger.logInfo ENGINE-08023 Deployment
summary for process archive 'dinner-dmn':

    dinner.dmn

org.camunda.commons.logging.BaseLogger.logInfo ENGINE-08050 Process
application Dinner App DMN successfully deployed
org.apache.catalina.startup.HostConfig.deployWAR Deployment of web
application archive [..\webapps\dinner-dmn-0.0.1-SNAPSHOT.war] has finished
in [4,158] ms
```

19.4.7　用 Cockpit 核实评估结果

首先，打开 Cockpit，进入 Decisions 部分，以查看部署的决策。

然后，单击 Beverages 决策并选择一个 ID，以查看决策评估的历史数据。查看决策评估 ID 如图 19-25 所示。

最后，验证两个规则是否匹配，Beverages 的输出值是不是 Guiness 和 Water。 查看评估结果如图 19-26 所示。

注意，Dish 决策是作为 Beverages 决策的一部分进行评估的。它为 desiredDish 输入表达式提供了值 Stew。

图 19-25　查看决策评估 ID

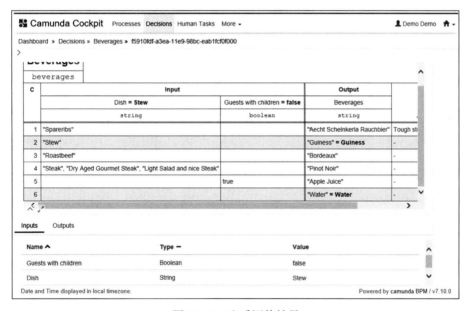

图 19-26　查看评估结果

第四部分

Camunda完整项目案例

第 20 章　保险流程实战

本章介绍保险流程的设计与实现，以及产品化时需要考虑的一些要点。

20.1　新建流程项目

首先需要新建一个项目。根据使用 IDE 的不同，此步骤略有区别。前面的入门章节是以 Eclipse 为例的。本章将使用另一个常用的 IDE——Intellij IDEA。

视频
讲解

如果是首次使用 IDEA，那么需要先添加 Camunda 的 Archetype，然后再新建项目。具体步骤，请参阅附录 B.3。

新项目的 Maven 信息如下：

（1）Archetype: camunda-archetype-spring-boot:7.10.0；

（2）GroupId: org.camunda.bpm.example；

（3）ArtifactId: insurance；

（4）Version: 1.0-SNAPSHOT。

项目创建完成后，就可以运行生成的流程了。

20.2　运行流程

从下方的运行窗口中可以看到项目的编译及运行进度。完成后，可以看到如下所示的日志记录，它表明这个项目已经成功地运行起来了，代码如下：

```
INFO 29656 --- [          main] org.camunda.bpm.container          :
ENGINE-08024 Found processes.xml file at
file:/D:/Camunda/target/classes/META-INF/processes.xml
INFO 29656 --- [          main] org.camunda.bpm.container          :
ENGINE-08025 Detected empty processes.xml file, using default values
INFO 29656 --- [          main] org.camunda.bpm.container          :
ENGINE-08023 Deployment summary for process archive 'insurance':

      process.bpmn

INFO 29656 --- [          main] org.camunda.bpm.application          :
ENGINE-07021 ProcessApplication 'insurance' registered for DB deployments
```

```
[9e33c23f-7a3c-11ea-ae25-eab1fcf0f000]. Will execute process definitions

      insurance[version: 1, id:
insurance:1:9ebb41c1-7a3c-11ea-ae25-eab1fcf0f000]
Deployment does not provide any case definitions.
INFO 29656 --- [          main] org.camunda.bpm.container          :
ENGINE-08050 Process application insurance successfully deployed
org.apache.coyote.AbstractProtocol start
INFO: Starting ProtocolHandler ["http-nio-8080"]
org.apache.tomcat.util.net.NioSelectorPool getSharedSelector
INFO: Using a shared selector for servlet write/read
INFO 29656 --- [          main] o.s.b.w.embedded.tomcat.TomcatWebServer :
Tomcat started on port(s): 8080 (http) with context path ''
INFO 29656 --- [          main] o.c.bpm.example.CamundaApplication          :
Started CamundaApplication in 19.57 seconds (JVM running for 22.469)
INFO 29656 --- [          main] org.camunda.bpm.engine.jobexecutor          :
ENGINE-14014 Starting up the
JobExecutor[org.camunda.bpm.engine.spring.components.jobexecutor.SpringJob
Executor].
INFO 29656 --- [ingJobExecutor]] org.camunda.bpm.engine.jobexecutor          :
ENGINE-14018
JobExecutor[org.camunda.bpm.engine.spring.components.jobexecutor.SpringJob
Executor] starting to acquire jobs
```

然后，登录 Camunda 界面，查看项目中创建的默认流程。

20.3 查看默认流程

首先打开 Camunda 界面（127.0.0.1:8080），并使用默认的账号（demo/demo）登录。登录后将显示 Camunda 的欢迎界面，如图 20-1 所示。

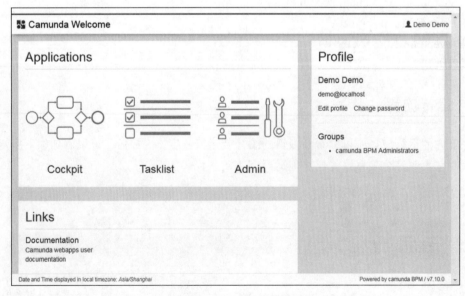

图 20-1 Camunda 欢迎界面

单击 Cockpit，可以看到 Camunda 中已部署的流程的概况：目前已经部署了一个流程定义。

流程定义界面如图 20-2 所示。

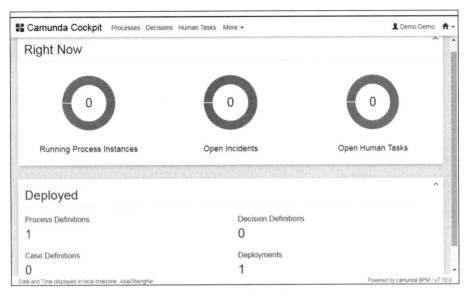

图 20-2 流程定义界面

单击数字 Process Definitions 下面的数字 1，可以查看这个流程的具体定义，以及它的图形化表示。流程定义详情如图 20-3 所示。

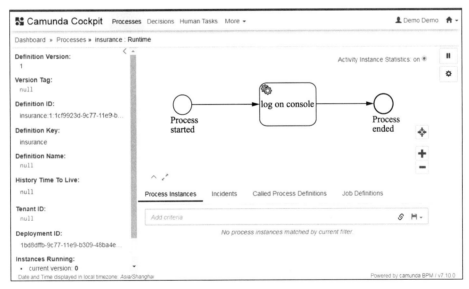

图 20-3 流程定义详情

为了进一步验证此流程，需要先启动它。单击右上角的房子形状的图标，并在弹出的菜单中选择 Tasklist，如图 20-4 所示。

在新打开的 Tasklist 窗口中单击 Start process 以启动流程。启动流程如图 20-5 所示。

选择并单击 insurance 流程，如图 20-6 所示。

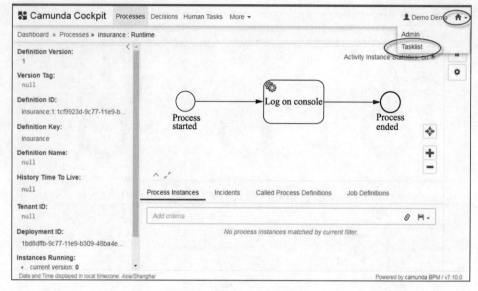

图 20-4　选择 Tasklist 菜单

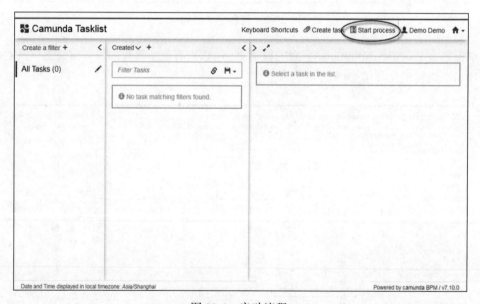

图 20-5　启动流程

图 20-6　选择 insurance 流程

无须输入任何信息，直接单击 Start 按钮来启动这个流程，如图 20-7 所示。

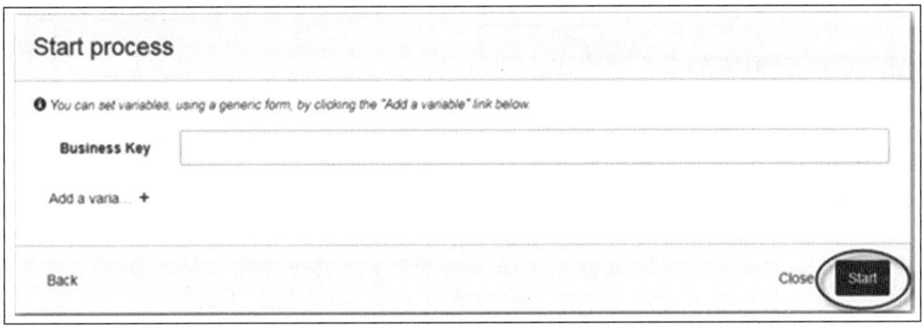

Start process

ⓘ You can set variables, using a generic form, by clicking the "Add a variable" link below.

Business Key

Add a varia... ＋

Back　　　　　　　　　　　　　　　　　　　　　　　　Close　Start

图 20-7　单击 Start 启动流程

完成上述操作后，回到 IDE。可以在日志窗口中看到输出了更多的日志信息，其中一条就是流程中 Log on console 这个服务任务运行时打印出来的，代码如下：

```
org.camunda.bpm.example.LoggerDelegate execute
INFO:

... LoggerDelegate invoked by
processDefinitionId=insurance:1:9ebb41c1-7a3c-11ea-ae25-eab1fcf0f000,
activtyId=ServiceTask_Logger,activtyName='Log on console',
processInstanceId=167356c2-7a3e-11ea-ae25-eab1fcf0f000, businessKey=null,
executionId=167356c2-7a3e-11ea-ae25-eab1fcf0f000
```

上述操作虽然还没有编写任何代码，只做了简单的配置，却已经完成了一个完整的 Camunda 流程的定义、部署和运行。

然而这还仅仅是一个流程基本的雏形。根据实际需要，还可以对它进行定制化。

20.4　设计流程

流程设计是由业务需求驱动的，并且不同的保险公司、不同的险种可能会有不同的流程。流程的设计不是本书的重点，这里略过。下面讲解的是一个简化的通用示例流程。

（1）系统接收客户的投保申请消息，然后进行相应的处理。

（2）首先检查申请资料的完整性。

（3）如果不完整，就发送通知给客户，要求补齐资料后再重新申请。

（4）如果资料完整，就进入下一步操作，即检查申请人的是否具备保险资格。

（5）如果不合格，就会发送拒保通知给客户，告知其处理结果。

（6）如果系统不能自动确定资格，就需要人工介入进行进一步的审核。

（7）如果合格，就计算其保费。这里可以通过 DMN 决策表实现。

（8）保费计算完成后，开始创建新的保单。

（9）保单创建成功后，需要发送给客户，并接收其反馈消息。

完整保险流程图如图 20-8 所示。

视频
讲解

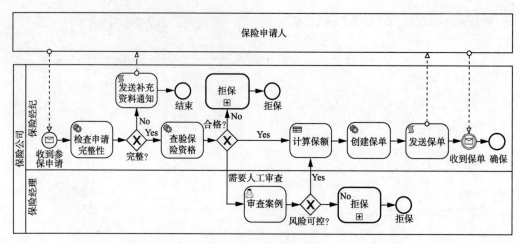

图 20-8　完整保险流程图

20.5　配置流程

配置流程元素的操作步骤如下所述。

视频
讲解

20.5.1　配置保险申请人

单击"保险申请人"泳池，打开右侧的属性面板以配置其属性。"保险申请人"泳池的配置比较简单，只需要配置相应的 Id 和 Name 即可。配置保险申请人如图 20-9 所示。

图 20-9　配置保险申请人

20.5.2　配置保险公司

对于"保险公司"泳池，除了配置基本的 Id 和 Name 属性外，还需要配置与流程相关的属性：Process Id 和 Process Name。其中，Process Id 必须是全局唯一的。对于本流程，Process Id 为 insurance。同时，需要确保选中了 Executable 这个复选框，流程才可以正常执行。配置保险公司属性如图 20-10 所示。

图 20-10　配置保险公司属性

对"保险公司"中的"保险经纪"和"保险经理"两个泳道，都只需要简单地配置其相应的 Id 和 Name 属性即可。配置保险经纪属性如图 20-11 所示。

配置保险经理属性如图 20-12 所示。

图 20-11　配置保险经纪属性

图 20-12　配置保险经理属性

20.5.3　配置开始事件

"收到参保申请"是一个消息开始事件，用来接收来自"保险申请人"的参保申请消息。其核心内容是 Message，因此需要一个全局唯一的 Message Name。这里将其配置为 Message_InsuranceRequest，而 Message 文本框中的内容会根据 Message Name 的值被自动填充。配置开始事件如图 20-13 所示。

图 20-13　配置开始事件

20.5.4　配置"检查申请完整性"服务任务

"检查申请完整性"服务任务用来检查收到的参保申请资料是否完整，其业务逻辑可以实现为一个 Java Delegate。因此，可以将其实现配置为 Delegate Expression，其内容为 #{integrityChecker}。配置"检查申请完整性"的属性如图 20-14 所示。

图 20-14　配置"检查申请完整性"的属性

其中，IntegrityCheckerDelegate 是一个 JavaDelegate，用来检查申请资料是否完整。代码如下：

```java
package org.camunda.bpm.example;

import org.camunda.bpm.engine.delegate.DelegateExecution;
import org.camunda.bpm.engine.delegate.JavaDelegate;
import org.springframework.stereotype.Component;

import java.util.logging.Logger;

@Component("integrityChecker")
```

```
public class IntegrityCheckerDelegate implements JavaDelegate {
    private final Logger LOGGER = Logger.getLogger(IntegrityCheckerDelegate.
        class.getName());

    @Override
    public void execute(DelegateExecution execution) throws Exception {
        LOGGER.info("开始检查参保申请资料的完整性");

        boolean isDocumentComplete = checkRequestIntegrity(execution);
        LOGGER.info("申请资料是完整的吗? " + isDocumentComplete);

        execution.setVariable("isDocumentComplete", isDocumentComplete);

        if (!isDocumentComplete) {
            execution.setVariable("declineMessage", "参保申请资料不完整，请核对并
补充相关资料。");
        }
    }

    private boolean checkRequestIntegrity(DelegateExecution execution) {
        //TODO: 检查参保申请资料的完整性
        String id = (String) execution.getVariable("id");
        String name = (String) execution.getVariable("name");
        LOGGER.fine(id + ": " + name);

        return id != null && !id.isEmpty() && name != null && !name.isEmpty();
    }
}
```

注意，上述实现只是一个示例，没有完成太多具体的功能。可以根据具体需要进行调整。

20.5.5　配置申请"资料完整"网关

网关是用来配置流程分支的，在这里用来检查申请资料是否完整。配置"资料完整"网关如图 20-15 所示。

图 20-15　配置"资料完整"网关

接下来配置其分支路径。对每条分支路径，重要的是要配置其分支条件。分支条件的计算有两种方式：表达式（Expression）和脚本（Script）。这里的判断比较简单，因此可以选择表达式。为此，可以从 Condition Type 下拉框中选择 Expression，然后输入其表达式内容。配置"资料完整"分支属性如图 20-16 所示。

配置"资料不全"分支属性如图 20-17 所示。

图 20-16　配置"资料完整"分支属性

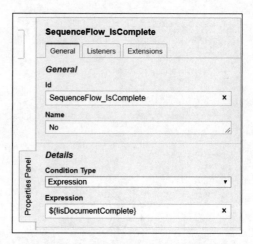

图 20-17　配置"资料不全"分支属性

20.5.6　配置"发送补充资料通知"脚本任务

当发现资料不完整的时候，需要发送通知给申请人以补齐材料。这里使用 Python 脚本来发送消息。因此，需要将 Script Format 配置为 python，然后 Script Type 选择为 Inline Script，并在 Script 文本框中输入相应的 Python 脚本内容。配置"发送补充资料通知"的属性如图 20-18 所示。

图 20-18　配置"发送补充资料通知"的属性

注意，本例中只是简单地用日志记录了这个事件，并没有真正的发送消息。

关于如何在 Camunda 中使用 Python 脚本，请参阅 20.10.1 节。

20.5.7 配置"发送补充资料通知"结束事件

此通知发送后，流程结束。配置结束事件如图 20-19 所示。

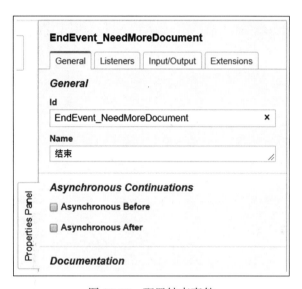

图 20-19 配置结束事件

20.5.8 配置"查验保险资格"服务任务

对于保险资格的检查，也可以实现为一个 Java Delegate。因此需要将实现配置为 Delegate Expression，然后输入对应的 Delegate Expression 内容。配置查验保险资格的属性如图 20-20 所示。

图 20-20 配置"查验保险资格"的属性

QualificationCheckerDelegate 的代码如下：

```
package org.camunda.bpm.example;
```

```java
import org.camunda.bpm.engine.delegate.DelegateExecution;
import org.camunda.bpm.engine.delegate.JavaDelegate;
import org.springframework.stereotype.Component;

import java.util.logging.Logger;

@Component("qualificationChecker")
public class QualificationCheckerDelegate implements JavaDelegate {
    private final Logger LOGGER =
      Logger.getLogger(QualificationCheckerDelegate.class.getName());

    @Override
    public void execute(DelegateExecution execution) throws Exception {
        LOGGER.info("开始查验申请人的保险资格");

        String isQualified = checkInsuranceQualification(execution);
        execution.setVariable("isQualified", isQualified);
    }

    private String checkInsuranceQualification(DelegateExecution execution) {
        Boolean hasSocialSecurity = (Boolean)
execution.getVariable("hasSocialSecurity");
        Boolean hasOtherInsurance = (Boolean)
execution.getVariable("hasOtherInsurance");

        //TODO: 检查申请人资格。此处仅仅是根据申请人是否有社保和商业保险来进行判断
        String result = "";
        if (hasSocialSecurity) {
            if (hasOtherInsurance) {
                result = "yes";
                LOGGER.info("申请人保险资格查验结果：合格");
            } else {
                result = "other";
                LOGGER.info("申请人保险资格查验结果：需人工审核");
            }
        } else {
            result = "no";
            LOGGER.info("申请人保险资格查验结果：不合格");
        }

        return result;
    }
}
```

上述内容只是一个非常简单的示例，需要根据具体业务需求进行调整。

20.5.9　配置保险资格"合格"网关

（1）保险资格查验完成后，需要配置一个网关，用来检查申请人是否具有保险的资格。配置"合格"网关的属性如图 20-21 所示。

（2）配置检查结果的分支路径。对于不合格的分支路径，这里使用的 Condition Type 是

Expression，因此需要在下面的 Expression 文本框中输入相应的表达式内容。配置"不合格"
分支属性如图 20-22 所示。

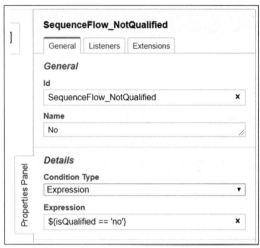

图 20-21　配置"合格"网关的属性　　　　图 20-22　配置"不合格"分支属性

（3）对于合格分支，其配置与之类似。配置"合格"分支属性如图 20-23 所示。

（4）对于需要进一步人工审核的分支也与之类似。配置人工审核分支属性如图 20-24
所示。

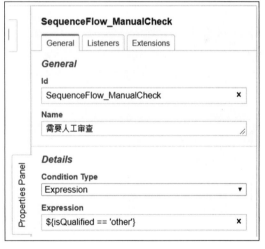

图 20-23　配置"合格"分支属性　　　　　图 20-24　配置人工审核分支属性

20.5.10　配置"拒保"调用活动

当审批不合格的时候，保险公司会选择拒保。由于拒保有一定的通用性，会在多个地方
用到，因此可以把它实现为一个通用的调用活动，以方便重用。因此，会把 CallActivity Type
配置为 BPMN，并在 Called Element 文本框中输入对应的被调用的子流程 Id。对于 Binding，
可以选择 latest。配置拒保属性如图 20-25 所示。

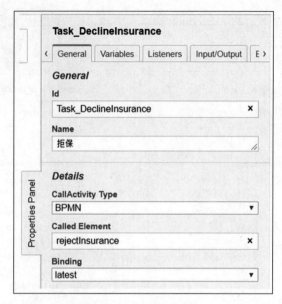

图 20-25　配置拒保属性

1. 配置"拒保"子流程

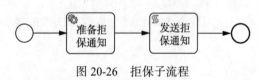

图 20-26　拒保子流程

在"拒保"调用活动中调用一个名为 rejectInsurance 的子流程，需要保证其 Id 跟上一节配置的 Called Element 内容一样。拒保子流程如图 20-26 所示。

配置"拒保"子流程属性如图 20-27 所示。

2. 配置"准备拒保通知"

在拒保之前，需要准备拒保通知，以通知保险人处理结果。同其他服务任务一样，可以把"准备拒保通知"配置为 Delegate Expression，并在相应的文本框中输入 Java Delegate 的名字。配置"准备拒保通知"如图 20-28 所示。

图 20-27　配置"拒保"子流程

图 20-28　配置"准备拒保通知"

DeclineMessageProviderDelegate 是一个 Java Delegate，用来准备拒保通知，其代码如下：

```java
package org.camunda.bpm.example;

import org.camunda.bpm.engine.delegate.DelegateExecution;
import org.camunda.bpm.engine.delegate.JavaDelegate;
import org.springframework.stereotype.Component;

import java.util.logging.Logger;

@Component("declineMessageProvider")
public class DeclineMessageProviderDelegate implements JavaDelegate {
    private final Logger LOGGER =
Logger.getLogger(DeclineMessageProviderDelegate.class.getName());

    @Override
    public void execute(DelegateExecution execution) throws Exception {
        LOGGER.info("开始准备拒保通知");

        String declineMessage = prepareDeclineMessage();

        execution.setVariable("declineMessage", declineMessage);
    }

    private String prepareDeclineMessage() {
        //TODO：准备拒保通知
        return "抱歉！保险申请被拒绝，请联系人工客服以获取详细信息。";
    }
}
```

3. 配置"发送拒保通知"

在拒保通知准备好之后，就可以发送给保险申请人。这里选择使用 Python 脚本实现，其配置方式类似于 20.5.7 节。配置"发送拒保通知"如图 20-29 所示。

图 20-29　配置"发送拒保通知"

20.5.11 配置"计算保额"

保额的计算取决于多种因素，需要根据被保人的不同情况综合判断。因此，通过 DMN 决策表来实现是一个很自然的选择。为此，需要把 Implementation 配置为 DMN，然后在 Decision Ref 中输入对应的 DMN 决策表 Id。配置"计算保额"如图 20-30 所示。

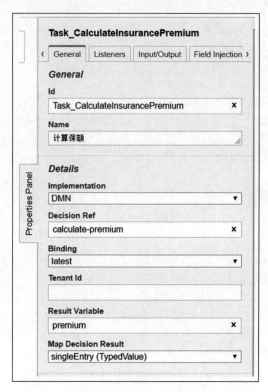

图 20-30　配置"计算保额"

保费的计算是一件很复杂且专业性很强的工作，涉及方方面面的知识，而且不同的险种计算方法也大不相同。作为演示的目的，本书使用的是简化的、仅用作示范的计算规则。这里需要注意的是，DMN 决策表的 Id 需要与上一步中配置的一致。配置保费 DMN 如图 20-31 所示。

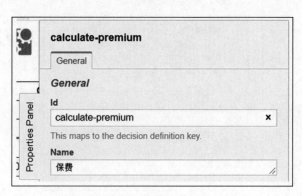

图 20-31　配置保费 DMN

保费决策规则示例如图 20-32 所示。

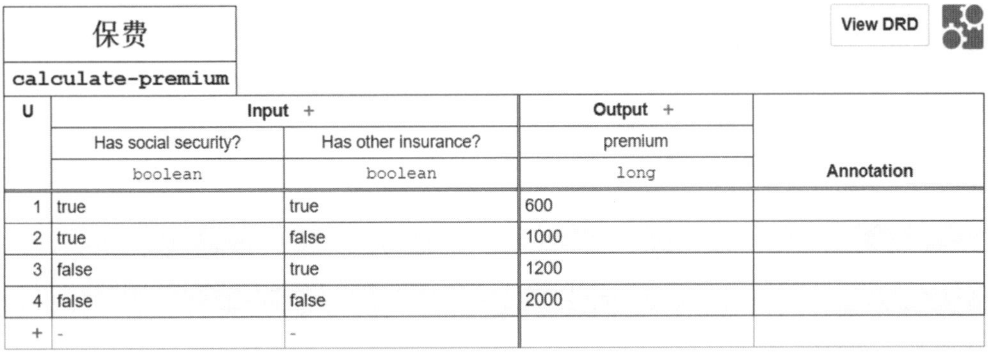

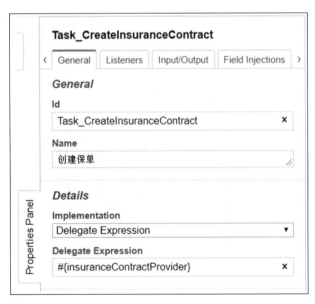

保费				
calculate-premium				View DRD
U	Input +		Output +	Annotation
	Has social security?	Has other insurance?	premium	
	boolean	boolean	long	
1	true	true	600	
2	true	false	1000	
3	false	true	1200	
4	false	false	2000	
+	-	-		

图 20-32　保费决策规则示例

关于如何创建决策表，请参阅 19.2 节。

20.5.12　配置“创建保单”

保额计算出来后，就可以根据情况创建保单了。由于它也是一个服务任务，其配置方式与前面提到的类似，这里略过。配置“创建保单”如图 20-33 所示。

图 20-33　配置“创建保单”

InsuranceContractProviderDelegate 是一个 Java Delegate，用来准备保单，其代码如下：

```
package org.camunda.bpm.example;

import org.camunda.bpm.engine.delegate.DelegateExecution;
import org.camunda.bpm.engine.delegate.JavaDelegate;
import org.springframework.stereotype.Component;
```

```
import java.util.logging.Logger;

@Component("insuranceContractProvider")
public class InsuranceContractProviderDelegate implements JavaDelegate {
    private final Logger LOGGER =
Logger.getLogger(InsuranceContractProviderDelegate.class.getName());

    @Override
    public void execute(DelegateExecution execution) throws Exception {
        LOGGER.info("开始准备保单");

        Long premium = (Long) execution.getVariable("premium");
        String contractMessage = prepareInsuranceContract(premium);
        LOGGER.info(contractMessage);

        execution.setVariable("contractMessage", contractMessage);
    }

    private String prepareInsuranceContract(Long premium) {
        //TODO: 准备保单
        return "恭喜! 核保通过。保费为" + premium + "元每年";
    }
}
```

20.5.13 配置"发送保单"

在保单创建好后，就可以发送给申请人。这里也是通过 Python 脚本实现的，具体配置请参阅 20.5.6 节。配置"发送保单"如图 20-34 所示。

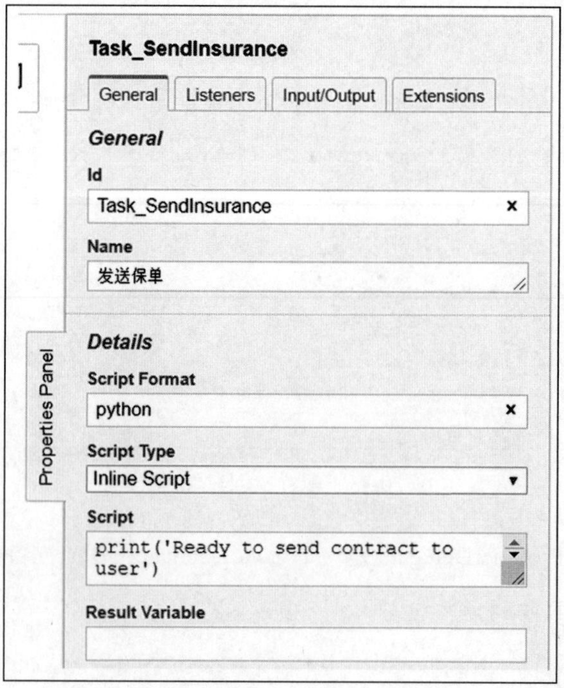

图 20-34 配置"发送保单"

20.5.14　配置"收到保单"

当申请人收到保单后，需要确认，并且发送确认消息。因此，需要配置一个全局唯一的 Message Name。配置"收到保单"如图 20-35 所示。

图 20-35　配置"收到保单"

20.5.15　配置"确保"结束事件

当收到确保的消息后，这个流程就顺利完成了。配置"确保"结束事件如图 20-36 所示。

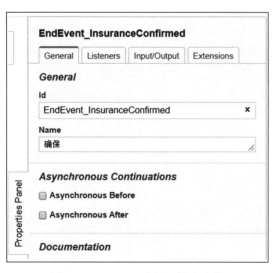

图 20-36　配置"确保"结束事件

20.5.16　配置"审查案例"

如果保险申请存在风险，就需要人工审核。因此需要配置一个用户任务，并分配人员来完成这个任务。为此，需要配置任务的 Assignee 属性。配置"审查案例"如图 20-37 所示。

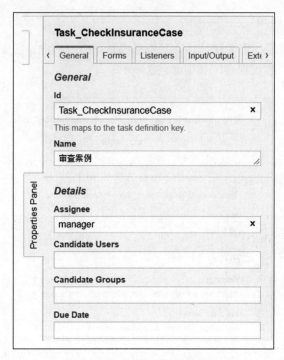

图 20-37　配置"审查案例"

20.5.17　配置"风险可控?"网关

根据人工审核结果，可以配置一个网关来判断其风险是否可控。配置"风险可控?"网关如图 20-38 所示。

配置风险可控的分支。这里把 Condition Type 配置为 Expression，并输入相应的表达式名称。配置风险可控分支如图 20-39 所示。

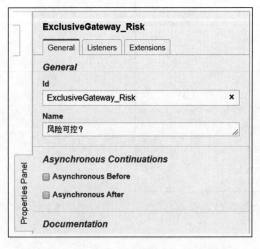

图 20-38　配置"风险可控?"网关

图 20-39　配置风险可控分支

风险不可控的分支配置与之类似。配置风险不可控分支如图 20-40 所示。

图 20-40 配置风险不可控分支

20.5.18 配置"拒保"调用活动

如果风险不可控，保险公司就会选择拒保。此处可以重用前面用到的子流程作为调用活动的对象。其配置与之前的相同，这里略过。

20.5.19 配置"拒保"结束事件

拒保后，这个流程结束。配置略过。

20.6 测试流程

20.6.1 UT

本节关注的是流程的单元测试。Java 类的 UT 属于常规测试范畴，这里略过。

20.6.2 确定测试用例

出于演示的目的，本节仅对主要流程分支进行测试。通过分析流程，可知主要有以下几个分支：

（1）检查资料完整性，有两个分支；

（2）查验是否具备保险资格，有 3 个分支；

（3）检查风险是否可控，有两个分支。

由于分支间有依赖关系，合并后有 5 个分支，也就是 5 个基本的测试用例。测试用例如表 20-1 所示。

表 20-1 测试用例

资料完整	保险资格	风险可控	测试用例
完整	合格		×
	不合格		×
	需要人工审核	可控	×
		不可控	×
不完整			×

除了这几个主要分支外，根据不同的取值，还有更细粒度的测试用例。这里略过。

20.6.3　编写测试代码

在自动生成的项目中，已经包含了 UT 的基本结构。UT 结构如图 20-41 所示。

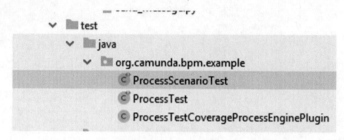

图 20-41　UT 结构

接下来，可以简单地修改其中的测试用例来满足需求。

用例 1：保险资格审查合格（Happy Path）

这个测试用例会满足保险所需的条件，所以其保险资格审查结果为合格。单元测试代码如下：

```
@Test
@Deployment(resources="insurance.bpmn") // only required for process test
coverage
public void testHappyPath() {
  // Define scenarios by using camunda-bpm-assert-scenario:
  variables = Variables.createVariables();
  variables.put("id", "id");
  variables.put("name", "name");
  variables.put("hasSocialSecurity", true);
  variables.put("hasOtherInsurance", true);

  ExecutableRunner starter =
Scenario.run(myProcess).startByKey(PROCESS_DEFINITION_KEY, variables);


when(myProcess.waitsAtMessageIntermediateCatchEvent("IntermediateThrowEven
t_ReceiveInsuranceContract")).
        thenReturn(new MessageIntermediateCatchEventAction() {
          @Override
          public void execute(EventSubscriptionDelegate message) throws
Exception {
            message.receive();
          }
        });

  // OK - everything prepared - let's go and execute the scenario
  Scenario scenario = starter.execute();

  // now you can do some assertions
  verify(myProcess).hasFinished("EndEvent_InsuranceConfirmed");
}
```

用例 2：保险资格审查不合格

这个测试用例测试的是客户没有社保和其他保险的情况，所以其保险资格审查结果为不合格。单元测试代码如下：

```
@Test
@Deployment(resources = {"insurance.bpmn", "reject_insurance.bpmn"})
public void testNotQualified() {
  variables = Variables.createVariables();
  variables.put("id", "id");
  variables.put("name", "name");
  variables.put("hasSocialSecurity", false);
  variables.put("hasOtherInsurance", false);

  ExecutableRunner starter =
  Scenario.run(myProcess).startByKey(PROCESS_DEFINITION_KEY, variables);

  // OK - everything prepared - let's go and execute the scenario
  Scenario scenario = starter.execute();

  // now you can do some assertions
  verify(myProcess).hasFinished("EndEvent_InsuranceRejected_NotQualify");
}
```

用例 3：保险资格人工审查合格

这个测试用例测试的是客户只有社保而没有其他保险的情况，所以其保险资格审查结果为需要人工审查，且人工审查的结果是合格。单元测试代码如下：

```
@Test
@Deployment(resources = "insurance.bpmn")
public void testManualCheckApproved() {
  variables = Variables.createVariables();
  variables.put("id", "id");
  variables.put("name", "name");
  variables.put("hasSocialSecurity", true);
  variables.put("hasOtherInsurance", false);

  ExecutableRunner starter =
  Scenario.run(myProcess).startByKey(PROCESS_DEFINITION_KEY, variables);


when(myProcess.waitsAtMessageIntermediateCatchEvent("IntermediateThrowEven
t_ReceiveInsuranceContract")).
        thenReturn(new MessageIntermediateCatchEventAction() {
          @Override
          public void execute(EventSubscriptionDelegate message) throws
Exception {
            message.receive();
          }
        });

when(myProcess.waitsAtUserTask("Task_CheckInsuranceCase")).
  thenReturn((task) -> {
    task.complete(withVariables("isRiskManagable", true));
  });
```

```
  // OK - everything prepared - let's go and execute the scenario
  Scenario scenario = starter.execute();

  // now you can do some assertions
  verify(myProcess).hasFinished("EndEvent_InsuranceConfirmed");
}
```

用例 4:保险资格人工审查不合格

这个测试用例测试的是客户只有社保而没有其他保险的情况,所以需要人工审查且人工审查结果是不合格。单元测试代码如下:

```
@Test
@Deployment(resources = {"insurance.bpmn", "reject_insurance.bpmn"})
public void testManualCheckRejected() {
  variables = Variables.createVariables();
  variables.put("id", "id");
  variables.put("name", "name");
  variables.put("hasSocialSecurity", true);
  variables.put("hasOtherInsurance", false);

  ExecutableRunner starter =
Scenario.run(myProcess).startByKey(PROCESS_DEFINITION_KEY, variables);

when(myProcess.waitsAtUserTask("Task_CheckInsuranceCase")).
  thenReturn((task) -> {
    task.complete(withVariables("isRiskManagable", false));
  });

  // OK - everything prepared - let's go and execute the scenario
  Scenario scenario = starter.execute();

  // now you can do some assertions
  verify(myProcess).hasFinished("EndEvent_InsuranceRejected_Risky");
}
```

用例 5:保险资料不全

这个测试用例测试的是客户在申请保险的时候提交的资料不全的情况(没有社保和其他保险信息),所以其保险资格审查结果是资料不全。单元测试代码如下:

```
@Test
  @Deployment(resources = "insurance.bpmn")
  public void testNeedMoreDocuments() {
    variables = Variables.createVariables();
    variables.put("id", "id");
//    variables.put("name", "name");

    ExecutableRunner starter =
Scenario.run(myProcess).startByKey(PROCESS_DEFINITION_KEY, variables);

    // OK - everything prepared - let's go and execute the scenario
    Scenario scenario = starter.execute();

    // now you can do some assertions
    verify(myProcess).hasFinished("EndEvent_NeedMoreDocument");
  }
```

20.6.4　执行测试

在运行 ProcessScenarioTest 结束后，可以在 target 目录下看到生成了相应的 HTML 文件。生成的 HTML 文件报表如图 20-42 所示。

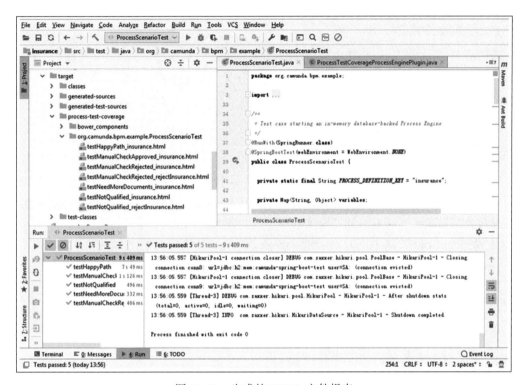

图 20-42　生成的 HTML 文件报表

在浏览器中打开这些文件，就可以看到流程执行路径及其覆盖情况。比如，Happy Path 覆盖率如图 20-43 所示。

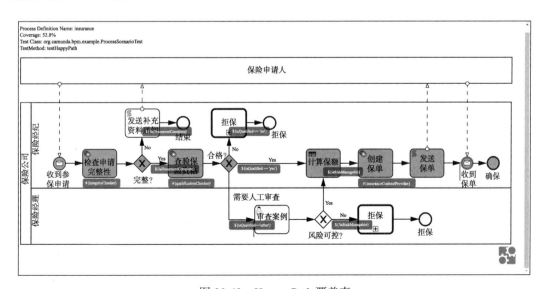

图 20-43　Happy Path 覆盖率

20.7　其他配置

视频
讲解

虽然流程可以顺利地运行起来了，但是在生产环境中，有些配置是不适用的，需要定制化，比如服务端口、数据库等。

20.7.1　配置服务端口

默认情况下，Camunda 会使用 8080 端口，有时会导致端口冲突，因此需要修改。可以通过修改 application.yaml 文件来实现，这样只需要在里面加上下面一行内容即可：

```
server.port: 8090
```

通过这个简单的修改，Camunda 使用的端口就变成了 8090。

20.7.2　配置 MySQL 数据库

默认情况下，Camunda 启动了一个内置的内存数据库 H2，它对于测试或者做项目原型是可行的，但是不能用在产品上。在本例中，将使用 MySQL 来替换它。建议使用 MySQL 5.x 版本，因为更高版本有兼容性问题尚未解决。其步骤如下所述。

（1）在 pom.xml 文件中把 H2 依赖的 scope 改为 test，代码如下：

```
<dependency>
  <groupId>com.h2database</groupId>
  <artifactId>h2</artifactId>
  <scope>test</scope>
</dependency>
```

（2）加入 mysql 依赖，代码如下：

```
<dependency>
  <groupId>mysql</groupId>
  <artifactId>mysql-connector-java</artifactId>
  <version>8.0.20</version>
</dependency>
```

（3）在 application.yaml 文件中修改数据库配置，代码如下：

```
spring:
  datasource:
    driver-class-name: com.mysql.cj.jdbc.Driver
    url: jdbc:mysql://localhost:3306/camunda?autoReconnect=true & useUnicode=
    true & characterEncoding=UFT-8
    username: camunda
    password: camunda
    tomcat:
      max-wait: 10000
```

在上面的示例配置中，数据库名为 camunda，端口为 3306。连接数据库的用户名和密码都是 camunda。根据实际情况，可以做相应的修改。

（4）在配置完成后，启动 MySQL，创建名为 camunda 的数据库。

（5）启动流程。

注意，如果先启动流程，后启动 MySQL，会因为连接不上数据库而报错，代码如下：

```
java.sql.SQLNonTransientConnectionException: Could not connect to
```

```
address=(host=localhost)(port=3306)(type=master) : Connection refused:
connect
```

　　如果需要配置其他数据库，其方式基本类似，只需要把第（2）步中的依赖和第（3）步中数据库的配置修改过来即可。

20.7.3　配置默认管理员账户

　　默认情况下，Camunda 会内置一个名为 demo 用户。这在产品中是不允许的，因为会导致安全问题。可以在首次登录系统的时候配置管理员账户，也可以在出厂的时候内置管理员账户。对于后者，需要修改 application.yaml，代码如下：

```yaml
camunda.bpm:
  admin-user:
    id: admin
    password: changeme
    firstName: Admin
    lastName: Admin
```

　　在上例中，配置了一个名为 Admin，密码为 changeme 的管理员账户。

20.8　执行流程

20.8.1　启动服务

　　为了执行流程，首先需要启动 MySQL 服务。这就需要：

　　（1）启动 MySQL 服务。过程略。

　　（2）启动保险流程应用程序。由于项目被打包成了一个 JAR 包，因此只需要执行下述命令：

视频
讲解

```
java -jar insurance.jar
```

20.8.2　启动流程

　　启动流程有多种方式，比如在 Camunda 界面上通过单击 Start process 启动，也可以通过 REST API 接口启动。本示例通过 REST API 发送消息来启动。

　　其中，Curl 命令如下：

```
curl -X POST  -H "Content-Type: application/json" localhost:8090/rest/message
-d @request_message.json
```

　　request_message.json 包含了请求消息的内容。代码如下：

```json
{
  "messageName" : "Message_InsuranceRequest",
  "processVariables" : {
    "id" : {"value" : "123456789", "type": "String"},
    "name" : {"value" : "zhangsan", "type": "String"},
    "hasSocialSecurity" : {"value" : false, "type": "Boolean"},
    "hasOtherInsurance" : {"value" : true, "type": "Boolean"},
    "otherVariables" : {"value" : "omitted", "type": "String"}
  }
}
```

关于 REST API 的具体参数，请参阅官网文档。

20.8.3 创建新用户

除了通过配置的方式预先内置用户外，Camunda 也支持在运行时配置账户。

1. 创建新组

选择 Groups | Create new group 选项创建新组，即可打开创建新组的页面。在 Group ID 和 Group Name 文本框中输入 manager，Group Type 为可选项，然后单击 Create new group 按钮来完成创建。新建用户组如图 20-44 所示。

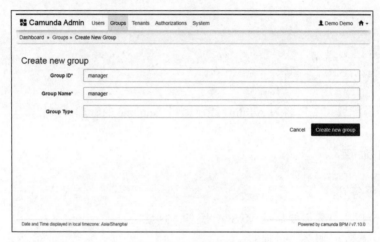

图 20-44 新建用户组

2. 创建新用户

与创建新组的方式类似，可以通过选择 Users | Create 选项来新建用户。在新打开的页面中，需要在 User Account 和 User Profile 下的文本框中输入相应信息，如 User ID，Password，First Name 和 Last Name 等信息。完成后，单击 Create new user 按钮来完成用户的创建。新建用户如图 20-45 所示。

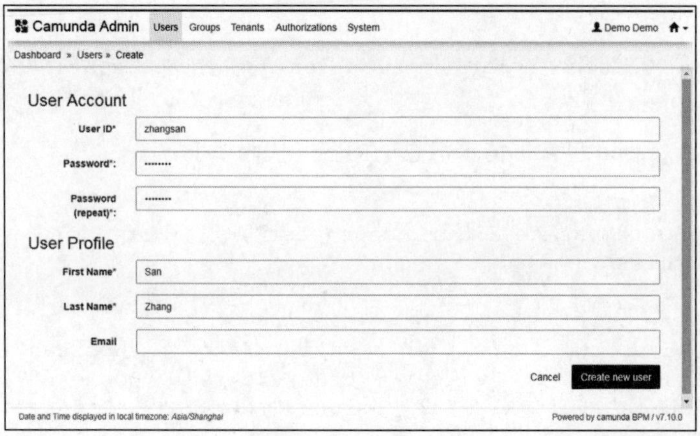

图 20-45 新建用户

3．为用户分配组

当用户和组创建好之后，可以把用户分配到指定的组。其方法是：在 Users 中选择相应的用户名，接着在左侧导航栏中单击 Groups 以打开为用户添加组的界面，然后单击 Add to a group。为用户分配组如图 20-46 所示。

图 20-46　为用户分配组

再指定要分配的组。选择组如图 20-47 所示。

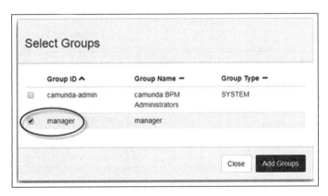

图 20-47　选择组

完成后，单击 OK 按钮确认分配结果。确认分组如图 20-48 所示。

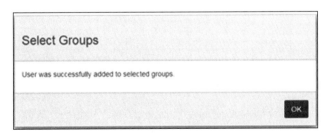

图 20-48　确认分组

20.8.4　完成用户任务

使用 demo 账号登录后，可以看到尚未完成的用户任务。由于这个任务并不是分配给 demo 用户的，所以此用户不能对这个任务进行操作。非任务相关用户不能进行操作如图 20-49 所示。

图 20-49　非任务相关用户不能进行操作

当使用配置的 Assignee 用户登录后，可以看到属于他的用户任务，并且可以查看流程变量和添加流程变量。任务相关用户可以操作任务如图 20-50 所示。

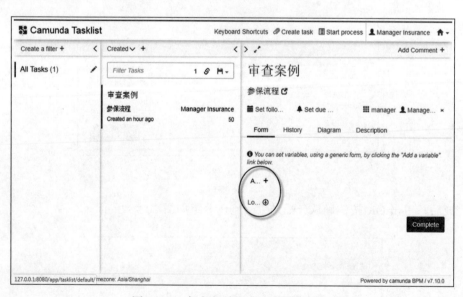

图 20-50　任务相关用户可以操作任务

如果审批通过，就需要填写相应的变量信息，并把 Value 的复选框选中。添加变量如图 20-51 所示。

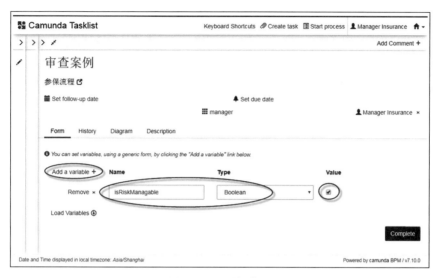

图 20-51　添加变量

注意，图 20-51 中收起了左边的两个视图，以便更好地填写/查看变量信息。

单击 Complete 按钮完成审批，在工程中会显示如下所示审批通过的日志代码：

```
org.camunda.bpm.example.InsuranceContractProviderDelegate execute
INFO: 开始准备保单
org.camunda.bpm.example.InsuranceContractProviderDelegate execute
INFO: 恭喜! 核保通过。保费为 600 元每年
Ready to send contract to user
('Contract message:',
u'\u606d\u559c\uff01\u6838\u4fdd\u901a\u8fc7\u3002\u4fdd\u8d39\u4e3a600\u5
143\u6bcf\u5e74')
```

如果没有选中复选框，就表示为拒绝申请。代码如下：

```
org.camunda.bpm.example.DeclineMessageProviderDelegate execute
INFO: 开始准备拒保通知
Ready to reject insurance request
('Reject message:', u'\u62b1\u6b49\uff01\u6838\u4fdd\u672a\u901a\u8fc7')
```

20.9　更新流程

当流程上线后，由于业务需求改变，所以流程模型本身可能也需要改变。在目前的情况下，首先想到的就是先修改流程，把它部署到 resources 目录下，然后重新编译并打包项目，最后上线使用。这个过程是没问题的，但是过于复杂，需要简化。

20.9.1　修改流程

修改流程也是业务驱动的。这里略过。

为了演示其效果，这里只是简单地修改了"发送补充资料通知"的日志内容。修改后的代码如下：

```
print('Mandatory documents missing message sent to the requester.')
```

20.9.2 部署流程

当流程修改完成后，可以通过使用 REST API 来更新流程。其 Curl 命令为：

```
curl -X POST -F "deployment-source=process application" -F
"deployment-name=insurance" -F "bpmn=@insurance.bpmn"
http://<IP>:<Port>/rest/deployment/create
```

其中，"bpmn=@insurance.bpmn"指定了 BPMN 的源文件。

部署成功后，重新执行流程，就可以看到更新后的结果。

关于 REST API 的详细用法，请参阅官方文档。

20.10 常用配置

本节介绍产品化的时候经常会用到的一些配置。

20.10.1 配置使用 Python 脚本

默认情况下，Camunda 并不支持 Python 脚本，需要进行相应的配置来支持它。

1. 配置 Python 脚本引擎

首先，由于 Camunda 是基于 Java 的，因此需要加入 Jython 依赖。在 pom.xml 文件中加入 Jython 的依赖的代码如下：

```
<dependency>
  <groupId>org.python</groupId>
  <artifactId>jython-standalone</artifactId>
  <version>2.5.2</version>
</dependency>
```

注意，如果使用更新版本的 Jython，比如 2.7.1，在字符串转换的时候会报错，代码如下：

```
java.lang.IllegalArgumentException: Cannot create PyString with non-byte value
```

2. 配置脚本任务

在 Camunda 脚本任务中把 Script Format 配置为 Python，然后在 Script 文本输入框中输入 Python 脚本内容。配置脚本任务如图 20-18 所示。

3. 配置 Python 脚本

脚本内容可以根据实际情况编写。

注意，当使用到三方库的时候，需要把三方库及其依赖加入到 resources 目录下。

20.10.2 配置流程模块重用

在本文的保险示例中，拒保流程会被多次调用到，因此有必要重用它的实现。在 Camunda 中，重用流程模块有多种方式，这里使用调用活动（Call Activity）。

首先，把任务类型改为 Call Activity。修改任务类型如图 20-52 所示。

然后，把 CallActivity Type 配置为 BPMN，并在 Called Element 文本输入框中输入被调用的子流程 ID，配置被调用子流程如图 20-53 所示。

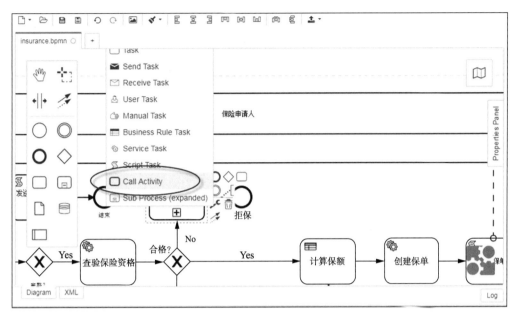

图 20-52　修改任务类型

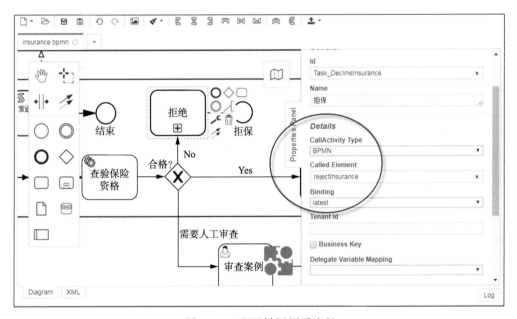

图 20-53　配置被调用子流程

具体示例请参阅 20.5.10 节。

20.10.3　配置外部任务

在外部任务模式下，Camunda 引擎会把任务发布到指定的主题中，然后 Worker 可以轮询指定的主题以获取并完成任务。详见第 10 章。

在本示例中，将新建一个新的 Java 工程模块来实现 Worker 功能。这样做的好处是可以更好的模块化，以实现功能解耦，以及适应日后按需扩容等需求。

1. 配置服务任务类型为 External

修改 BPMN 流程，把"查验保险资格"配置为外部任务。为此，需要修改 Implementation 为 External，并在 Topic 文本框中输入它的名字。修改任务为 External 如图 20-54 所示。

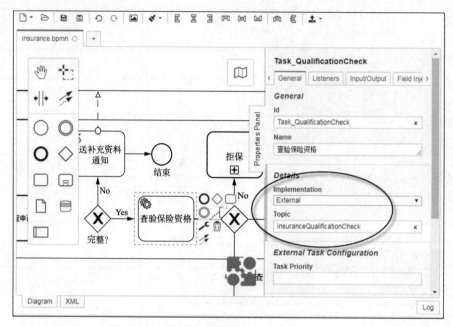

图 20-54　修改任务为 External

2. 新建外部任务工作者

（1）需要新建一个 Maven 模块。其主要信息如下：

① GroupId: org.camunda.bpm.example；

② ArtifactId: insurance-worker；

③ Version: 1.0-SNAPSHOT。

（2）需要配置 Maven 依赖。完成后 pom.xml 文件内容代码如下：

```xml
<?xml version="1.0" encoding="UTF-8"?>
<project xmlns="http://maven.apache.org/POM/4.0.0"
         xmlns:xsi="http://www.w3.org/2001/XMLSchema-instance"
         xsi:schemaLocation="http://maven.apache.org/POM/4.0.0
http://maven.apache.org/xsd/maven-4.0.0.xsd">
    <modelVersion>4.0.0</modelVersion>

    <groupId>org.camunda.bpm.example</groupId>
    <artifactId>insurance-worker</artifactId>
    <version>1.0-SNAPSHOT</version>

    <dependencies>
        <dependency>
            <groupId>org.camunda.bpm</groupId>
            <artifactId>camunda-external-task-client</artifactId>
            <version>1.2.0</version>
        </dependency>
        <dependency>
```

```
            <groupId>org.slf4j</groupId>
            <artifactId>slf4j-simple</artifactId>
            <version>1.6.1</version>
        </dependency>
        <dependency>
            <groupId>javax.xml.bind</groupId>
            <artifactId>jaxb-api</artifactId>
            <version>2.3.1</version>
        </dependency>
    </dependencies>

    <build>
        <plugins>
            <plugin>
                <groupId>org.apache.maven.plugins</groupId>
                <artifactId>maven-compiler-plugin</artifactId>
                <configuration>
                    <source>1.8</source>
                    <target>1.8</target>
                    <encoding>UTF-8</encoding>
                </configuration>
            </plugin>
        </plugins>
    </build>
</project>
```

（3）新建一个 ExternalTaskClient，它会订阅流程中的 insuranceQualificationCheck 主题以获取并完成任务。代码如下：

```
package org.camunda.bpm.example;

import org.camunda.bpm.client.ExternalTaskClient;

import java.util.Collections;
import java.util.logging.Logger;

public class InsuranceQualificationCheckWorker {
    private final static Logger LOGGER =
Logger.getLogger(InsuranceQualificationCheckWorker.class.getName());

    public static void main(String[] args) {
        ExternalTaskClient client = ExternalTaskClient.create()
                .baseUrl("http://localhost:8090/rest")
                .asyncResponseTimeout(10000).build();

        client.subscribe("insuranceQualificationCheck")
                .lockDuration(1000)
                .handler((externalTask, externalTaskService) -> {
                    Boolean hasSocialSecurity = (Boolean)
externalTask.getVariable("hasSocialSecurity");
                    Boolean hasOtherInsurance = (Boolean)
externalTask.getVariable("hasOtherInsurance");
                    String result = "no";//TODO: 检查申请人资格
                    if (hasSocialSecurity & hasOtherInsurance) {
                        result = "yes";
                        LOGGER.info("申请人保险资格查验结果：合格");
```

```
            } else if (hasSocialSecurity | hasOtherInsurance) {
                result = "other";
                LOGGER.info("申请人保险资格查验结果：需人工审核");
            } else {
                result = "no";
                LOGGER.info("申请人保险资格查验结果：不合格");
            }

            externalTaskService.complete(externalTask,
Collections.singletonMap("isQualified", result));
            LOGGER.info("申请人保险资格查验合格？ " + result);
        }).open();
    }
}
```

注意，当修改为外部任务后，需要修改相应的 UT；否则在编译时会发生 UT 失败的情况。

3．测试

测试其是否工作正常。

首先，需要启动保险流程服务。请参阅 20.8 节以获取详细信息。

其次，替换更新后的 BPMN 文件。请参阅 20.9.2 节以获取详细信息。

然后，启动流程。通过 Camunda 的 Tasklist 界面来启动流程，并填写需要的参数。填写变量如图 20-55 所示。

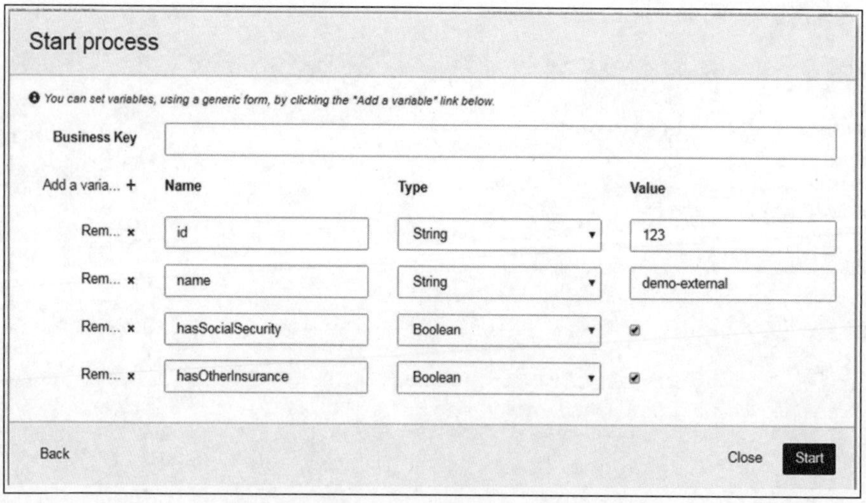

图 20-55　填写变量

这时如果返回 Camunda 的 Processes 界面，可以看到流程正等在"查验保险资格"服务任务上。由于还没有 Worker 认领这个任务，因此，可启动 Worker 来认领。Worker 运行后，可以在控制台界面上看到如下所示的日志，这表明此工作已经顺利获取并完成了。

```
org.camunda.bpm.example.InsuranceQualificationCheckWorker lambda$main$0
INFO: 申请人保险资格查验结果：合格
```

这也可以通过在 Camunda 界面上进行核实。在 Camunda 的 Processes 界面，可以看到

流程已经顺利往下执行，并且等待在"收到保单"这一操作步骤。流程运行时状态如图 20-56
所示。

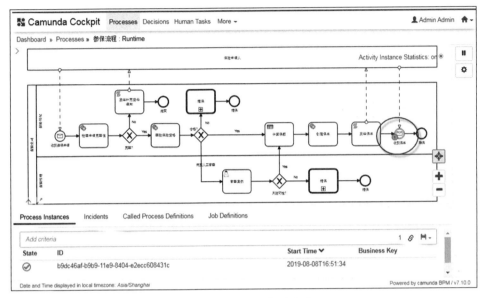

图 20-56　流程运行时状态

为了完成这个流程，需要发送一条名为 Message_ReceiveInsuranceContract 的消息。如果
使用 Curl 命令，示例代码如下：

```
curl -X POST  -H "Content-Type: application/json"
127.0.0.1:8090/rest/message -d @contract_message.json
```

其中，contract_message.json 文件的内容的代码如下：

```
{
  "messageName" : "Message_ReceiveInsuranceContract",
  "processInstanceId": "3a1087b4-b9bd-11e9-8404-e2ecc608431c"
}
```

其中，processInstanceId 需要替换为正确的流程实例 Id。

第 21 章　运维自动化案例实战

绝大多数公司的 IT 部门都会同时管理很多设备。由于设备类型不同，其监控方式也不尽相同。比如有些设备会通过 SNMP 协议报告其运行故障，有些设备会通过 HTTP 协议来发送故障信息，有些设备和系统会通过 Apache Kafka 消息队列来实现消息的实时监控与处理，等等。基于此，本章将使用 Camunda 工作流引擎来同时监控多种设备的告警信息，以实现这部分运维的自动化处理。

21.1　新建流程项目

首先，新建一个 Spring Boot 流程项目，并填写如下相应的信息：

（1）Archetype: camunda-archetype-spring-boot:7.10.0；

（2）GroupId: org.camunda.bpm.example；

（3）ArtifactId: alarm；

（4）Version: 1.0-SNAPSHOT。

项目创建完成后，就可以直接运行了。具体步骤，请参阅附录 B.3。

21.2　设计流程

流程的设计既是一个技术活，也是艺术活，而且它跟业务逻辑及公司组织架构密切相关。作为示例，本章将设计一个非常简单的流程，其主要功能如下所述。

（1）监听 HTTP 协议的告警消息，并据此触发一个新的流程实例。

（2）注册并监听 Kafka 告警消息；同时为每条消息触发新的流程实例。

（3）对收到的告警或者 Kafka 告警消息进行处理，以提取其关键信息。

（4）如果找到相关信息，就调用对应的处理器处理告警。如果没找到，就调用默认的处理逻辑，比如人工处理。

（5）在项目上线的初期，对于调用处理器自动处理的告警，需要人工检查其处理结果，以验证其可信度。到了后期就可以去掉这步验证逻辑，以实现自动化处理。

据此，可以对这个流程进行建模。告警自动化处理流程如图 21-1 所示。

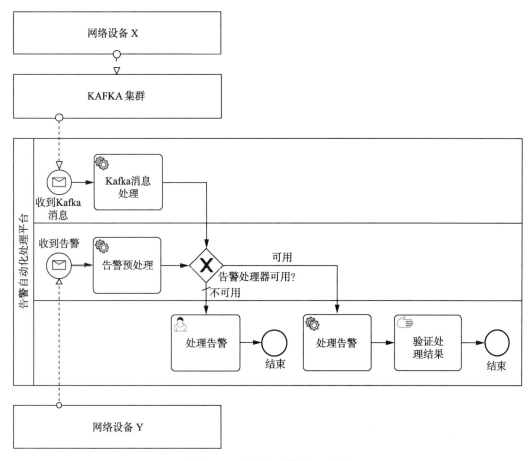

图 21-1　告警自动化处理流程

21.3　配置流程

流程设计完成后，需要对其中的元素进行相应的配置，并实现对应的业务逻辑。

21.3.1　配置参与者

对于"网络设备 X""网络设备 Y""Kafka 集群"这三个参与者，只须简单地配置其 Id 和 Name 即可。

对于核心的"告警自动化处理平台"这个参与者，需要进行详细的配置。告警自动化处理平台属性如图 21-2 所示。

注意，Process Id 必须是唯一的，并且需要确保选中了 Executable 选项。

21.3.2　配置"收到 Kafka 消息"消息开始事件

"收到 Kafka 消息"开始事件用来接收来自 Kafka 的消息。其核心内容是 Message，并且需要有一个全局唯一的 Message Name，这里命名为 Message_AlarmKafka。收到 Kafka 消息属性如图 21-3 所示。

图 21-2　告警自动化处理平台属性　　　　　　图 21-3　收到 Kafka 消息属性

21.3.3　配置"Kafka 消息处理"服务任务

"Kafka 消息处理"服务任务是用来处理收到的 Kafka 消息的。其核心是消息处理逻辑。这里把它的实现配置为 Delegate Expression，并把其内容配置为 alarmTransform 这个 Java Delegate。Kafka 消息处理属性如图 21-4 所示。

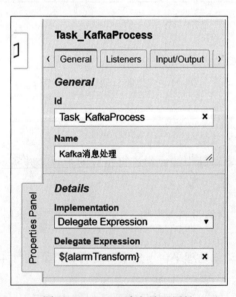

图 21-4　Kafka 消息处理属性

其中，AlarmTransform 的实现逻辑示例代码如下：

```
package org.camunda.bpm.example;

import lombok.extern.slf4j.Slf4j;
```

```
import org.camunda.bpm.engine.delegate.DelegateExecution;
import org.camunda.bpm.engine.delegate.JavaDelegate;
import org.springframework.stereotype.Component;

import java.util.Map;

@Component("alarmTransform")
@Slf4j
public class AlarmTransform implements JavaDelegate {
    @Override
    public void execute(DelegateExecution execution) throws Exception {
        log.info("转换告警");

        Map<String, Object> variables = execution.getVariables();
        for (Map.Entry<String, Object> variable: variables.entrySet()) {
            log.trace(String.format("\n%s: %s", variable.getKey(),
variable.getValue()));
        }
    }
}
```

21.3.4　配置"收到告警"消息开始事件

"收到告警"消息开始事件用来接收 HTTP 格式的告警消息。其核心内容是 Message，因此需要一个全局唯一的 Message Name，这里命名为 Message_AlarmRest。收到告警属性如图 21-5 所示。

图 21-5　收到告警属性

21.3.5　配置"告警预处理"服务任务

"告警预处理"服务任务用来处理收到的 HTTP 的告警消息。其核心是处理逻辑，这里将实现配置为 Delegate Expression，其实现是 alarmPreprocess 这个 Java Delegate。告警预处理属性如 21-6 所示。

图 21-6　告警预处理属性

其中，AlarmPreprocess 的实现逻辑示例代码如下：

```java
package org.camunda.bpm.example;

import lombok.extern.slf4j.Slf4j;
import org.camunda.bpm.engine.delegate.DelegateExecution;
import org.camunda.bpm.engine.delegate.JavaDelegate;
import org.springframework.stereotype.Component;

import java.util.Arrays;
import java.util.Map;
import java.util.stream.Collectors;

@Component("alarmPreprocess")
@Slf4j
public class AlarmPreprocess implements JavaDelegate {

    @Override
    public void execute(DelegateExecution execution) throws Exception {
        // 告警预处理，用于解析告警、提取关键信息等。这跟告警格式和业务逻辑密切相关。
        // 只处理新告警（alarmNew）

        log.info("告警预处理");

        Map<String, Object> variables = execution.getVariables();
        for (Map.Entry<String, Object> variable: variables.entrySet()) {
            log.trace(String.format("variables:\n%s: %s", variable.getKey(),
variable.getValue()));
        }

        Object message = execution.getVariable("alarmNew");
        if (message == null) {
            log.info("收到消息。但不是所期望的。");
            return;
        }
```

```
        log.debug("收到新告警。内容:\n{}", message);

        Map<String, String> map = splitToMap((String) message);
        for (Map.Entry<String, String> msg: map.entrySet()) {
            log.trace(String.format("%s: %s", msg.getKey(), msg.getValue()));
        }
        String specificProblem = map.get("specificProblem");
        if (specificProblem == null) {
            specificProblem = "";
        }
        log.info("specificProblem: {}", specificProblem);

        execution.setVariable("specificProblem", specificProblem);
    }

    private Map<String, String> splitToMap(String in) {
        in = in.replace("{", "").replace("}", "");
        return Arrays.stream(in.split(", "))
                .map(s -> s.split("="))
                .collect(Collectors.toMap(
                        a -> a[0],
                        a -> a[1]
                ));
    }
}
```

21.3.6　配置网关

异或网关用来判断告警处理器是否可用。其核心在于分支的配置。如果没有可用的告警处理器，就调用默认的处理逻辑。因此，可以把这条分支配置为 Default Flow。配置默认流如图 21-7 所示。

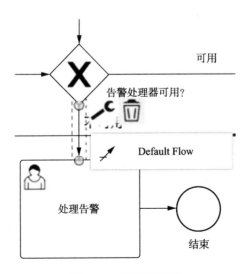

图 21-7　配置默认流

对于有告警处理器的分支，根据其告警处理器的不同，可以区分出多条不同的分支，这里为了简化处理，只配置了一条分支。告警处理器可用分支属性如图 21-8 所示。

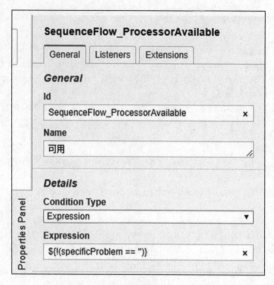

图 21-8　告警处理器可用分支属性

21.3.7　配置"处理告警"用户任务

　　"处理告警"是一个用户任务，表明在没有告警处理器的情况下，需要用户参与进来进行处理。其核心是 Assignee，这里配置用户为 operator，表明将由一个名叫 operator 的用户来处理这个用户任务。处理告警用户任务属性如图 21-9 所示。

图 21-9　处理告警用户任务属性

21.3.8　配置"处理告警"服务任务

　　这里的"处理告警"是一个服务任务，表明是系统自动处理告警。其核心是告警处理逻辑。

这里将实现配置一个名为 alarmProcess 的 Java Delegate。处理告警服务任务属性如图 21-10 所示。

图 21-10　处理告警服务任务属性

其中，AlarmProcess 的实现逻辑示例代码如下：

```java
package org.camunda.bpm.example;

import lombok.extern.slf4j.Slf4j;
import org.camunda.bpm.engine.delegate.DelegateExecution;
import org.camunda.bpm.engine.delegate.JavaDelegate;
import org.springframework.stereotype.Component;

import java.util.Map;

@Component("alarmProcess")
@Slf4j
public class AlarmProcess implements JavaDelegate {

    @Override
    public void execute(DelegateExecution execution) throws Exception {
        log.info("开始处理告警");
        Map<String, Object> variables = execution.getVariables();
        for (Map.Entry<String, Object> variable: variables.entrySet()) {
            log.trace("variables: {}: {}", variable.getKey(),
variable.getValue());
        }
        String specificProblem = (String) variables.get("specificProblem");
        // TODO: 处理告警
        log.info("成功处理了 specificProblem 为{}的告警", specificProblem);
    }
}
```

21.3.9　配置"验证处理结果"任务

当告警自动处理完成后，可以对处理结果进行人工验证。由于是人工任务，只须简单地配置其任务 Id 和 Name 即可。

21.3.10 配置结束事件

本流程有两个结束事件，分别对应用户完成任务后的流程结束和自动处理完成后的流程结束。其配置也很简单，只需要配置 Id 和 Name 即可。

21.3.11 保存流程

当流程配置完成后，可以保存到项目的 resources 目录中。

21.4 配置 Kafka

为了使 Camunda 可以与 Kafka 集成，需要进行额外的配置。本节将配置 Kafka Producer 和 Consumer 作为示例来进行讲解。

21.4.1 添加依赖

为了在 Spring Boot 中引入 Kafka，可以添加如下依赖：

```
<dependency>
  <groupId>org.springframework.kafka</groupId>
  <artifactId>spring-kafka</artifactId>
  <version>2.2.14.RELEASE</version>
</dependency>
```

21.4.2 设计消息模型

首先，需要根据告警消息生成对应的 Java 类，代码如下：

```java
package org.camunda.bpm.example.dto;

import lombok.AllArgsConstructor;
import lombok.Builder;
import lombok.Data;
import lombok.NoArgsConstructor;

import java.io.Serializable;

@Data
@Builder
@AllArgsConstructor
@NoArgsConstructor
public class AlarmNew implements Serializable {
    private String name;
    private String alarmId;
    private String eventTime;
    private String specificProblem;
    private String alarmText;
    private String probableCause;
    private String eventType;
    private String perceivedSeverity;
    private String additionalText;
}
```

其次，生成消息模型类，代码如下：

```
package org.camunda.bpm.example.dto;

import lombok.AllArgsConstructor;
import lombok.Builder;
import lombok.Data;
import lombok.NoArgsConstructor;

import java.io.Serializable;

@Data
@Builder
@AllArgsConstructor
@NoArgsConstructor
public class CamundaMessageDto implements Serializable {
    private String correlationId;
    private AlarmNew alarmNew;
}
```

最后，为了使上述代码顺利编译，还需要引入 lombok 依赖，代码如下：

```
<dependency>
  <groupId>org.projectlombok</groupId>
  <artifactId>lombok</artifactId>
  <version>1.18.12</version>
</dependency>
```

21.4.3　配置 Kafka 属性

通过 Spring Boot，可以直接配置 Kafka Producer 和 Consumer 的属性，而不需要写代码实现。为此，可以在 application.yaml 文件中添加如下所示的内容：

```
spring:
  kafka:
    consumer:
      bootstrap-servers: localhost:9092
      group-id: alarms
      auto-offset-reset: latest
      key-deserializer:
org.apache.kafka.common.serialization.StringDeserializer
      value-deserializer:
org.springframework.kafka.support.serializer.JsonDeserializer
      properties.spring.json:
          trusted.packages: org.camunda.bpm.example.dto
    producer:
      bootstrap-servers: localhost:9092
      key-serializer: org.apache.kafka.common.serialization.StringSerializer
      value-serializer:
org.springframework.kafka.support.serializer.JsonSerializer
      properties.spring.json:
        trusted.packages: org.camunda.bpm.example.dto
```

关于这些属性的具体意义，请参阅官方文档。

21.4.4　创建 Kafka Producer

Kafka Producer 用来向 Kafka 中写入消息。其示例代码如下：

```
package org.camunda.bpm.example.producer;
```

```
import lombok.extern.slf4j.Slf4j;
import org.camunda.bpm.example.dto.CamundaMessageDto;
import org.springframework.beans.factory.annotation.Autowired;
import org.springframework.kafka.core.KafkaTemplate;
import org.springframework.stereotype.Service;

@Service
@Slf4j
public class Producer {

    private static final String TOPIC = "alarm";

    @Autowired
    private KafkaTemplate<String, CamundaMessageDto> kafkaTemplate;

    public void sendMessage(CamundaMessageDto messageDto) {
        log.info("发布 Kafka 消息: {}}", messageDto);
        this.kafkaTemplate.send(TOPIC, messageDto);
    }
}
```

21.4.5　创建 Kafka Consumer

Kafka Consumer 会消费 Producer 生成的消息。其示例代码如下：

```
package org.camunda.bpm.example.consumer;

import lombok.RequiredArgsConstructor;
import lombok.extern.slf4j.Slf4j;
import org.camunda.bpm.example.dto.CamundaMessageDto;
import org.springframework.kafka.annotation.KafkaListener;
import org.springframework.stereotype.Component;

import java.beans.IntrospectionException;
import java.lang.reflect.InvocationTargetException;

@Component
@RequiredArgsConstructor
@Slf4j
public class Consumer {
    private final MessageService messageService;

    @KafkaListener(topics = "alarm", groupId = "alarms")
    public void consume(CamundaMessageDto camundaMessageDto) throws
IllegalAccessException, IntrospectionException, InvocationTargetException {
        log.info(String.format("收到 Kafka 消息: %s", camundaMessageDto));

        messageService.correlateMessage(camundaMessageDto,
camundaMessageDto.getCorrelationId());
    }
}
```

其中，MessageService 的示例实现如下：

```
package org.camunda.bpm.example.consumer;

import lombok.RequiredArgsConstructor;
import lombok.extern.slf4j.Slf4j;
```

```
import org.camunda.bpm.engine.RuntimeService;
import org.camunda.bpm.engine.runtime.MessageCorrelationBuilder;
import org.camunda.bpm.engine.runtime.MessageCorrelationResult;
import org.camunda.bpm.example.dto.AlarmNew;
import org.camunda.bpm.example.dto.CamundaMessageDto;
import org.camunda.bpm.example.utils.VariablesUtils;
import org.springframework.stereotype.Service;

import java.beans.IntrospectionException;
import java.lang.reflect.InvocationTargetException;
import java.util.Map;

@Service
@RequiredArgsConstructor
@Slf4j
public class MessageService {

    private final RuntimeService runtimeService;

    public void correlateMessage(CamundaMessageDto camundaMessageDto, String
messageName) throws IllegalAccessException, IntrospectionException,
InvocationTargetException {
        log.info("消费名为{}的消息: {}", messageName, camundaMessageDto);

        MessageCorrelationBuilder messageCorrelationBuilder =
runtimeService.createMessageCorrelation(messageName);

        AlarmNew alarmNew = camundaMessageDto.getAlarmNew();
        if (alarmNew != null) {
            Map<String, Object> variables =
VariablesUtils.toVariableMap(alarmNew);
            for (Map.Entry<String, Object> variable : variables.entrySet()) {
                log.trace("{}: {}", variable.getKey(), variable.getValue());
            }

messageCorrelationBuilder.setVariables(VariablesUtils.
toVariableMap(alarmNew));
        }

        MessageCorrelationResult messageResult = messageCorrelationBuilder
            .processInstanceBusinessKey(camundaMessageDto.getCorrelationId())
                .correlateWithResult();
        log.info("Correlate 结果: {}", messageResult);
    }
}
```

VariablesUtils 的示例实现如下：

```
package org.camunda.bpm.example.utils;

import lombok.experimental.UtilityClass;

import java.beans.BeanInfo;
import java.beans.IntrospectionException;
import java.beans.Introspector;
import java.beans.PropertyDescriptor;
```

```
import java.lang.reflect.InvocationTargetException;
import java.lang.reflect.Method;
import java.util.HashMap;
import java.util.Map;

@UtilityClass
public class VariablesUtils {
    public static <T> Map<String, Object> toVariableMap(T object) throws
IntrospectionException, InvocationTargetException, IllegalAccessException {
        Map<String, Object> variables = new HashMap<>();
        BeanInfo info = Introspector.getBeanInfo(object.getClass());
        for (PropertyDescriptor pd : info.getPropertyDescriptors()) {
            Method reader = pd.getReadMethod();
            if (reader != null && !pd.getName().equals("class")) {
                Object value = reader.invoke(object);
                if(value != null) {
                    variables.put(pd.getName(), reader.invoke(object));
                }
            }
        }
        return  variables;
    }
}
```

21.4.6 创建 REST Controller

当 Consumer 准备好之后，就可以开始消费 Kafka 消息了。然而，为了完整地演示它是如何工作的，接下来会创建一个 REST Controller，它有一个 REST 端口，用于接收消息，然后发布到 Kafka 中。最后，Consumer 会消费刚才发布的消息。Controller 的示例代码如下：

```
package org.camunda.bpm.example.controller;

import lombok.extern.slf4j.Slf4j;
import org.camunda.bpm.example.dto.CamundaMessageDto;
import org.camunda.bpm.example.producer.Producer;
import org.springframework.beans.factory.annotation.Autowired;
import org.springframework.web.bind.annotation.PostMapping;
import org.springframework.web.bind.annotation.RequestBody;
import org.springframework.web.bind.annotation.RequestMapping;
import org.springframework.web.bind.annotation.RestController;

@RestController
@RequestMapping(value = "/alarm")
@Slf4j
public class KafkaController {
    private final Producer producer;

    @Autowired
    KafkaController(Producer producer) {
        this.producer = producer;
    }

    @PostMapping(value = "/publish")
    public void sendMessageToKafkaTopic(@RequestBody CamundaMessageDto
messageDto) {
        log.info("收到消息: {}", messageDto);
        this.producer.sendMessage(messageDto);
    }
}
```

21.5　执行流程

上述配置完成后，需要重新编译项目并运行流程应用程序。

21.5.1　启动服务

首先，需要启动 Kafka 服务。具体过程请参阅官网。

然后，启动流程应用程序。在本例中，直接在 IDE 中启动。启动流程应用程序如图 21-11 所示。

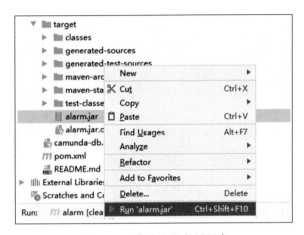

图 21-11　启动流程应用程序

流程应用程序启动完成后，可以在控制台中看到如下所示的消息：

```
o.a.kafka.common.utils.AppInfoParser    : Kafka version : 2.0.1
o.a.kafka.common.utils.AppInfoParser    : Kafka commitId : fa14705e51bd2ce5
o.s.s.c.ThreadPoolTaskScheduler         : Initializing ExecutorService
org.camunda.bpm.container               : ENGINE-08024 Found processes.xml
file at jar:file:/D:/alarm/target/alarm.jar!/META-INF/processes.xml
org.camunda.bpm.container               : ENGINE-08025 Detected empty
processes.xml file, using default values
org.camunda.bpm.container               : ENGINE-08023 Deployment summary for
process archive 'alarm':

     BOOT-INF/classes/alarm.bpmn

org.apache.kafka.clients.Metadata       : Cluster ID: G9MLXt1zSQu1Z4_vyC0Iiw
o.a.k.c.c.internals.AbstractCoordinator : [Consumer clientId=consumer-2,
groupId=alarms] Discovered group coordinator colinli:9092 (id: 2147483647 rack:
null)
o.a.k.c.c.internals.ConsumerCoordinator : [Consumer clientId=consumer-2,
groupId=alarms] Revoking previously assigned partitions []
o.s.k.l.KafkaMessageListenerContainer   : partitions revoked: []
o.a.k.c.c.internals.AbstractCoordinator : [Consumer clientId=consumer-2,
groupId=alarms] (Re-)Joining group
org.camunda.bpm.application             : ENGINE-07021 ProcessApplication
'alarm' registered for DB deployments [a48cf9d8-b0ab-11ea-81ef-eab1fcf0f000].
Will execute process definitions

     Process_Alarm[version: 1, id:
```

```
Process_Alarm:1:a4e1f7aa-b0ab-11ea-81ef-eab1fcf0f000]
Deployment does not provide any case definitions.
org.camunda.bpm.container                  : ENGINE-08050 Process application
alarm successfully deployed
org.apache.coyote.AbstractProtocol start
信息: Starting ProtocolHandler ["http-nio-9000"]
org.apache.tomcat.util.net.NioSelectorPool getSharedSelector
信息: Using a shared selector for servlet write/read
o.a.k.c.c.internals.AbstractCoordinator  : [Consumer clientId=consumer-2,
groupId=alarms] Successfully Joined group with generation 45
o.a.k.c.c.internals.ConsumerCoordinator  : [Consumer clientId=consumer-2,
groupId=alarms] Setting newly assigned partitions [alarm-0]
o.s.b.w.embedded.tomcat.TomcatWebServer  : Tomcat started on port(s): 9000
(http) with context path ''
o.c.bpm.example.CamundaApplication         : Started CamundaApplication in 21.48
seconds (JVM running for 22.756)
org.camunda.bpm.engine.jobexecutor         : ENGINE-14014 Starting up the
JobExecutor[org.camunda.bpm.engine.spring.components.jobexecutor.SpringJob
Executor].
org.camunda.bpm.engine.jobexecutor         : ENGINE-14018
JobExecutor[org.camunda.bpm.engine.spring.components.jobexecutor.SpringJob
Executor] starting to acquire jobs
o.s.k.l.KafkaMessageListenerContainer     : partitions assigned: [alarm-0]
```

注意，为了避免端口冲突，本示例中把 Camunda 的端口改为了 9000。它是通过在 application.yaml 文件中添加如下配置实现的：

```
server.port: 9000
```

21.5.2 发送告警

可以通过工具发送告警，以触发流程的执行。比如通过 Postman 发送告警如图 21-12 所示。

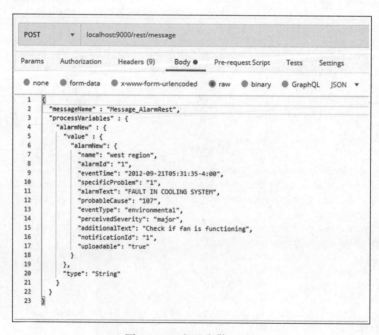

图 21-12 发送告警

发送成功后，流程会触发一个新的执行，在控制台中显示如下所示的日志记录：

```
org.camunda.bpm.example.AlarmPreprocess    : 告警预处理
org.camunda.bpm.example.AlarmPreprocess    : specificProblem: 1
org.camunda.bpm.example.AlarmProcess       : 开始处理告警
org.camunda.bpm.example.AlarmProcess       : 成功处理了 specificProblem 为 1 的告警
```

21.5.3　发送 Kafka 消息

类似地，可以通过发送 HTTP 消息到 alarm/publish 端口来触发 Kafka 消息。通过 Postman 发送 Kafka 消息如图 21-13 所示。

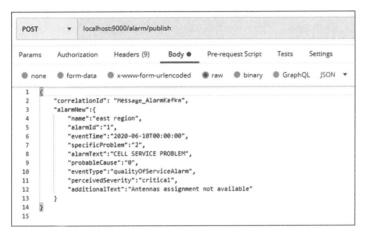

图 21-13　发送 Kafka 消息

完成后，可以在控制台显示如下所示的日志。

```
o.c.b.e.controller.KafkaController    : 收到消息:
CamundaMessageDto(correlationId=Message_AlarmKafka,
alarmNew=AlarmNew(name=east region, alarmId=1, eventTime=2020-06-10T00:00:00,
specificProblem=2, alarmText=CELL SERVICE PROBLEM, probableCause=0,
eventType=qualityOfServiceAlarm, perceivedSeverity=critical,
additionalText=Antennas assignment not available))
o.camunda.bpm.example.producer.Producer    : 发布 Kafka 消息:
CamundaMessageDto(correlationId=Message_AlarmKafka,
alarmNew=AlarmNew(name=east region, alarmId=1, eventTime=2020-06-10T00:00:00,
specificProblem=2, alarmText=CELL SERVICE PROBLEM, probableCause=0,
eventType=qualityOfServiceAlarm, perceivedSeverity=critical,
additionalText=Antennas assignment not available))}
o.a.k.clients.producer.ProducerConfig    : ProducerConfig values:
......

o.a.k.clients.producer.ProducerConfig    : The configuration
'spring.json.trusted.packages' was supplied but isn't a known config.
o.a.kafka.common.utils.AppInfoParser    : Kafka version : 2.0.1
o.a.kafka.common.utils.AppInfoParser    : Kafka commitId : fa14705e51bd2ce5
org.apache.kafka.clients.Metadata    : Cluster ID: G9MLXt1zSQu1Z4_vyC0Iiw
o.camunda.bpm.example.consumer.Consumer    : 收到 Kafka 消息:
CamundaMessageDto(correlationId=Message_AlarmKafka,
```

```
alarmNew=AlarmNew(name=east region,alarmId=1,eventTime=2020-06-10T00:00:00,
specificProblem=2, alarmText=CELL SERVICE PROBLEM, probableCause=0,
eventType=qualityOfServiceAlarm, perceivedSeverity=critical,
additionalText=Antennas assignment not available))
o.c.bpm.example.consumer.MessageService  : 消费名为 Message_AlarmKafka 的消息:
CamundaMessageDto(correlationId=Message_AlarmKafka,
alarmNew=AlarmNew(name=east region,alarmId=1,eventTime=2020-06-10T00:00:00,
specificProblem=2, alarmText=CELL SERVICE PROBLEM, probableCause=0,
eventType=qualityOfServiceAlarm, perceivedSeverity=critical,
additionalText=Antennas assignment not available))
org.camunda.bpm.example.AlarmTransform    : 转换告警
org.camunda.bpm.example.AlarmProcess       : 开始处理告警
org.camunda.bpm.example.AlarmProcess       : 成功处理了 specificProblem 为 2 的告警
o.c.bpm.example.consumer.MessageService  : Correlate 结果:
org.camunda.bpm.engine.impl.runtime.MessageCorrelationResultImpl@45748a98
```

21.5.4　触发用户任务

为了演示在没有告警处理器时需要用户介入操作的情况，可以发送一个不带 specificProblem 的告警。此时，流程将等待用户处理。等待用户处理告警如图 21-14 所示。

图 21-14　等待用户处理告警

由于当前是用 demo 用户登录的，所以看不到相应的信息，也不能完成任务。在这种情况下，可以切换使用 operator 用户登录，然后再完成任务。

为此，可以把 application.yaml 文件中用户相关部分的内容替换如下：

```
camunda.bpm:
  admin-user:
    id: operator
    password: changeme
    firstName: Operator
    lastName: Admin
```

```
filter:
  create: All Tasks
```

保存后，重新编译并运行流程应用程序，然后重新发送一个不带 specificProblem 的告警。使用 operator/changeme 登录到 Camunda 用户界面的 Tasklist 中，这时可以看到处于等待状态的用户任务。等待用户处理告警 2 如图 21-15 所示。

图 21-15　等待用户处理告警 2

填写 specificProblem，单击右下角的 Complete 按钮完成任务。

21.5.5　历史记录与审计

通过 Camunda 提供的接口，可以查询流程执行的历史记录。它可以通过编写代码实现，也可以通过调用 RESTful 接口实现。通过 RESTful 接口查询任务历史记录如图 21-16 所示。

```
GET ∨    localhost:9000/rest/history/task

Pretty    Raw    Preview    JSON ∨    ⇥

  1 ▾ [
  2 ▾   {
  3         "id": "4b2b5ea8-b143-11ea-89e9-80000bdecaa2",
  4         "processDefinitionKey": "Process_Alarm",
  5         "processDefinitionId": "Process_Alarm:1:9e242198-b141-11ea-89e9-80000bdecaa2",
  6         "processInstanceId": "4b2a743f-b143-11ea-89e9-80000bdecaa2",
  7         "executionId": "4b2a743f-b143-11ea-89e9-80000bdecaa2",
  8         "caseDefinitionKey": null,
  9         "caseDefinitionId": null,
 10         "caseInstanceId": null,
 11         "caseExecutionId": null,
 12         "activityInstanceId": "UserTask_AlarmProcess:4b2b1087-b143-11ea-89e9-80000bdecaa2",
 13         "name": "处理告警",
 14         "description": null,
 15         "deleteReason": "completed",
 16         "owner": null,
 17         "assignee": "demo",
 18         "startTime": "2020-06-18T17:08:37.029+0800",
 19         "endTime": "2020-06-18T17:09:11.047+0800",
 20         "duration": 34018,
 21         "taskDefinitionKey": "UserTask_AlarmProcess",
 22         "priority": 50,
 23         "due": null,
 24         "parentTaskId": null,
 25         "followUp": null,
 26         "tenantId": null,
 27         "removalTime": null,
 28         "rootProcessInstanceId": "4b2a743f-b143-11ea-89e9-80000bdecaa2"
 29       }
 30    ]
```

图 21-16　查询任务历史记录

查询其他历史记录与此类似。以此为基础，可以进一步实现流程的审计功能。

附录 A　Camunda 安装

在正式使用 Camunda BPM 之前，需要下载并安装 Camunda BPM 平台和 Camunda Modeler。

A.1　安装 Camunda BPM

A 1.1　先决条件

Camunda 是基于 Java 的，因此安装 Java 是使用 Camunda 的先决条件，并且 JRE 版本需要在 1.8 以上。

可以在终端、Shell 或者命令行工具里使用如下命令来检查 Java 版本：

```
java -version
```

如果需要安装或者升级 Java 版本，请参阅相关教程。

A.1.2　安装 Camunda BPM 平台

首先，需要从官网上下载 Camunda BPM 平台。注意，官网上有多个版本，因为 Camunda BPM 支持多种应用服务器，比如 Apache Tomcat, JBoss/Wildfly, IBM WebSphere, 以及 Oracle WebLogic 等，可以选择自己需要的版本进行下载。其版本的区别如下所示。

（1）社区版和企业版。社区版与企业版的主要功能是一样的。主要区别在于，社区版只有一个精简版的 Cockpit，并且没有 Optimize。

（2）完整版。完整版是最容易上手的一个版本，适于学习使用，因为它不需要额外的安装和配置操作。完整版包括以下内容：

① 流程引擎被默认配置为共享式，也就是作为一个 Web 应用，安装在了应用服务器里面。

② 运行时 Web 应用，包括 Tasklist、Cockpit 和 Admin。

③ REST API。

④ 应用服务器。

在本书中，使用的是基于 Apache Tomcat 的社区完整版。在这个版本里面，已经内置了前面提到的应用服务器，并且流程引擎、Tasklist、Cockpit 和 Admin 都作为 Web 应用部署到了 Apache Tomcat 当中。其下载地址为：https://camunda.org/release/camunda-bpm/tomcat/7.10/camunda-bpm-tomcat-7.10.0.zip。

下载完成后，把它解压到需要的目录中。比如 Windows 系统的 D 盘。接着可以根据需要调整配置文件的参数。

最后，进入到刚才解压好的目录，双击 camunda-welcome.bat 来启动 Camunda BPM 平台。这个时候会弹出命令行窗口自动运行一些命令，当运行完成后，会通过默认浏览器打开 Camunda 初始页面。Camunda BPM 平台启动界面如图 A-1 所示。

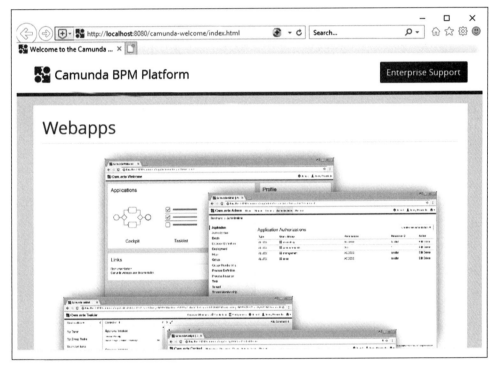

图 A-1　Camunda BPM 平台启动界面

如果看到了如上界面，那么恭喜你，安装成功了。

注意，本章的示例是基于 Windows 操作系统的。如果是其他操作系统，比如 Linux 或者 Mac OS，就需要运行相应的启动命令。这里略过。

A.2　安装 Camunda Modeler

Camunda Modeler 是用来为 BPMN 2.0 和 DMN 1.1 建模的。其下载地址为：https://camunda.org/release/camunda-modeler/2.2.4/camunda-modeler-2.2.4-win-x64.zip。

下载完成后，把它解压到指定的目录，如 Windows 操作系统的 D 盘。

然后，进入刚才解压的目录，双击 Camunda Modeler.exe 来启动 Camunda Modeler。新的桌面应用程序就启动了，Camunda Modeler 初始界面如图 A-2 所示。

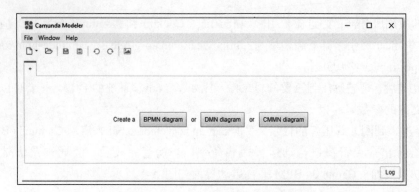

图 A-2　Camunda Modeler 初始界面

　　从图 A-2 还可以看出，Camunda Modeler 不但可以对 BPMN 进行建模，还可以对 DMN 和 CMMN 进行建模。

附录 B　Maven 项目模板（原型）

Camunda 为 Maven 提供了几个项目模板，也被称为原型。使用它们可以很容易地基于 Camunda BPM 平台快速开发流程应用程序。

B.1　可用 Maven 原型的概述

Camunda 提供了一些 Maven 原型。Maven 原型如表 B-1 所示。

表 B-1　Maven 原型及其描述

原　型	描　述
Camunda Cockpit Plugin	Camunda Cockpit 插件，包含 REST 后端、MyBatis 数据库查询、HTML 和 JavaScript 前端、可一键部署的 Ant 构建脚本
Process Application (EJB, WAR)	在 Java EE 容器中使用共享 Camunda BPM 引擎的流程应用程序，例如 JBoss Wildfly。包含：Camunda EJB 客户端、Camunda CDI 集成、BPMN 流程、Java 委托 CDI Bean、基于 HTML5 和 JSF 的开始和任务表单、配置 JPA (Hibernate)、使用内存引擎和可视化流程测试覆盖率的 JUnit 测试、Arquillian 测试 JBoss AS7 & Wildfly、在 Eclipse 中一键部署的 Maven 插件或 Ant 构建脚本
Process Application (Servlet, WAR)	在 Servlet 容器中使用共享 Camunda BPM 引擎的流程应用程序，例如 Apache Tomcat。包含：Servlet 流程应用程序、BPMN 流程、Java 委托、基于 HTML5 的开始和任务表单、使用内存引擎的 JUnit 测试、用于在 Eclipse 中进行一键部署的 Maven 插件或 Ant 构建脚本

Maven 原型通过 Maven 存储库进行分发。网址为：https://app.camunda.com/nexus/content/repositories/camunda-bpm/。

B.2　Maven 原型在 Eclipse IDE 中的使用

B.2.1　总结

要在 Eclipse IDE 中使用 Camunda Maven 原型，须进行以下两个操作步骤：

（1）添加原型目录。方法为单击 Window | Preferences | Maven | Archetypes | Add Remote Catalog，并输入网址 https://app.camunda.com/nexus/content/repositories/camunda-bpm/。

（2）从原型创建 Maven 项目。方法为单击 File | New | Project… | Maven | Maven Project。

B.2.2　详细说明

（1）选择 Window 菜单栏中的 Preferences 选项，如图 B-1 所示。

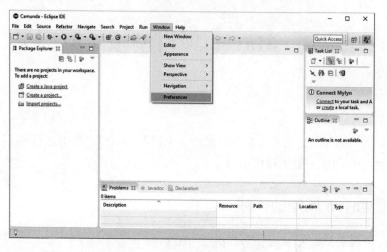

图 B-1　选择 Preference 选项

（2）添加远程 Catalog。在打开的 Preferences 页面中，依次单击 Maven | Archetypes | Add Remote Catalog…即可，如图 B-2 所示。

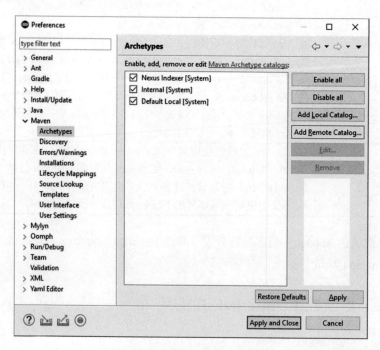

图 B-2　添加远程 Catalog

（3）在弹出的对话框中输入 Catalog 相关信息，即 URL 和描述。内容如下。

① Catalog File。 https://app.camunda.com/nexus/content/repositories/camunda-bpm/。

② Description。 Camunda BPM platform。

完成后单击 Verify…按钮以测试连接，如果连接成功，会显示 Found xxx archetype(s)，然后单击 OK 按钮以保存信息。填写 Catalog 信息如图 B-3 所示。

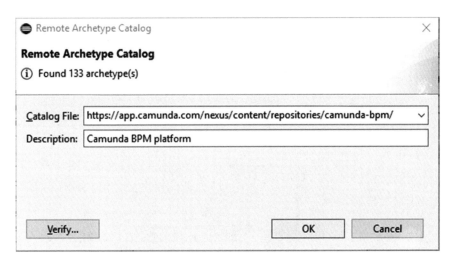

图 B-3　填写 Catalog 信息

在 Eclipse 中创建新的 Maven 项目时使用此原型的操作步骤如下。

（1）选择菜单栏中的 File | New | Project…来新建一个项目，如图 B-4 所示。

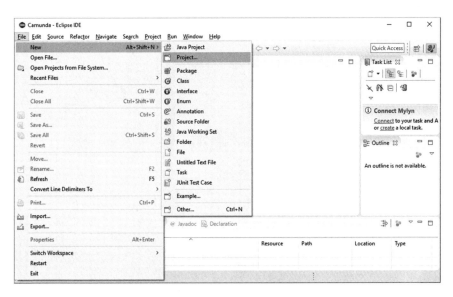

图 B-4　新建项目

（2）在弹出的对话框中选择 Maven | Maven Project，如图 B-5 所示。

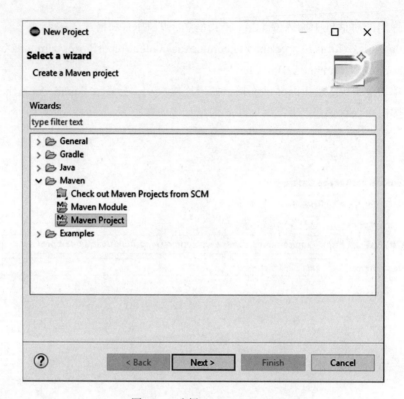

图 B-5　选择 Maven Project

（3）为项目选择一个存储位置，或者使用默认设置，如图 B-6 所示。

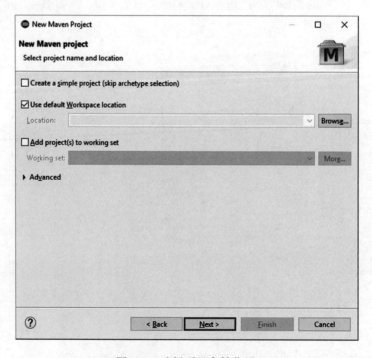

图 B-6　选择项目存储位置

（4）从之前创建的目录中选择需要的原型，如图 B-7 所示。

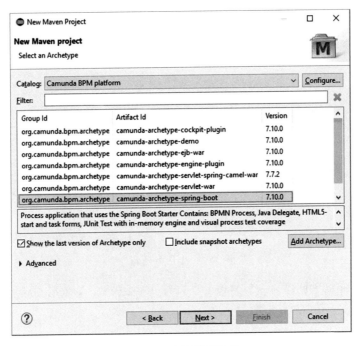

图 B-7　选择项目原型

（5）指定 Maven Artifact 和 Camunda 版本，并完成项目创建。填写项目 Artifact 信息如图 B-8 所示。

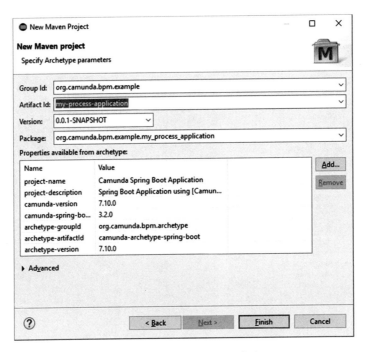

图 B-8　填写项目 Artifact 信息

完成后，会生成相应的项目。生成的项目如图 B-9 所示。

图 B-9　生成的项目

注意，在 Eclipse 中创建第一个 Maven 项目时可能会失败。如果遇到这种情况，就请再试一次。大多数时候，第二次尝试就会成功。

B.3　Intellij IDEA 的使用

Intellij IDEA 中使用的方式与 Eclipse 类似，但略有不同。

B.3.1　添加 Archetype

为了使用 Camunda 流程库，需要添加新的 Archetype。其操作步骤如下所示。

（1）选择菜单栏中的 File | Settings...选项以进行相关配置，如图 B-10 所示。

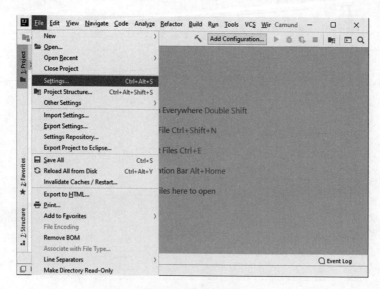

图 B-10　打开设置

（2）在弹出的对话框中选择 Plugins，在右侧弹出的搜索文本框中输入关键字 archetype，单击 Enter 键进行搜索，选择 Maven Archetype Catalogs，并单击 Install 来完成安装。安装 Archetype 如图 B-11 所示。

图 B-11　安装 Archetype

（3）安装完成后，单击 Restart IDE 来重启 Intellij IDEA。

（4）重启完成后，选择菜单栏中的 File | Settings… | Build, Execution, Deployment | Build Tools | Maven | Maven Archetype Catalogs，在弹出的对话框中单击右侧的加号(+)，并在弹出的文本框中输入原型目录 https://app.camunda.com/nexus/content/repositories/camunda-bpm/archetype- catalog.xml，然后单击 OK 按钮即可。输入原型 URL 如图 B-12 所示。

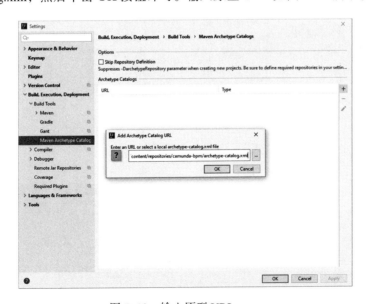

图 B-12　输入原型 URL

完成后，就可以从原型创建新的项目了。

B.3.2　新建项目

新建项目的操作步骤如下。

（1）单击 File | New | Project...，如图 B-13 所示。

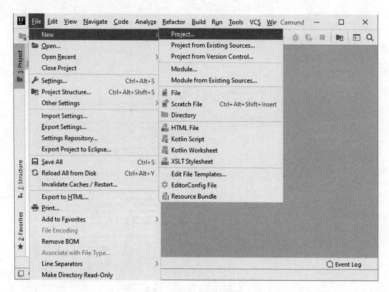

图 B-13　新建项目

（2）在弹出的对话框中选择 Maven，选中 Create from archetype 复选框，并选择相应的 Archetype，如图 B-14 所示。

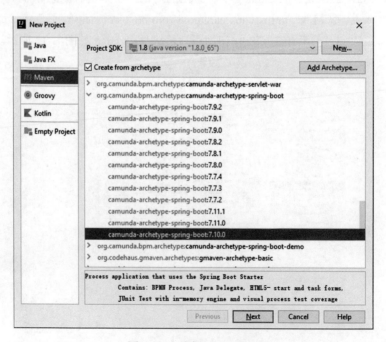

图 B-14　选择 Archetype

（3）单击 Next 按钮，并在文本框中输入相应的项目名称和存储路径等信息。输入项目信息如图 B-15 所示。

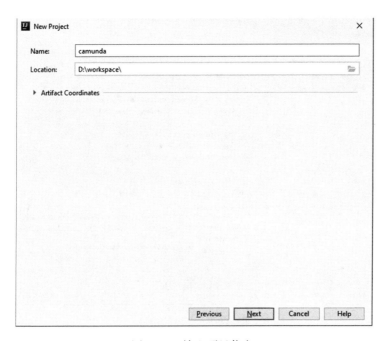

图 B-15　输入项目信息

（4）填写完成后，单击 Next 按钮，确认 Maven 相关信息，如图 B-16 所示。

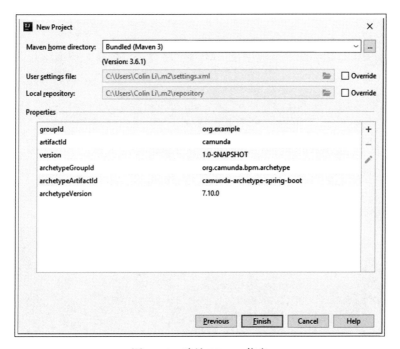

图 B-16　确认 Maven 信息

（5）在确认无误后单击 Finish 按钮以完成项目创建。完成后，将会生成对应的项目目录。生成的项目如图 B-17 所示。

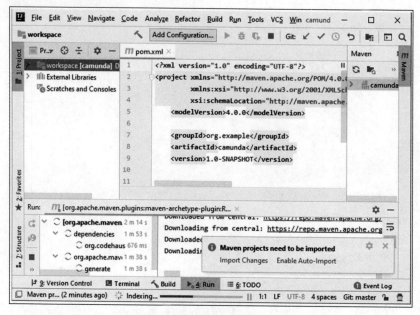

图 B-17　生成的项目

B.4　在命令行上的使用

除了可以使用 IDE 来完成项目创建，也可以使用命令行来完成同样的功能。

B.4.1　交互式

可以在终端中运行以下命令生成项目。Maven 将允许选择一个原型，并询问配置它所需的所有参数，代码如下：

```
mvn archetype:generate -Dfilter=org.camunda.bpm.archetype: -DarchetypeCatalog
=https://app.camunda.com/nexus/content/repositories/camunda-bpm
```

B.4.2　完全自动化

可以全自动地生成项目，并且可以在 Shell 脚本或 Ant 构建中使用的代码如下：

```
mvn archetype:generate
 -DinteractiveMode=false

-DarchetypeRepository=https://app.camunda.com/nexus/content/repositories/
camunda-bpm
 -DarchetypeGroupId=org.camunda.bpm.archetype
 -DarchetypeArtifactId=camunda-archetype-ejb-war
 -DarchetypeVersion=7.10.0
 -DgroupId=org.example.camunda.bpm
 -DartifactId=camunda-bpm-ejb-project
 -Dversion=0.0.1-SNAPSHOT
 -Dpackage=org.example.camunda.bpm.ejb
```

图书资源支持

感谢您一直以来对清华版图书的支持和爱护。为了配合本书的使用，本书提供配套的资源，有需求的读者请扫描下方的"书圈"微信公众号二维码，在图书专区下载，也可以拨打电话或发送电子邮件咨询。

如果您在使用本书的过程中遇到了什么问题，或者有相关图书出版计划，也请您发邮件告诉我们，以便我们更好地为您服务。

我们的联系方式：

地　　址：北京市海淀区双清路学研大厦 A 座 714

邮　　编：100084

电　　话：010-83470236　　010-83470237

客服邮箱：2301891038@qq.com

QQ：2301891038（请写明您的单位和姓名）

资源下载： 关注公众号"书圈"下载配套资源。

资源下载、样书申请

书 圈

获取最新书目

观看课程直播